Koa 与 Node.js
开发实战

iKcamp / 著

电子工业出版社·
Publishing House of Electronics Industry
北京·BEIJING

内 容 简 介

Node.js 10 已经进入 LTS 时代！其应用场景已经从脚手架、辅助前端开发（如 SSR、PWA 等）扩展到 API 中间层、代理层及专业的后端开发。Node.js 在企业 Web 开发领域也日渐成熟，无论是在 API 中间层，还是在微服务中都得到了非常好的落地。本书将通过 Web 开发框架 Koa2，引领你进入 Node.js 的主战场！

本书系统讲解了在实战项目中使用 Koa 框架开发 Web 应用的流程和步骤。第 1 章介绍 Node.js 的安装、开发工具及调试。第 2 章和第 3 章介绍搭建 Koa 实战项目的雏形。第 4 章详细介绍 HTTP 基础知识及其实战应用。第 5 章介绍 MVC、模板引擎和文件上传等实用功能。第 6～8 章介绍数据库、单元测试及项目的优化与部署。第 9～13 章介绍从零开始搭建时下火爆的微信小程序前端及后台管理应用的全部过程，以及最终的服务器部署，包括 HTTPS、Nginx。

本书示例丰富、侧重实战，以完整的实战项目贯穿全部章节，并提供书中涉及的所有源码及部分章节的配套视频教程，将是前端开发人员立足新领域和后端开发人员了解 Node.js 并使用 Koa2 开发 Web 应用的得力助手。

未经许可，不得以任何方式复制或抄袭本书之部分或全部内容。
版权所有，侵权必究。

图书在版编目（CIP）数据

Koa 与 Node.js 开发实战 / iKcamp 著. —北京：电子工业出版社，2019.1
ISBN 978-7-121-35513-4

Ⅰ. ①K… Ⅱ. ①i… Ⅲ. ①JAVA 语言—程序设计 Ⅳ. ①TP312.8

中国版本图书馆 CIP 数据核字（2018）第 252498 号

策划编辑：董　英
责任编辑：牛　勇
印　　刷：北京捷迅佳彩印刷有限公司
装　　订：北京捷迅佳彩印刷有限公司
出版发行：电子工业出版社
　　　　　北京市海淀区万寿路 173 信箱　　　　　　　　邮编：100036
开　　本：787×980　　1/16　　　印张：21.75　　　字数：420 千字
版　　次：2019 年 1 月第 1 版
印　　次：2025 年 1 月第 7 次印刷
定　　价：79.00 元

凡所购买电子工业出版社图书有缺损问题，请向购买书店调换。若书店售缺，请与本社发行部联系，联系及邮购电话：（010）88254888，88258888。
质量投诉请发邮件至 zlts@phei.com.cn，盗版侵权举报请发邮件至 dbqq@phei.com.cn。
本书咨询联系方式：010-51260888-819，faq@phei.com.cn。

前　　言

Node.js 诞生于 2009 年，到本书出版时已经有近 10 个年头。它扩充了 JavaScript 的应用范围，使 JavaScript 也能像其他语言一样操作各种系统资源，因此，前端工程化开发的大量工具都开始运行在 Node.js 环境中。由于 Node.js 采用事件驱动、非阻塞 I/O 和异步输出来提升性能，因此大量 I/O 密集型的应用也采用 Node.js 开发。掌握 Node.js 开发，既能极大地拓宽前端开发者的技术知识面，也能拓展前端开发者的生存空间，从目前前端开发者越来越多的环境中脱颖而出。

由于 Node.js 仅提供基础的类库，开发者需要自主合理地设计应用架构，并调用大量基础类库来进行开发。为了提升开发效率和降低开发门槛，相关技术社区涌现出不少基于 Node.js 的 Web 框架。

Express 框架在 Node.js 诞生之初出现，并迅速成为主流的 Web 应用开发框架。在社区中，大量的第三方开发者开发了丰富的 Express 插件，极大地降低了基于 Node.js 的 Web 应用开发成本，同时也带动了大量的开发者选择使用 Express 框架开发 Web 应用。但 Express 框架采用传统的回调方式处理异步调用，对于经验不足的开发者来说，很容易将代码写成"回调地狱"，使开发的应用难以持续维护。在 ECMAScript 6 的规范中提出了 Generator 函数，依据该规范，Express 的作者 TJ Holowaychuk（https://github.com/tj）巧妙地开发了 co 库（https://github.com/tj/co），使开发者能够通过 yield 关键词，像编写同步代码一样开发异步应用，从而解决了"回调地狱"问题。2014 年，他基于 co 库开发了新一代的 Web 应用开发框架 Koa，用官方语言来描述这个框架就是"next generation web framework for Node.js"。

社区开发者为 Koa 开发了大量的插件，与 Express 相比，两者的处理机制存在根本上的差异。Express 的插件是顺序执行的，而 Koa 的中间件基于"洋葱模型"，可以在中间件中执行请求处理前和请求处理后的代码。ECMAScript 7 提供了 Async/Await 关键词，从语法层面更好地支持了异步调用。TJ Holowaychuk 在 Koa 的基础上，采用 Async/Await 取代 co 库处理异步回调，发布了 Koa 第 2 版（简称 Koa2）。随着 Node 8 LTS（Long Term Support，长期支持）的发布，LTS 版本正式支持 ECMAScript 7 规范，选择使用 Koa 开发框架开发的 Node.js Web 应用也越来越多，Koa 框架逐步取代了 Express 框架。

尽管目前 Koa 非常流行，但"纯天然"支持 ECMAScript 7 语法的 Node.js 8 在 2017 年 10 月才正式发布。目前，市面上介绍 Koa 的书籍几乎没有，大多介绍的是 Express 框架，本书可以说是第一本介绍 Koa 的书籍。本书从 Node.js 基础、HTTP、Koa 框架、数据库、单元测试和运维部署等方面全方位地介绍了应用开发所应具备的知识体系。通过阅读本书，读者可以了解 Node.js 开发的方方面面，减少实际开发中出现的问题。同时，本书的重点章节也提供了线上代码讲解和视频，读者可以在阅读本书的同时，结合线上代码讲解和视频，更容易地理解本书介绍的知识。

特别感谢杜珂珂、哈志辉、姜帅、李波、李益、盛瀚钦、田小虎、徐磊、闫萌、赵晨雪（排名不分先后）对线上培训音视频课程资源的开发和支持。

本书特色

- 重点章节附带教学视频。
  为了便于读者理解本书的内容，一些基础、重点的内容配有视频教程。读者可以访问 https://ikcamp.com，结合书中内容观看视频。
- 所有源码托管于 GitHub。
  为了降低读者获取源码的难度，本书的所有源码都托管于 GitHub（https://github.com/ikcamp），读者也可通过 GitHub 直接和本书作者沟通。
- 一线互联网公司 Node.js 技术栈实战经验总结。
  本书补充了前端开发者所不具备的后端开发技能和规范，介绍了如何开发 Koa 应用，如何通过 ORM（Object Relational Mapping，对象关系映射）类库读写数据库，如何通过单元测试来保障代码质量，如何通过 PM2、CI 等方式启动并部署 Node.js 应用，以及如何采用日志、监控来保障线上应用的稳定运行等内容。
- 典型项目案例解析，实战性强。

本书第 3 篇通过云相册小程序开发项目介绍了目前流行的小程序技术，包括小程序登录流程、扫码登录、文件上传、相册管理等功能。通过学习本书的相关内容，读者可以独立开发时下流行的小程序和其需要的后端服务。

本书知识体系

第 1 篇　基础知识（第 1~4 章）

这部分介绍了开发 Koa 应用需要具备的预备知识，包括 Node.js 入门、遇见 Koa、路由和 HTTP 共 4 个章节。

在第 1 章中，介绍了 Node.js 的历史和发展过程，以及 Node.js 基础和环境准备。介绍了 NPM（Node Package Manager，Node.js 的第三方包管理工具），通过该包管理工具，开发者能够方便地使用大量的第三方软件包。本章还介绍了微软公司推出的免费开发工具：Visual Studio Code 编辑器，以及如何使用该编辑器调试 Node.js 应用。

在第 2 章中介绍了 Koa 的发展历程和作为 Koa 核心技术的中间件。

在第 3 章中介绍了路由的概念，以及 Koa 中最流行的路由中间件 koa-router。

在第 4 章中介绍了 HTTP 的基础知识，以及 HTTP 的后续协议 HTTP/2；介绍了在 Node.js 中如何获取客户端传递来的数据，如何通过 koa-bodyparser 中间件获取请求中的 body 数据等。

第 2 篇　应用实战（第 5~8 章）

这部分介绍了应用开发各个环节的知识，包含构建 Koa Web 应用、数据库、单元测试、优化与部署共 4 个章节。

在第 5 章中介绍了 MVC 架构、模板引擎、静态资源，以及如何输出 JSON 数据，如何通过 koa-multer 中间件上传文件等。

在第 6 章中介绍了数据库的概念和以 MySQL 为代表的关系型数据库，以及如何通过 ORM 类库操作 MySQL 数据库；介绍了以 MongoDB 为代表的非关系型数据库，以及如何在 Node.js 中操作 MongoDB；介绍了以 Redis 为代表的新型缓存数据库，以及如何在 Node.js 中利用 Redis 实现 Session 持久化。

在第 7 章中介绍了 Chai 断言库，它用来检测单元测试过程中的结果是否符合预期；介绍了 Mocha 测试框架，使用该框架可以编写和运行单元测试代码；介绍了使用 SuperTest 工具测试 HTTP 服务，以及通过 Nock 库模拟 HTTP 服务请求响应；最后，介绍了 Nyc 工具，用以检查单元测试的覆盖率、提升代码质量。

在第 8 章中介绍了如何记录日志和统一捕获异常，以及如何输出自定义错误页；介绍了如何通过 PM2、Docker 启动应用，如何通过 CI 集成发布应用，如何通过 Nginx 提供 HTTPS 支持；介绍了如何利用日志等途径监控服务器运行情况，以及如何利用 PM2 提供的 Keymetrics 监控云服务器。

第 3 篇　项目实战：从零开始搭建微信小程序后台（第 9~13 章）

这部分通过介绍时下最流行的小程序开发，结合具体的相册小程序来说明如何开发一个完整的小程序，以及如何部署小程序。其中，汇总本书前面章节的知识介绍了小程序的功能模块、接口开发、小程序开发、管理后台开发和服务部署。

在第 9 章中介绍了小程序应具备的产品功能及如何开发小程序门户网站。

在第 10 章中介绍了小程序登录流程，扫码登录的逻辑和实现方式，小程序中用到的接口和后台管理系统需要的接口。具体包括如何通过中间件来鉴权，如何统一控制后台管理系统的权限，如何通过 Mongoose 来定义数据模型和访问、存储数据，如何使用 log4js 记录日志。

在第 11 章中介绍了开发微信小程序的流程，以及如何借助微信开发者工具开发小程序。

在第 12 章中介绍了开发后台管理系统的整体架构和设计思路，并提供了一套登录与鉴权的技术方案。

在第 13 章中介绍了小程序相关服务的线上部署过程，包括对数据库、Nginx、HTTPS、和 Koa 服务的部署，具体包括如何通过 Nginx 实现把多个域名解析到同一台云服务器上，如何通过 PM2 管理应用。

本书适合读者

- Web 前端开发人员
- 对 Node.js 应用感兴趣的开发人员

- Node.js 开发的自学者
- 大中专院校相关专业的教师和学生
- 相关培训机构的学员

本书由陈达孚、金晶、干珺、张利涛、戴亮、周遥、薛淑英编写。本书涉及的技术知识点较多，作者团队成员虽竭力争取奉献好的作品以使技术得到更好的普及，但难免存在疏漏和不足，读者如有问题或建议，可以直接到 iKcamp 的 GitHub 上留言。本书源码也可前往 GitHub 上获取，地址为 https://github.com/ikcamp。本书部分内容配有视频，可前往 https://camp.qianduan.group/koa2/2/0/0 观看。

读者服务

轻松注册成为博文视点社区用户（www.broadview.com.cn），您即可享受以下服务。

- **提交勘误**：您对书中内容的修改意见可在 提交勘误 处提交，若被采纳，将获赠博文视点社区积分（在您购买电子书时，积分可用来抵扣相应金额）。
- **与作者交流**：在页面下方 读者评论 处留下您的疑问或观点，与作者和其他读者一同学习交流。

页面入口：http://www.broadview.com.cn/35513

目 录

第 1 篇　基础知识

第 1 章　Node.js 入门...2

　　1.1　Node.js 介绍...2

　　　　1.1.1　什么是 Node.js...3

　　　　1.1.2　Node.js 的历史和发展过程...4

　　　　1.1.3　Node.js 的特点和应用场景...7

　　　　1.1.4　安装 Node.js...8

　　　　1.1.5　实战演练：使用 Node.js 搭建一个 HTTP Server.............................10

　　1.2　NPM...11

　　　　1.2.1　NPM 介绍..12

　　　　1.2.2　NPM 模块结构..13

　　　　1.2.3　使用 NVM 控制 Node.js 版本...16

　　　　1.2.4　Web 代理工具 NProxy...18

　　　　1.2.5　实战演练：在 npm.org 上发布一个模块...20

　　1.3　Visual Studio Code 编辑器..22

　　　　1.3.1　Visual Studio Code 的安装及其功能..22

　　　　1.3.2　使用 Visual Studio Code 调试 Node.js...23

　　1.4　本章小结...25

第 2 章　遇见 Koa 26

　2.1　Koa 介绍 26

　　2.1.1　Koa 的前世今生 26

　　2.1.2　Koa 的安装及搭建（视频演示）..29

　2.2　Context 对象 30

　　2.2.1　什么是 Context 对象 31

　　2.2.2　常用属性和方法 31

　2.3　Koa 的中间件 35

　　2.3.1　中间件概念 35

　　2.3.2　实战演练：使用中间件获取响应时间（视频演示）........................38

　　2.3.3　常用 Koa 中间件介绍 39

　2.4　本章小结 43

第 3 章　路由 44

　3.1　路由介绍 44

　　3.1.1　路由的概念 45

　　3.1.2　实战演练：使用 Koa 中的简单路由自定义 404 页面........................46

　3.2　koa-router 路由中间件 48

　　3.2.1　koa-router 的安装和介绍 48

　　3.2.2　RESTful 规范 48

　　3.2.3　koa-router 用法（视频演示）...50

　　3.2.4　通过 koa-router 实现接口的权限控制 55

　3.3　本章小结 58

第 4 章　HTTP 59

　4.1　HTTP 介绍 59

　　4.1.1　HTTP 的诞生 59

　　4.1.2　URI 和 URL 62

　　4.1.3　常用的 HTTP 状态码 63

　　4.1.4　常用的请求方法 63

4.1.5　常用的 HTTP 首部字段 64

4.2　HTTP/2 65

4.2.1　采用二进制格式传输数据 65

4.2.2　多路复用 65

4.2.3　流的优先级 66

4.2.4　首部压缩 66

4.2.5　服务端推送 67

4.3　Node.js 的 querystring 模块 67

4.3.1　querystring 模块的使用 67

4.3.2　koa-router 中的 querystring（视频演示）................68

4.3.3　实战演练：电影搜索列表 69

4.4　koa-bodyparser 中间件 72

4.4.1　koa-bodyparser 介绍 72

4.4.2　koa-bodyparser 的使用（视频演示）..........................73

4.4.3　实战演练：实现用户注册功能并进行数据解析 74

4.5　本章小结 77

第 2 篇　应用实战

第 5 章　构建 Koa Web 应用 80

5.1　MVC 80

5.1.1　MVC 的发展历程 81

5.1.2　MVC 三层架构 81

5.1.3　在 Koa 中实现 MVC（视频演示）..................................83

5.2　模板引擎 87

5.2.1　什么是模板引擎 88

5.2.2　常见的模板引擎有哪些 88

5.2.3　Nunjucks 语法介绍 91

5.2.4　Nunjucks 在 Koa 中的应用（视频演示）....................96

5.3　静态资源 97

5.3.1　静态资源的类型 98

5.3.2 koa-static 简介 99

5.3.3 koa-static 常用配置（视频演示） 99

5.3.4 实战演练：开发登录验证页面（视频演示） 100

5.4 其他常用开发技巧 103

5.4.1 简易版 koa-json 插件开发（视频演示） 103

5.4.2 使用 koa-multer 中间件实现文件上传 106

5.5 本章小结 110

第 6 章 数据库 111

6.1 数据库介绍 111

6.1.1 什么是数据库 111

6.1.2 常见的数据库 113

6.2 在 Koa 中应用 MySQL 数据库 114

6.2.1 下载安装 MySQL 114

6.2.2 Sequelize 介绍 118

6.2.3 实战演练：客户信息数据展现 122

6.3 在 Koa 中应用 MongoDB 数据库 126

6.3.1 下载安装 MongoDB 126

6.3.2 Mongoose 介绍 128

6.3.3 实战演练：课程表数据展现 132

6.4 在 Koa 中应用 Redis 数据库 135

6.4.1 什么是 Redis 135

6.4.2 Redis 库介绍 138

6.4.3 实战演练：持久化用户 Session 状态 141

6.5 本章小结 145

第 7 章 单元测试 146

7.1 Chai 断言库 147

7.1.1 Chai 的介绍和安装 147

7.1.2 Chai 的使用 147

7.2 Mocha 框架 149

7.2.1　Mocha 的介绍和安装 150

7.2.2　Mocha 的使用 150

7.3　SuperTest 测试 RESTful API 154

7.3.1　SuperTest 的介绍和安装 154

7.3.2　SuperTest 的使用 154

7.4　其他常用工具 155

7.4.1　Nock 模拟服务器响应 156

7.4.2　Nyc 测试覆盖率 157

7.5　本章小结 159

第 8 章　优化与部署 161

8.1　服务优化 161

8.1.1　使用 log4js 记录日志（视频演示） 162

8.1.2　自定义错误页（视频演示） 168

8.1.3　异常捕获处理 173

8.1.4　实战演练：优化 Web 开发项目结构（视频演示） 176

8.2　部署 179

8.2.1　Node.js 进程管理器 PM2 179

8.2.2　应用容器引擎 Docker 182

8.2.3　在线免费开源集成 Travis CI 185

8.2.4　利用 Nginx 部署 HTTPS 189

8.3　服务监控 192

8.3.1　Node.js 服务性能指标及采集 192

8.3.2　日志分析系统 ELK 196

8.3.3　Keymetrics 监控云服务 197

8.4　本章小结 199

第 3 篇　项目实战：从零开始搭建微信小程序后台

第 9 章　云相册功能介绍和准备工作 203

9.1　应用介绍 204

9.2　小程序开发账户申请 206

9.3　准备域名 209

9.3.1　注册域名 209

9.3.2　实名认证 211

9.3.3　域名备案 212

9.4　准备云服务器 216

9.5　配置 DNS 解析 218

9.6　本章小结 221

第 10 章　云相册服务开发 222

10.1　小程序登录 222

10.2　扫码登录 230

10.3　小程序接口 236

10.3.1　建立数据模型 236

10.3.2　定义相册接口 238

10.3.3　定义照片接口 242

10.4　后台管理系统接口 244

10.4.1　定义用户列表接口 244

10.4.2　定义权限管理接口 246

10.4.3　定义获取照片接口 247

10.4.4　定义审核照片接口 249

10.5　记录日志 249

10.6　本章小结 252

第 11 章　云相册小程序开发 254

11.1　项目介绍 254

11.2　结合 Redux 实现小程序组件通信 259

11.3　"个人中心"页面 264

11.4　"新建相册"页面 267

11.4.1　自定义组件用法介绍 267

11.4.2　组件事件 269

11.4.3　实现"新建相册"组件 ……………………………………………270

11.5　"相册列表"页面 ……………………………………………………272

11.5.1　展示相册列表 ………………………………………………273

11.5.2　进入指定相册页面 …………………………………………274

11.5.3　调用"新建相册"组件 ……………………………………274

11.6　"照片列表"页面 ……………………………………………………275

11.6.1　获取照片列表数据 …………………………………………276

11.6.2　数据按日期分组 ……………………………………………277

11.6.3　上传照片到当前相册 ………………………………………278

11.6.4　单击图片显示高清大图 ……………………………………279

11.7　小程序审核发布 ………………………………………………………280

11.8　本章小结 ………………………………………………………………282

第 12 章　云相册后台管理系统 ………………………………………………283

12.1　整体架构 ………………………………………………………………284

12.1.1　基本文件结构 ………………………………………………285

12.1.2　前端模板结构 ………………………………………………287

12.1.3　路由设计 ……………………………………………………290

12.2　相册列表及相关功能 …………………………………………………292

12.2.1　分类展示照片 ………………………………………………293

12.2.2　审核照片 ……………………………………………………297

12.2.3　HTTP 通信 …………………………………………………301

12.2.4　分页控件 ……………………………………………………302

12.3　用户列表及相关功能 …………………………………………………304

12.4　登录与鉴权 ……………………………………………………………309

12.4.1　登录 …………………………………………………………310

12.4.2　鉴权中间件 …………………………………………………315

12.5　额外展开：SVG 动画效果及其他 ……………………………………317

12.6　本章小结 ………………………………………………………………318

第 13 章　云相册服务器部署 319

　13.1　部署数据库 321

　　13.1.1　存储设置 322

　　13.1.2　安全策略 323

　13.2　部署 Nginx 325

　　13.2.1　安装 OpenResty 325

　　13.2.2　Nginx 配置 326

　　13.2.3　插件扩展 328

　13.3　部署 HTTPS 329

　　13.3.1　强制 HTTPS 跳转 329

　　13.3.2　添加 WWW 跳转 330

　13.4　配置 Koa 服务 331

　13.5　本章小结 332

第 1 篇
基础知识

掌握 Node.js 是目前前端开发和全栈开发人员必备的技能。本篇从 Node.js 基础环境的搭建入手，这是开发 Node.js+Koa 应用所需具备的预备知识，而且难度较低，让读者能够快速进入学习状态。

本篇主要分为 4 章：

- 第 1 章讲述 Node.js 的历史和开发环境，重点是学习 NPM 的使用。为了降低读者的编码难度，本章还会推荐一款适合新手的开发工具 Visual Studio Code。
- 第 2 章讲述 Koa 的历史和 Node.js 的关系，手把手指导读者搭建 Koa 的工作环境，详细讲解它的上下文（Context 对象）和中间件。
- 第 3 章讲述路由的概念和原理，这是网络开发中非常关键的一个概念，之后，会详细介绍 Koa 路由中间件 koa-router 的安装和使用。
- 第 4 章讲述 HTTP 的由来和常见概念，还会介绍最新的 HTTP/2，以及 Koa 与 HTTP 息息相关的一个模块和一款中间件。

1

第 1 章

Node.js 入门

"所有能用 JavaScript 实现的应用，最终都会用 JavaScript 实现。"

（Any application that can be written in JavaScript, will eventually be written in JavaScript.）

—— Atwood 定律

1.1 Node.js 介绍

近年来，Node.js 技术社区蓬勃发展，越来越多的人致力于把这项成果发扬光大，许多使用 Node.js 搭建的项目逐渐为人们所熟知，Node.js 也成为 JavaScript 技术圈中的热门话题。从人们的讨论中读者也许已经获得了关于 Node.js 的一些感性认知。例如，Node.js 拓宽了前端开发者的技术领域，成为从前端开发领域伸向服务端开发领域的一只触手；因为 Node.js 的出现，JavaScript 从一门"玩具语言"摇身一变成为能够满足工程开发需要的严谨的编程语言；等等。

　　然而，这个看起来妙不可言的东西到底是什么呢？Node.js 有什么特点？它是怎样工作的？为什么需要 Node.js？关于这些，Node.js 官方网站给出的描述极其简洁：

　　Node.js 是一个基于 Chrome v8 引擎的 JavaScript 运行环境。Node.js 使用了一个事件驱动、非阻塞式 I/O 的模型，使其轻量又高效。Node.js 的包管理器 NPM，是全球最大的开源库系统。

1.1.1　什么是 Node.js

　　Node.js 是一个基于 Chrome v8 引擎的 JavaScript 运行时环境，其官方图标如图 1.1 所示。然而什么是运行时环境，它又为什么要基于 Chrome v8 引擎呢？这两个问题将有助于我们理解 Node.js 的基本定义。

图 1.1　Node.js 官方图标

　　运行时环境或运行时，更确切的称谓是 Managed Runtime Environment，即托管运行时环境。JavaScript 引擎则是对同一个概念的更通俗叫法。运行时是一个平台，它把运行在底层的操作系统和体系结构的特点抽象出来，承担了解释与编译、堆管理（Heap Management）、垃圾回收机制（Garbage Collection）、内存分配（Memory Allocation）、安全机制（Security）等功能。在这些运行时环境中开发应用的开发者可以不用关心底层的计算机处理器指令，而把更多的精力投入到更为关键的业务逻辑中去。

　　许多高级程序语言都带有配套的运行时环境，如 Java 和 C++。这些运行时环境提供了以往由计算机处理器和操作系统所提供的功能，即为存在于各种各样的设备上的不同操作系统解释并运行由不同编程语言编写的应用。若没有这些运行时环境的介入，特定的操作系统所能识别的编程语言是极其有限的，因此能够在该操作系统上运行的应用也将非常有限。运行时环境使开发者能够以成本最小的方式创建应用。

由于运行时环境和操作系统及计算机的体系结构有着密切的联系，因此它常常被称为虚拟机（Virtual Machine，即 VM）。在 JavaScript 的开发语境下，因为缺少指令集，所以 Machine 的概念被弱化了。但不管是虚拟机、引擎，还是运行时环境，其实都被用来指代同一种东西：JavaScript 的托管运行时环境。

简而言之，JavaScript 运行时环境就是一个能够执行 JavaScript 语句的运行环境，它提供一系列以往由处理器和操作系统才能提供的功能，使得开发者能够脱离底层指令，从而专注于业务逻辑开发。

在 Node.js 出现以前，JavaScript 主要运行在浏览器环境中，这是因为只有浏览器才具有能够解释 JavaScript 的机制，而 Node.js 使得 JavaScript 突破了浏览器的限制，开启了 JavaScript 的后端开发之路。

Chrome v8 引擎是一个高性能的 JavaScript 解释引擎。Chrome 浏览器内核是鼎鼎大名的 WebKit 的一个分支（WebKit 分为渲染引擎 WebCore 和 JavaScript 解释引擎 JavaScriptCore 两部分）。Google 认为运行现代 Web 应用需要一个强劲的 JavaScript 引擎，然而 JavaScriptCore 的运行效率并不让人满意。于是 Google 开发了一个高性能的 JavaScript 引擎，这个引擎就是 Chrome v8。

因此，基于 Chrome v8 引擎的 Node.js 是一个能够轻而易举编写高性能 Web 服务的运行时环境。

1.1.2　Node.js 的历史和发展过程

罗马并非一日建成的，Node.js 作为高性能 Web 服务器也不是从某个天才的脑瓜中突然冒出来的。

Node.js 的创始人 Ryan Dahl 并非科班出身——当年在罗彻斯特大学数学系学习的 Ryan Dahl，因为讨厌抽象的代数拓扑学课程而放弃攻读博士学位，到南美旅行并成为一名使用 Ruby on Rails 的 Web 开发者。虽然 Ryan Dahl 并非科班出身，但在大多数人看来 Ryan Dahl 无疑是个计算机技术方面的天才：两年内通过接各种应用开发工作到各地工作、旅行，Ryan Dahl 最后成了专门为客户解决 Web 服务器性能问题的专家。Node.js 并不是 Ryan Dahl 在解决 Web 服务器高并发问题方面的第一次尝试。在此之前，Ryan Dahl 使用过 Ruby、C 和 Lua，但均以失败告终。经过一系列摸索，Ryan 觉得解决问题的关键是非阻塞和异步 I/O。

　　就在这个时候，Chrome 发布了高性能的 v8 引擎。Ryan Dahl 仔细地分析以后发现这是一个绝佳的 JavaScript 运行环境，并且毫无疑问是他一直在寻找的东西，因为它不但是单线程的，而且已经实现了非阻塞。这使 Ryan Dahl 异常兴奋（图 1.2 为 Ryan Dahl 在接受采访）。

图 1.2　Ryan Dahl 在接受采访

　　在几个月的时间内，Ryan 独自工作并完成了开发 Node.js 的第一步。在 2009 年底的 JSConf EU 会议上他发表了关于 Node.js 的演讲，模块管理工具 NPM 也在次年初被引入，用以简化 Node.js 模块源代码的发布、分享、安装及更新等流程。在接下来的三四年时间，他把自己的精力大量地倾注到 Node.js 的开发和发展中去，加入 Joyent 公司并成了 Node.js 的第一任"Gatekeeper"。

　　从那时起，Node.js 从个人项目变成了公司组织下的项目。在 Joyent 公司的积极推动下，Node.js 蓬勃发展，历任"Gatekeeper"——Ryan Dahl、Isaac Z. Schlueter、Timothy J Fontaine 都是 Node.js 的重要贡献者，并且都是 Joyent 的全职员工。Joyent 还在 2011 年协同微软一起发布了 Windows 版本的 Node.js。可以说，Joyent 对于 Node.js 早期的健康发展功不可没。然而在 2014 年前后，由于社区需求和公司需求的冲突，导致 Node.js 的主要贡献者企图脱离原本由 Joyent 所维护和赞助的 Node.js 体系，并从 Node.js 中分出一个分支，命名为 io.js。2015 年初，io.js 发布了 1.0.0 版本。从那时起，Node.js 的版本更迭实际上转移到了 io.js 上。因为脱离了公司体系，io.js 不管是在管理模式还是行为上都与原本的 Node.js 大为不同。io.js 对于新功能的态度更为激进，对 Chrome 8 引擎的新功能保持很快的跟进速度并在高频迭代下飞速发展。由于 Node.js 的主要贡献者都在 io.js 上工作，因此所有问题都能够得到很快的反馈。

对于社区的分裂，Joyent 公司很快便做出了改进：成立了一个顾问委员会来打造一个更加开放的管理模式。委员会决定成立基金会并把 Node.js 迁移过去。在那之后的几个月，委员会一直在寻求同 io.js 的和解。2015 年 5 月，为了项目自身的利益着想，io.js 也加入了基金会，实际上成了 Node.js 的尝鲜版。也就是说，新功能都会首先在 io.js 上线，待稳定后再合并到 Node.js 中。由于 io.js 在与 Node.js 分离的几个月内版本更迭频繁，因此它的技术成熟度已经超前 Node.js 很多。在许多新的功能逐渐被添加到 Node.js 中之后，Node.js 跳过了1.0 版本，直接发布了 2.0 版本。

这里附上 Node.js 的版本更新时间轴，如图 1.3 所示。

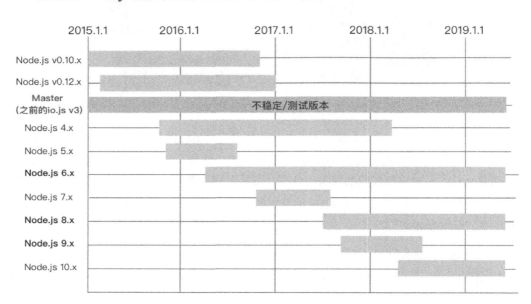

图 1.3　Node.js 的版本更新时间轴

虽然在 Node.js 问世四年之后，Ryan 转战 Go，并坦言觉得 Node.js 并不是构建大型服务器网站的最佳选择，但 Node.js 无疑使 JavaScript 的开发者们意识到他们能够做到的事情更多了。这对 JavaScript 社区的发展来说具有里程碑式的意义。

备注：Ryan Dahl 后来成为 Google Brain 见习项目的成员，在 Google 作为软件工程师从事机器学习相关的研究工作。

1.1.3　Node.js 的特点和应用场景

Node.js 使用了事件驱动、非阻塞式 I/O 模型，轻量又高效。

事件驱动是一种处理数据的方式，这种方式同传统的数据处理方式 CRUD（增加、读取、更新、删除）截然不同。在 CRUD 模式中只保存数据的当前状态，因此所有的后续变更都会直接在数据本体上进行处理。这样做的弊端主要有：

- CRUD 会直接在数据存储区进行操作，会降低响应速度和性能水平，对进程的开销过大也会限制项目的规模和可扩展性。
- 在存在大量并发用户的协作域中，对于同一数据主体的操作很可能会引起冲突。
- 在没有额外监听措施的情况下，任何节点能够获得的只有当前的状态快照，历史数据会丢失。

事件驱动（Event Sourcing）定义了一种由事件驱动的数据处理方式，应用发送的所有事件都会被载入附加存储区，每一个事件都代表了一系列的数据变更。被保留下来的事件会作为操作历史留存下来，与此同时事件流会被不间断地同步到客户端供其使用，例如更新整体的物化视图（Materialized View），把事件流提供给外部系统，或者通过重演与特定物体有关的历史事件来确定它的当前状态等。以在虚拟商城中添加物品到购物车的过程为例，事件驱动的数据处理过程如图 1.4 所示。

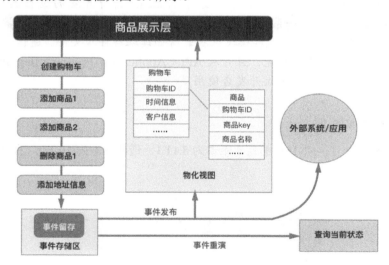

图 1.4　事件驱动的数据处理过程

对比 CRUD，事件驱动的优势是显而易见的：

- 已经发生的事件是不可更改的，并且只在附加区域中存储而不影响主线程，因此对事件进行处理的操作完全可以在后台进行而不影响到客户端的 UI 和内容展示。这对性能优化和提升应用的可扩展性来说大大有利。
- 不同用户对同一个对象的同时操作不会产生冲突，因为这种数据处理方式避免了对数据本身的直接更改。
- 附加区域中存储的事件流实际上提供了一个监听机制，使开发者能够通过重演历史事件的方式来获取当前状态，进而有助于系统的测试和漏洞修复。

提示：更多关于事件驱动和物化视图的内容请参考 Microsoft Azure 的官方文档，地址如下：https://docs.microsoft.com/en-us/azure/architecture/patterns/event-sourcing，https://docs.microsoft.com/en-us/azure/architecture/patterns/materialized-view。

事件驱动的异步 I/O 模型使得 Node.js 非常适合用来处理 I/O 密集型应用，但也不限于此，例如 Web 聊天室（Socket.io）、Web 博客（Hexo）、Web 论坛（Node Club）、前端模块管理平台（Bower.js）、浏览器环境工具（Browserify）、命令行工具（Commander）等。流行的 Node.js 应用框架有 Express、Koa、Meteor 等。

提示：Node.js 能够运行在 Linux、macOS、Microsoft Windows、UNIX 等平台上，并且可以用能够被编译为 JavaScript 的任何语言（包括 CoffeeScript 和 TypeScript 等）进行编写。使用 Node.js 进行开发的过程其实就是使用 JavaScript 结合一系列处理核心功能的模块来创建如 Web 服务器、通信等工具的过程。其中，这些模块承担着诸如读取与存入文件、通信、双向数据交换、加密解密等功能，且开放 API（Application Programming Interface，应用程序编程接口）供开发者使用。

1.1.4　安装 Node.js

截至 2018 年 5 月，Node.js 的稳定版本为 8.11.1，最新版本为 10.1.0，官网最新版本信息如图 1.5 所示。

图 1.5　Node.js 官网最新版本信息

中文官网地址为 https://nodejs.org，下载最新版本安装文件并运行，将看到图 1.6 所示的 Node.js 安装界面。

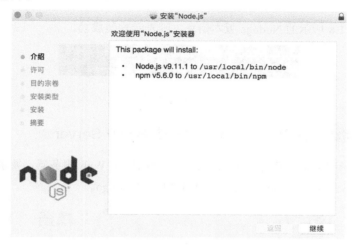

图 1.6　Node.js 安装界面

提示： 安装 Node.js 时会默认安装 NPM（Node Package Manager），即 Node.js 模块管理工具。关于该部分内容请参看 1.2 节。

根据安装界面上的提示信息安装完毕后将看到如图 1.7 所示的界面，单击"关闭"按钮完成安装流程。

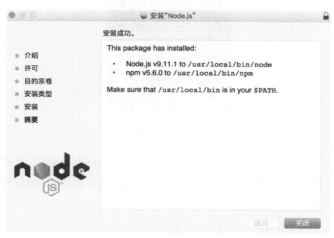

图 1.7　Node.js 安装完毕的界面

打开命令行工具输入指令检查是否安装成功，命令如下：

```
node -v
```

如果输出图 1.8 所示的 Node.js 版本信息，则表示安装成功。

```
JindeMacBook-Pro:~ matildajin$ node -v
v9.11.1
```

图 1.8　Node.js 版本信息

1.1.5　实战演练：使用 Node.js 搭建一个 HTTP Server

本示例将使用 Node.js 搭建一个用以展现本地图片的 Web 服务器，要求当使用浏览器打开地址 http://localhost:8080/时，显示如图 1.9 所示的 Logo。

图 1.9　Logo

代码文件目录如图 1.10 所示。

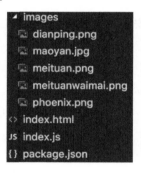

图 1.10　代码文件目录

images 文件夹中存放了 5 张用于展示的 Logo 图片。index.html 为页面的模板文件，里面包含了所需的 HTML 文本和相应的样式内容。index.js 包含启动 Node.js 服务的核心代码，代码如下：

```
01   const http = require('http');   // HTTP 服务器与客户端模块
02   const path = require('path');   // 该模块提供了用于处理文件与目录的路径的工具函数
03   const url = require('url');      // 该模块用于 URL 处理与解析
```

```
04   const fs = require('fs');                                      // 文件系统模块
05   const hostname = '127.0.0.1';
06   const port = 8080;
07   const server = http.createServer((req, res) => {               // 创建 HTTP Server
08     let pathname = url.parse(req.url).pathname;                  // 通过 URL 获取路径 Path
09     et extname = path.extname(pathname);                        // 通过路径获取扩展名
10     if (pathname == '/') {                                       // 访问功能路径显示 HTML
11       res.writeHead(200, { 'Content-Type': 'text/html' });
12       res.end(fs.readFileSync(path.join(__dirname, pathname, 'index.html')));
13     } else if (extname == '.jpg' || extname == '.png') {        // 访问图片显示对应格式图片内容
14       res.writeHead(200, { 'Content-Type': 'image/' + extname.substr(1) });
15       res.end(fs.readFileSync(path.join(__dirname, pathname)));
16     } else {                                                     // 对于不满足要求的请求，返回状态码 404
17       res.statusCode = 404;
18       res.end();
19     }
20   });
21   server.listen(port, hostname, () => {                          // 开启 HTTP 服务器监听连接
22     console.log('Server running at http://${hostname}:${port}/');
23   });
```

代码第 10 至 12 行，当用户访问根路径时，HTTP 服务端将读取模板文件 index.html，并返回响应。

代码第 13 至 15 行，当浏览器端解析完毕响应返回的 HTML 文档，接着会陆续下载 5 张 Logo 图片。浏览器发送的获取图片的请求将会执行该段逻辑，Node.js 服务根据请求中的图片路径读取 images 文件夹中的图片文件内容并返回响应。

1.2　NPM

当开发者想把自己编写的可复用模块分享给别人的时候，只需要复制给他就可以了；在同事之间进行分享的时候，也只需要通过邮件或通信工具进行发送即可。但是当开发者决定向技术社区贡献代码的时候，由于应用模块的人遍布世界各地，如何保证所有需要该模块的开发者都能够随时得到适用于各自系统的版本，并且在模块之间存在依赖关系的时候，也能够顺利找到所有的依赖项？答案就是使用模块管理工具。

NPM 是一个 JavaScript 的模块管理工具，遵循 CommonJS 标准，由 Isaac Z.Schlueter 开发（Isaac Z.Schlueter 同时也是 Node.js 的第二任 "Gatekeeper"）。NPM 完全用 JavaScript

写成，也是 Node.js 默认的模块管理工具，用于管理模块的安装、卸载和依赖项。Node.js 与 NPM 的 Logo 如图 1.11 所示。

图 1.11　Node.js 与 NPM 的 Logo

1.2.1　NPM 介绍

NPM（Node Package Manager）官网地址为 https://www.npmjs.com。Node.js 社区的工具包非常丰富，前端开发者可以在 NPM 的官网上获取和上传模块、搜索社区资源。NPM 中的单个模块通常只用来解决一个问题，例如模块 Axios 用来解决 HTTP 通信的问题，模块 http-errors 则用来创建 HTTP 错误信息。

NPM 的常用命令见表 1.1。

表 1.1　NPM的常用命令

命令	说明
npm access	设置模块的访问级别
npm adduser	添加用户
npm cache（npm -c）	管理模块缓存
npm config	管理NPM配置文件
npm help（npm -h）	查看NPM的帮助信息
npm init	引导创建package.json文件
npm install（npm i）	安装模块
npm ls	查看已安装的模块
npm publish	发布模块
npm root	显示NPM根目录
npm start	启动模块
npm test	测试模块
npm update（npm -up）	更新模块
npm version（npm -v）	查看NPM版本信息

其他细节请参考官方文档 https://docs.npmjs.com/，也可以在命令行中输入"npm -h"及 "npm -l"来便捷地获取 NPM 命令行的使用方法。

> **提示：**Facebook、Google、Exponent 和 Tilda 于 2016 年开发了一款新的模块管理工具 Yarn，在速度和可靠性上较 NPM 更加优秀。Yarn 并没有完全取代 NPM，然而已经有许多开发者对它表示青睐，使之成为与 NPM 齐名的 Node.js 模块管理工具。Yarn 官网地址为 https://yarnpkg.com/zh-Hans/。

1.2.2　NPM 模块结构

完全符合 CommonJS 规范的模块应包含以下几个文件。

- package.json：模块的描述性文件。
- bin：存放可执行的二进制文件。
- lib：存放 JavaScript 代码。
- doc：存放文档。
- test：存放单元测试用例。

最低限度，模块应包含一个描述性文件 package.json 及一个存放模块代码的 index.js 文件。

package.json 文件可通过 npm init 命令创建，NPM 会在创建过程中对开发者进行引导，根据提示输入内容然后一步步按回车键进行确认即可。package.json 文件包含了模块所有的依赖关系，也可以定义依赖项的元数据（如名称、版本、许可证等），package.json 文件内容如图 1.12 所示。

```
{
  "name": "test.meituan",
  "version": "1.0.0",
  "description": "for npm introduction",
  "main": "index.js",
  "scripts": {
    "test": "test"
  },
  "keywords": [
    "test"
  ],
  "author": "MatildaJin",
  "license": "ISC"
}
```

图 1.12　package.json 文件内容

安装 Koa 的命令如下：

```
npm install koa -save
```

Koa 安装成功会得到提示，如图 1.13 所示。

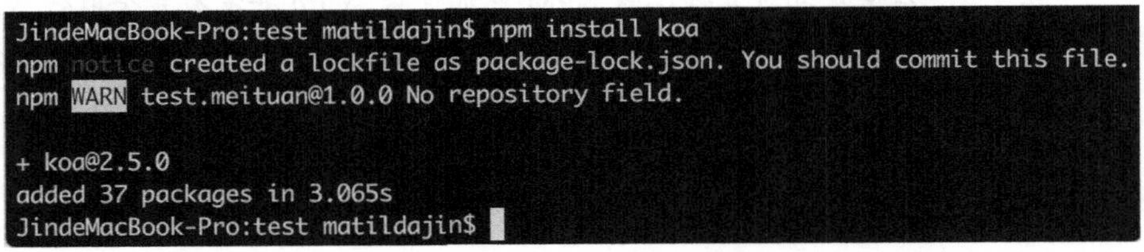

图 1.13　Koa 安装成功的提示

打开文件夹查看，发现除原本的 package.json 和 index.js 外增加了 package-lock.json 文件及 node_modules 文件夹。打开 package.json，查看文件中增加的内容，如图 1.14 所示。

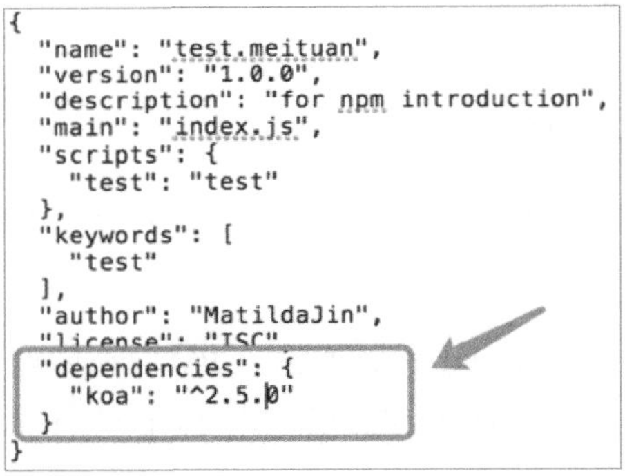

图 1.14　变化后的 package.json 文件

每安装一个新的模块，NPM 会自动在 package.json 文件中写入模块的相关依赖信息。

package.json 文件常用的字段见表 1.2。

表 1.2　package.json文件常用的字段

字段	说明
description	模块描述
name	模块名字
version	版本号
keywords	关键词（用于在npm.org中进行搜索）

字段	说明
license	许可证
author	开发者
scripts	可用于运行的脚本命令
dependencies	正常运行时所需的模块
devDependencies	开发时所需的模块

提示：在官网文档中有关于各字段更详细的介绍，地址为 https://docs.npmjs.com/ files/package.json。

test 文件夹内新增加的 node_modules 文件夹是在执行 npm install 命令时 NPM 自动创建的，打开它能够看到所有已经安装的模块，包括刚刚安装的 Koa 和所有依赖项。执行 npm install 命令的输入和输出示意图如图 1.15 所示。

图 1.15　执行 npm install 命令的输入和输出示意图

理论上，对于相同的 package.json 文件，输入安装命令，输出的模块包应该是一致的。然而事实并非如此，得到和预想一致的模块包在 NPM 5.0 版本之前是个让用户头疼的问题。原因可能如下：

- NPM 采用的安装算法稍有不同。
- 在最近一次安装之后，模块进行了版本更新，于是会自动采用最新版本（而非预先设定的版本）。
- 即使锁定了版本信息，如果模块的依赖包进行了更新，模块也会自动更新。
- 更换了新的下载源。

这些都是因为 NPM 的版本兼容机制非常宽松造成的。NPM 定义的版本是向后兼容的，以安装 Koa 为例，配置如下：

```
"dependencies": {
    "koa": "^2.5.0"
}
```

定义的是只要在大版本号"2"上相同，就允许下载最新版本的 Koa。也就是说，实际上得到的版本也许是 2.5.2。符号^表示的是大于某个版本号。

虽然 NPM 的模块开发原则是大版本相同的接口必须保持兼容，然而这个原则并非强制执行，因此用户下载的最新版本也许会导致依赖包的行为完全不兼容，从而导致模块不可用。package-lock.json 锁定了依赖版本号，只要保存了源文件，就能够确保得到完全一致的依赖包，从而提高了模块的稳定性和可用性。

因此，package-lock.json 就是 NPM 为了防止模块包的不一致而进行的功能加强，这也是在 Yarn 冲击下的必然结果。这个文件在运行命令 npm install 的时候为了锁定依赖版本和来源而由 NPM 自动创建，实际上记录了当前状态下安装的所有模块信息，确保了在下载时间、开发者、机器和下载源都不相同的情况下也能够得到完全一样的模块包。

1.2.3　使用 NVM 控制 Node.js 版本

在日常开发过程中经常会因为不同的项目所依赖的 Node.js 版本不同，而需要在不同的 Node.js 版本之间进行切换。如果缺乏可靠的工具，这将是一件非常麻烦的事情。

NVM（Node Version Manager，Node 版本管理器）是在 Mac 环境下管理 Node.js 版本的工具，类似于管理 Ruby 的 RVM（Ruby Version Manager，Ruby 版本管理器）。在 Windows 环境下推荐使用 nvmw 或 nvm-windows。本节将介绍 NVM 的安装过程及切换 Node.js 版本的方式。

1. 卸载已经全局安装的 Node.js 和 NPM（推荐，非必须）

从官网下载的 Node.js 会默认安装在全局环境中，需要执行以下步骤来完全删除与 Node.js 和 node_modules 相关的内容。

- 删除/usr/local/lib 和/usr/local/include 两个文件夹中所有和 Node.js 及 node_modules 相关的文件；
- 检查个人主文件夹下所有的 local、lib、include 文件夹并删除所有与 Node.js 和 node_modules 有关的内容；
- 从/usr/local/bin 中删除 Node.js 的可执行文件。

提示：使用 brew 安装的 Node.js 还需要额外运行 brew uninstall node 命令来进行卸载。

除此以外，还有可能需要用到的命令如下：

```
sudo rm -rf /usr/local/bin/npm /usr/local/share/man/man1/node* /usr/local/lib/dtrace/node.d ~/.npm
~/.node-gyp
sudo rm -rf /opt/local/bin/node /opt/local/include/node /opt/local/lib/node_modules
```

2. 安装 NVM

在安装 NVM 之前还需要一个 C++ 编译器，在 Mac 上可以安装 Xcode 命令行工具（如已安装请忽略）。

```
xcode-select –install
```

然后可以使用 cURL 或 Wget 安装 NVM，命令如下：

```
curl -o- https://raw.githubusercontent.com/creationix/nvm/v0.33.8/install.sh | bash
```

或者

```
wget -qO- https://raw.githubusercontent.com/creationix/nvm/v0.33.8/install.sh | bash
```

注意：请访问 https://github.com/creationix/nvm 查看当前最新版本。

输入以下命令：

```
command -v nvm
```

如果安装成功会输出"nvm"，如果出现"nvm: command not found"，则可能有以下原因：

- 安装时系统缺少 .bash_profile 文件，使用 touch ~/.bash_profile 命令创建所需文件并重新安装 NVM；
- 重启命令行工具，再次尝试输入该命令。

如果仍然提示安装失败，请打开 .bash_profile 文件并添加以下代码：

```
source ~/.bashrc
```

3. 安装并切换不同 Node.js 版本

可能用到的命令如下：

```
nvm install stable        // 安装最新稳定版 Node.js，当前为 9.11.1 版本
nvm install 8.11.1        // 安装 8.11.1 版本
nvm install 8.11          // 安装 8.11.x 系列的最新版本
nvm ls-remote            // 列出远程服务器上的所有可用版本
```

```
nvm use 8.11.1             // 切换到 8.11.1 版本
nvm use 8.11               // 切换到 8.11.x 系列的最新版本
nvm use node               // 切换到最新版本
nvm nvm alias default node // 设置默认版本为最新版（当前为 9.11.1 版本）
nvm ls                     // 列出所有已经安装的版本
```

提示：更多 NVM 命令的详细介绍可参考 https://github.com/creationix/nvm#usage。

使用命令 nvm ls 列出本机所有已安装的版本，如图 1.16 所示。

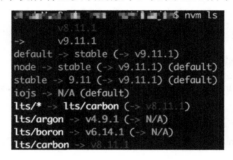

图 1.16　本机所有已安装的版本

4. 配置项目所使用的 Node.js 版本

如果项目所需 Node.js 版本不是默认版本，可以在项目根目录下创建 .nvmrc 文件并在其中预先指定版本号，可能用到的命令如下：

```
echo 9.11.1 > .nvmrc       // 创建 .nvmrc 文件
nvm use                    // 运行 NVM，将自动安装设定好的版本号（这里为 9.11.1 版本）
node -v                    // 检查 Node.js 版本
```

配置好的 Node.js 版本如图 1.17 所示。

```
JindeMacBook-Pro:desktop matildajin$ echo 9.11.1 > .nvmrc
JindeMacBook-Pro:desktop matildajin$ nvm use
Found '/Users/matildajin/desktop/.nvmrc' with version <9.11.1>
Now using node v9.11.1 (npm v5.6.0)
```

图 1.17　配置好的 Node.js 版本

1.2.4　Web 代理工具 NProxy

前端开发者对 Fiddler 和 Charles 之类的 Web 代理工具应该都不陌生。这些工具使我们可以直接使用本机文件替换线上相应静态文件（JavaScript、CSS、图片等），从而调试线上问题。然而，不管是选择 Fiddler、Charles、Rythem，还是 Tinyproxy，总有一些需求无法完全满足：

- 同时支持 Mac、Linux 和 Windows 系统。
- 使用多个本地源文件替换线上的 combo 文件。
- 进行目录替换。
- 支持 HTTP 和 HTTPS。

而这些就是 NProxy 存在的理由。NProxy 是一个跨平台，支持单文件、多文件及目录替换，支持 HTTP 和 HTTPS 协议的 Web 代理工具，在文件替换功能上尤其出色。官网地址为 https://www.npmjs.com/package/nproxy。

使用 NPM 进行安装（Node.js 版本必须大于 0.8.x），命令如下：

```
npm install -g nproxy
```

启动 NProxy 也非常简单，命令如下：

```
nproxy -l replace_rule.js // 设置浏览器代理为 127.0.0.1:port（默认为 8989）
```

replace_rule.js 文件为项目中由开发者创建的替换规则文件。NProxy 提供的模板代码如下：

```
01 module.exports = [
02   {                               // 用本地源文件替换线上单个文件
03    pattern: 'homepage.js',  // 需要替换的目标 URL
04    responder: "/home/goddyzhao/workspace/homepage.js"
05   },
06   {                               // 用网络资源文件替换线上单个文件
07    pattern: 'homepage.js',  // 需要替换的目标 URL
08    responder: "http://www.anotherwebsite.com/assets/js/homepage2.js"
09   },
10   {                           // 用多个文件（绝对路径）替换线上 combo 文件
11    pattern: 'group/homepageTileFramework.*.js',
12    responder: [
13     '/home/goddyzhao/workspace/webapp/ui/homepage/js/a.js',
14     /home/goddyzhao/workspace/webapp/ui/homepage/js/b.js',
15     '/home/goddyzhao/workspace/webapp/ui/homepage/js/c.js'
16    ]
17   },
18   {                           // 用多个文件（相对路径）替换线上 combo 文件
```

```
19   pattern: 'group/homepageTileFramework.*.js',
20   responder: {
21     dir: '/home/goddyzhao/workspace/webapp/ui/homepage/js',
22     src: ['a.js','b.js','c.js']
23   }
24 },
25 {                                          // 匹配线上图片文件夹与本地图片文件夹
26   pattern: 'ui/homepage/img',              // 必须是字符串
27   responder: '/home/goddyzhao/image/'     // 必须是绝对路径
28 },
29 {                                          // 用正则表达式编写匹配规则，如 $1、$2
30   pattern: /https?:\/\/[\w.]*(?::\d+)?\/ui\/(.*)_dev\.(\w+)/,
31   responder: 'http://localhost/proxy/$1.$2'
32 },
33                                            // 用正则表达式匹配线上图片文件夹与本地文件夹，
34                                            // 这个简单的规则能把多个线上文件夹替换为本地文件夹，例如：
35 // http://host:port/ui/a/img/... => /home/a/image/...
36 // http://host:port/ui/b/img/... => /home/b/image/...
37 // http://host:port/ui/c/img/... => /home/c/image/...
38 {
39   pattern: /ui\/(.*)\/img\//,
40   responder: '/home/$1/image/'
41 }
42 ];
```

可按照项目的实际需求更改其中的配置项，其他常用指令还包括：

```
-h, --help                              // 输出帮助信息
-V, --version                           // 输出版本号
-l, --list [list]                       // 指定替换规则文件
-p, --port [port]                       // 指定监听的端口号（默认为 8989）
-t, --timeout [timeout]                 // 指定请求超时时长（默认为 5s）
```

1.2.5　实战演练：在 npm.org 上发布一个模块

当我们开发出一个不错的 Node.js 模块时，也可以发布到 NPM 上供其他开发者使用。首先要做的是在 https://www.npmjs.com/signup 上注册账号，NPM 账号注册页面如图 1.18 所示。

图 1.18　NPM 账号注册页面

然后进入项目目录运行命令 npm adduser，并依次输入刚刚注册好的用户名、密码和邮箱（邮箱需要验证），再运行发布命令：

```
npm publish
```

发布成功后输出的信息如图 1.19 所示。

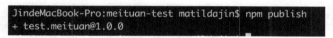

图 1.19　发布成功后输出的信息

最后，在 NPM 官网上搜索该模块，验证发布是否成功，已发布模块的搜索界面如图 1.20 所示。

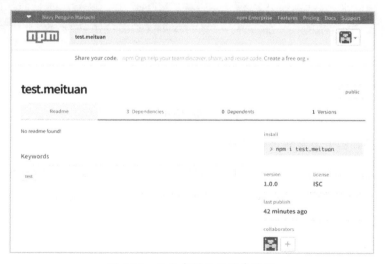

图 1.20　已发布模块的搜索界面

1.3　Visual Studio Code 编辑器

性能优秀的编辑器对于高效的开发来说如同利刃，笔者常用的就是广受好评的 Visual Studio Code，本节将对它进行详细介绍。Visual Studio Code 是微软在 2015 年发布的一款能够运行在 Windows、macOS 和 Linux 上的跨平台编辑器，官网地址为 https://code.visualstudio.com/。

1.3.1　Visual Studio Code 的安装及其功能

从官网下载 Visual Studio Code 的稳定版本，下载界面如图 1.21 所示，其他版本需展开下拉框进行选择。

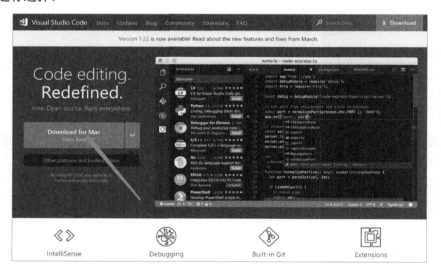

图 1.21　Visual Studio Code 官网下载界面

下载完成后，打开安装包进行安装即可。

Visual Studio Code 最重要的部分是侧边栏，也就是如图 1.22 所示的区域。这个区域集成了编码时会用到的核心功能，其他功能都可以通过安装扩展来实现。

图 1.22　Visual Studio Code 的侧边栏

1.3.2　使用 Visual Studio Code 调试 Node.js

下面使用 1.1.5 节中的示例来演示调试 Node.js。首先使用 Visual Studio Code 打开 1.1.5 节中的示例代码，单击编辑器左侧工具栏中的"调试"按钮的位置（如图 1.23 所示）。

进入调试窗口，可以看到当前项目暂时"没有配置"调试信息（如图 1.24 所示）。

图 1.23　"调试"按钮的位置

图 1.24　"没有配置"调试信息

单击调试窗口中的"没有配置"选项，在展开的下拉菜单中，选择"添加配置"选项，然后选择"Node.js：附加到进程"，如图 1.25 所示。

图 1.25　添加 Node.js 调试配置信息

Visual Studio Code 会自动在当前项目中创建文件夹.vscode，并在该文件夹中添加文件 launch.json，配置代码如下：

```
01  {
02  // 使用 IntelliSense 了解相关属性
03  // 悬停鼠标以查看现有属性的描述
04  // 欲了解更多信息，请访问 https://go.microsoft.com/fwlink/?linkid=830387
05    "version": "0.2.0",
06    "configurations": [
07      {
08        "type": "node",
09        "request": "launch",
10        "name": "启动程序",
11        "program": "${workspaceFolder}/index.js"
12      }
13    ]
14  }
```

接下来，在第 1.1.5 节中的示例代码 08 行处添加断点，代码如下：

```
let pathname = url.parse(req.url).pathname;  // 第 1.1.5 节中的示例代码 08 行处
```

然后，单击如图 1.24 箭头处的"调试"按钮启动 Node.js 服务。打开浏览器，输入地址 http://localhost:8080/，程序进入断点处，如图 1.26 所示。

通过图 1.26 可以看到，Visual Studio Code 为开发者提供了充足的调试功能，如当前上下文环境中的变量查看功能、监视功能、调用堆栈查看功能等。

提示：读者也可以访问 https://code.visualstudio.com/docs/nodejs/nodejs-debugging，了解更多高级调试功能。

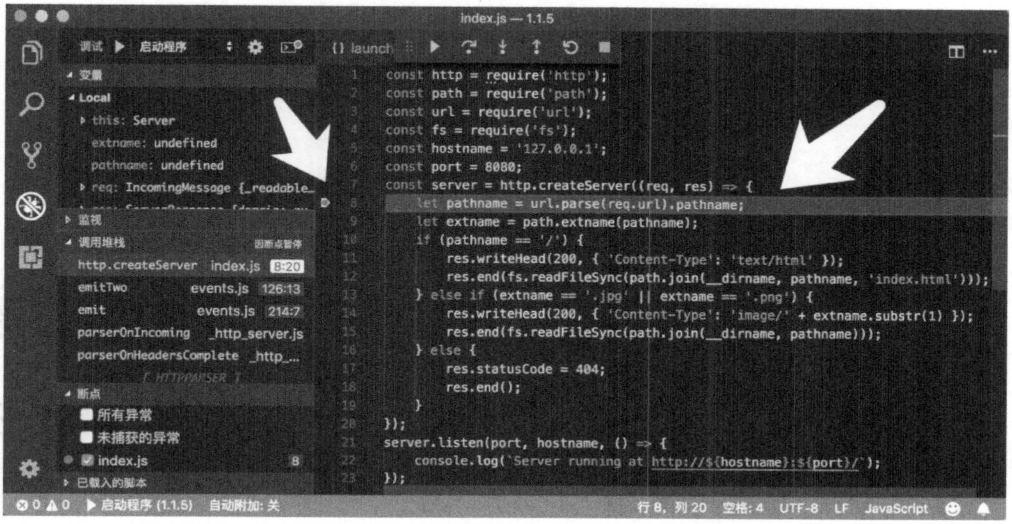

图 1.26　程序进入断点处

1.4　本章小结

本章依次介绍了 Node.js 的历史沿革、应用场景和安装步骤，通过编写一个简单的 HTTP Server 展现了 Node.js 在实际中的应用。在介绍 JavaScript 模块管理工具 NPM 的时候，讨论了模块结构并完整演示了在 npm.org 上发布自建模块的过程，还加入了关于 Node.js 版本控制和 Web 代理的相关内容。最后给读者推荐了一款编辑器——Visual Studio Code，并演示了如何对 Node.js 进行调试。

2

第 2 章

遇见 Koa

通过第 1 章的学习，读者已经了解了 Node.js 的基本概念，也接触了一些 Node.js 开发、调试常用的工具和方法。但是开发大型的 Node.js 应用离不开框架的使用，所以本章主要带领读者学习 Node.js 最流行的框架——Koa。

2.1　Koa 介绍

Koa 是基于 Node.js 的 Web 框架，其特点是轻量、健壮、富有表现力，由 Express 的原班人马打造，目前有 Koa1 和 Koa2 两种版本。

2.1.1　Koa 的前世今生

在详细介绍 Koa 之前不得不提到 Express。同 Koa 一样，它也是 Node.js 的 Web 框架，可被称为 Koa 的上一代框架。Express 4 之前的版本主要基于 Connect，封装了大量便利的功能，如路由、视图处理、错误处理等。Express 4 之后不再依赖 Connect，除 express.static

外的内置中间件也全部作为单独模块安装。Express 主要采用 ES5 的语法，异步操作通过回调函数来处理。相较而言，Koa 对异步操作的处理更加简单，开发者不再需要面对讨厌的"回调地狱"。这是因为 Koa1 和 Koa2 分别采用了 ES6 中的 Generator 函数+yield 语句+Promise 语句和 ES7 中的 async/await+Promise 来处理异步操作。基于 Express 开发的旧有项目转用 Koa 框架成本较高，不但需要升级 Node.js 的版本，还需要重新编写几乎所有中间件，加之目前 Express 的中间件更多、更成熟，因此 Express 目前仍被广泛地使用。但是笔者相信在未来的某一天，Koa 一定会完全替代 Express，成为 Node.js Web 框架的主流。

除语法差异外，Koa 不在内核方法中绑定任何中间件，它仅仅提供了一个轻量的函数库，几乎所有功能都需要引用第三方中间件来实现。也许有人会问，这样岂不是很不方便？其实这才是 Koa 最大的改进。这样不仅能够使框架更加轻量、优雅，也能够让开发者充分发挥自己的想象力，根据业务和项目定制中间件。更何况现在 Koa 的第三方中间件也非常丰富和成熟了。

下面通过一个"Hello World"的例子来对比 Express 与 Koa1、Koa2 之间的区别，让读者有一个直观的感受。

1. Express 版 "Hello World"

```
01  var express = require('express');        // 引入 Express
02  var app = express();                     // 实例化一个新 app
03  app.get('/', function (req, res) {       // 路由中间件处理路由
04  asyncFunction1(params, function() {
05    asyncFunction2(params, function() {
06      asyncFunction3(params, function() {
07       res.send('Hello World!');
08      });
09     })
10    });
11  });
12  var server = app.listen(3000);           // 启动 app，监听 3000 端口
```

在上述代码中，使用 Express 自带的路由处理中间件处理了根路由，在处理根路由的回调函数中还要执行 3 个异步函数，形成了所谓的"回调金字塔"。如果异步函数更多一些，那么这段代码的可读性将会非常糟糕。

2. Koa1 版 "Hello World"

```
01  var koa = require('koa');                // 引入 Koa1
```

```
02   var app = koa();                           // 实例化一个新 app
03   app.use(function*() {                       // 对任意请求进行处理的中间件
04     yield asyncFunction1(params);
05     yield asyncFunction2(params);
06     yield asyncFunction3(params);
07     this.body = 'Hello World';
08   });
09   app.listen(3000);                           // 启动 app，监听 3000 端口
```

在上述代码中，由 function*定义的函数就是 Generator 函数，Koa1 采用 Generator 函数+yield 语句处理异步函数，解决了"回调金字塔"的问题。但是 Generator 的设计初衷不是为了解决异步编程的问题，而是为了实现"协程"的功能。这里不展开讨论"协程"的概念，读者只要知道这是一种能使进程挂起或切换的功能，所以正好能用来处理异步函数的执行就可以了。不过，Koa1 需要依赖 co 库来包装执行 Generator 函数。

3. Koa2 版 "Hello World"

```
01   const koa = require('koa');                 // 引入 Koa2
02   const app = new koa();                      // 实例化一个新 app
03   app.use(async ctx => {                      // 对任意请求进行处理的中间件
04     await asyncFunction1(params);
05     await asyncFunction2(params);
06     await asyncFunction3(params);
07     ctx.body = 'Hello World';
08   });
09   app.listen(3000);                           // 启动 app，监听 3000 端口
```

乍看之下，上述代码与 Koa1 版的"Hello World"区别不大，仅仅使用 async/await 代替了原来的 Generator 函数+yield 语句。然而这是专门为异步操作设计的基于 Generator 函数的语法糖，内置了执行器，不仅使代码可读性更强，而且因为 ES7 支持原生的 async/await 语法，Koa2 不再需要依赖 co 库。

对比这 3 段"Hello World"代码，可以感受到因为 JavaScript 语法的更新换代和 Node.js 版本的升级，我们开发 Node.js 的 Web 应用更简单，程序更语义化，维护也更容易了。本书主要基于 Koa2 来讲解如何开发 Node.js 的 Web 应用，后面统称为 Koa。

注意：Koa2.x 依赖于 Node.js 7.6.0 或 ES6 及更高版本和 async 方法的支持。

2.1.2　Koa 的安装及搭建（视频演示）

由于 Koa2 已经支持 ES6 及更高版本，包括支持 async 方法，所以请读者确保 Node.js 版本在 7.6.0 以上。如果需要在低于 7.6 的版本中应用 Koa 的 async 方法，建议使用 Babel hook，示例代码如下：

```
require('babel-register');
// 应用的其余 require 需要放到hook 后面
const app = require('./app');
```

1. 项目初始化

在安装 Koa 之前，首先需要创建项目的目录。新建文件夹 koa2-tutorial 用来存放示例代码，然后在 koa2-tutorial 根目录下初始化项目，生成配置文件 package.json。初始化命令如下：

```
npm init
```

注意：生成的 package.json 文件用于管理项目中用到的一些安装包。

项目初始化完成后，在当前目录下新建 app.js 文件并输入所有程序员都熟知的一句话：

```
console.log("Hello World");
```

打开控制台，进入目录 koa2-tutorial/，执行如下命令：

```
node app.js
```

如果控制台成功输出"Hello World"，说明环境正常。至此，项目的准备工作已经完成。基本的项目结构如下：

```
├── app.js
├── package.json
```

2. 安装 Koa

Koa 的安装过程非常简单，只需通过如下命令即可安装最新版本：

```
npm install koa -save
```

注意：Koa 的版本信息会自动保存在 package.json 中。

3. 启动服务器

Koa 安装完成之后，修改 app.js 文件实现启动 Web 服务器的功能，代码如下：

```
const koa = require('koa');
const app = new koa();
app.listen(3000, () => {
  console.log('server is running at http://localhost:3000');
});
```

然后，运行 app.js 文件并打开浏览器访问 http://localhost:3000，正常情况下，页面将会显示 "Not Found"。这是因为在 3000 端口下启动服务器进行访问时并没有对 HTTP 请求进行响应处理，故而报 "Not Found" 错误。为了让浏览器显示一些信息，代码还需要调整。修改 app.js，加入一个简单的中间件处理所有请求，代码如下：

```
app.use(async (ctx, next) => {
  await next();
  ctx.response.type = 'text/html';
  ctx.response.body = '<h1>Hello World</h1>';
});
```

注意：此段代码需放置在服务器启动之前。

重新启动服务器，再次访问浏览器，将会正常显示 "Hello World"。

本节在线视频地址为 https://camp.qianduan.group/koa2/2/1/1，二维码：

2.2　Context 对象

Koa 中有一个非常重要的概念叫上下文。怎么理解这个上下文的意思呢？例如，有人在聊天群里说："快看窗外，下雪啦！"你跑到窗口一看，艳阳高照，怎么回事？赶紧去看聊天记录，原来发信息的人在北方，虽然现在是 10 月，而你却在南方。这里的 "北方" "10 月" 就是这次对话的上下文。如果没有上下文，就无法准确定义这次对话。类似地，一次请求会包含用户的登录状态，或者一些 Token 之类的信息，这些信息就是上下文的一部分，用于确定一次请求的环境。

2.2.1　什么是 Context 对象

Koa 将 Node.js 的 Request（请求）和 Response（响应）对象封装到 Context 对象中，所以也可以把 Context 对象称为一次对话的上下文，通过加工 Context 对象，就可以控制返回给用户的内容。

Context 对象还内置了一些常用属性，如 context.state、context.app、context.cookies、context.throw 等，也可以在 Context 对象中自定义一些属性、配置以供全局使用。

Koa 应用程序中的每个请求都将创建一个 Context，并在中间件中被作为参数引用，代码如下：

```
01 app.use(async ctx => {
02   ctx;                      // 这是 Context
03   ctx.request;              // 这是 Koa Request
04   ctx.response;             // 这是 Koa Response
05   this;                     // 这也是 Context
06   this.request;             // 这也是 Koa Request
07   this.response;            // 这也是 Koa Response
08 });
```

上述代码演示了如何访问 Context 对象。也可以使用 this 关键字访问 Context 对象。下一节会介绍 Context 对象中常用的属性和方法，为学习后面的知识打好基础。

2.2.2　常用属性和方法

Koa 的上下文中包含了很多属性和方法，通过这些属性和方法能够实现很多功能，如路由控制、读取 Cookie、返回内容给用户等。

1. ctx.request

ctx 是 context 的简写，ctx.request 是 Koa 的 Request 对象，Koa 的 Request 对象是在 Node.js 的请求对象之上的抽象，提供了很多对 HTTP 服务器开发有用的功能。如果要访问 Request 对象，可以调用 ctx.req。ctx.request 对象还有哪些属性呢？首先来看下面这段代码：

```
01 const koa = require('koa');
02 const app = new koa();
03 app.use(async (ctx) => {
04   ctx.response.body = {
05     url: ctx.request.url,      // 获取请求 URL
06     query: ctx.request.query,  // 获取解析的查询字符串
```

```
07      querystring: ctx.request.querystring  // 获取原始查询字符串
08    }
09 });
10 app.listen(3000);
```

上述代码主要的功能是获取 GET 请求中的参数。把以上代码复制到 app.js 中，然后在命令行中输入如下指令：

```
node app.js
```

随后在浏览器中访问 http://localhost:3000/?search=koa&keywords=context，便可以看到一串字符串，如下所示：

```
{
 "url":"/?search=koa&keywords=context",
 "query":{"search":"koa","keywords":"context"},
 "querystring":"search=koa&keywords=context"
}
```

假如要使用 search 这个参数，可以直接通过 query.search 来获取。

POST 请求的参数获取方式和 GET 请求不同。Koa 没有封装获取 POST 请求参数的方法，因此需要解析 Context 中的原生 Node.js 请求对象 req，代码如下：

```
01 const koa = require('koa');
02 const app = new koa();
03 app.use(async (ctx) => {
04    let postdata = '';
05    ctx.req.on('data', (data) => {       // 监听 data 事件
06      postdata += data;                  // 拼装 POST 请求的参数
07    });
08    ctx.req.on('end', () => {
09     console.log(postdata);              // 打印 POST 请求的参数
10    });
11 });
12 app.listen(3000);
```

把上述代码复制到 app.js 中，替换原来的代码，然后按"Ctrl+C"组合键停止服务器，再执行如下命令重启服务器：

```
node app.js
```

接着打开一个新的命令行窗口，执行如下命令：

```
curl -d "param1=value1&param2=value2" http://localhost:3000/
```

curl 命令可以模拟 POST 请求，-d 参数后面是 POST 请求的参数。执行完成后切换回原来的命令行窗口，就能看到 console.log 命令打印出来的如下字符串：

```
param1=value1&param2=value2
```

除此以外，还可以通过 koa-bodyparser 等中间件来获取 POST 请求的参数，而且更加方便。这部分会在后面的中间件章节中详细介绍，此处不再赘述。

下面介绍一下如何使用 ctx.request 处理路由，代码如下：

```
01 const koa = require('koa');
02 const app = new koa();
03 app.use(async (ctx) => {
04   if (ctx.request.method === 'POST') {        // 判断是否为 POST 请求
05                                               // 处理 POST 请求
06   } else if (ctx.request.method === 'GET') {  // 判断是否为 GET 请求
07     if (ctx.request.path !== '/') {
08       ctx.response.type = 'html';
09       ctx.response.body = '<a href="/">Go To Index</a>';
10     } else {
11       ctx.response.body = 'Hello World';
12     }
13   }
14 });
15 app.listen(3000);
```

在上述代码中，首先通过 ctx.request.method 来判断请求是 GET 还是 POST，如果是 GET 请求，再通过 ctx.request.path 来判断该请求的具体路径是否为根路径。如果是根路径就显示"Hello World"，如果不是就显示一个连接，单击之后访问根路径即可。这是一个非常简单的处理方式，实际开发中可以利用 koa-router 这个中间件来处理路由。

2. ctx.response

ctx.response 是 Koa 的 Response 对象。Koa 的 Response 对象是在 Node.js 的原生响应对象之上的抽象，提供了很多对 HTTP 服务器开发有用的功能。

之前在介绍 ctx.request 对象的时候也使用了 ctx.response.body 这个属性，用于设置返回给用户的响应主体。之前使用的响应主体类型以 String 写入。

在实际开发中，除设置一个请求的响应主体外，往往还需要通过 ctx.response.status 设置请求状态，如 200、404、500 等。通过 ctx.response.type 可以设置响应的 Content-Type，如果响应内容是 HTML 格式，则设置为 ctx.response.type = 'html'；如果响应内容是一张 png 图片，则设置为 ctx.response.type = 'image/png'。显式地设置 Content-Type 是因为浏览器默认的 Content-Type 是 text/plain，如果 Content-Type 不对会发生解析错误。接下来将通过一个例子来展示这些属性的使用方法，代码如下：

```
01  const koa = require('koa');
02  const app = new koa();
03  app.use(async (ctx) => {
04      ctx.response.status = 200;                          // 设置请求的状态码为 200
05      if (ctx.request.accepts('json')) {                  // 判断客户端期望的数据类型
06          ctx.response.type = 'json';                     // 设置响应的数据类型
07          ctx.response.body = { data: 'Hello World' };    // 设置响应体内容
08      } else if (ctx.request.accepts('html')) {
09          ctx.response.type = 'html';
10          ctx.response.body = '<p>Hello World</p>';
11      } else {
12          ctx.response.type = 'text';
13          ctx.response.body = 'Hello World';
14      }
15  });
16  app.listen(3000);
```

在上述代码中，首先通过 ctx.response.status 设置请求的状态码，然后通过 ctx.request.accepts()函数来判断客户端期望的数据类型，再通过 ctx.response.type 设置响应的数据类型，最后通过 ctx.response.body 设置响应体内容。和 ctx.request.accepts()类似的一个方法是 ctx.response.is(types...)，它可以用来检查响应类型是否是所提供的类型之一，这对创建操纵响应的中间件特别有用。

还有一个比较常用的方法是 ctx.response.redirect(url, [alt])，这个方法用于将状态码 302 重定向到 URL，例如用户登录后自动重定向到网站的首页。

3．ctx.state

ctx.state 是推荐的命名空间，用于通过中间件传递信息和前端视图。类似 koa-views 这些渲染 View 层的中间件也会默认把 ctx.state 里面的属性作为 View 的上下文传入。

```
ctx.state.user = yield User.find(id);
```

上述代码是把 user 属性存放到 ctx.state 对象里，以便能够被另一个中间件读取。

4. ctx.cookies

ctx.cookies 用于获取和设置 Cookie。

```
ctx.cookies.get(name, [options]);       // 获取 Cookie
ctx.cookies.set(name, value, [options]);  // 设置 Cookie
```

其中 options 的配置见表 2.1。

表 2.1　options的配置

key	value
maxAge	一个以毫秒为单位的数字，表示Cookie过期时间
signed	Cookie签名值
expires	Cookie过期的Date
path	Cookie路径，默认是 /
domain	Cookie域名
secure	安全Cookie，只能使用HTTPS访问
httpOnly	如果为true，则Cookie无法被JavaScript获取到
overwrite	一个布尔值，表示是否覆盖以前设置的同名Cookie（默认是false）

5. ctx.throw

ctx.throw 用于抛出错误，把错误信息返回给用户，代码示例如下：

```
app.use(async (ctx) => {
 ctx.throw(500);
});
```

运行这段示例代码，会在页面上看到一个状态码为 500 的错误页"Internal Server Error"。

2.3　Koa 的中间件

中间件是 Koa 中一个非常重要的概念。Koa 应用程序其实就是一个包含一组中间件函数的对象，而且有了 async/await 这种高级语法糖，使中间件写起来更加简单。

2.3.1　中间件概念

先来看下面这段代码：

```
01 app.use(async function (ctx, next) {
```

```
02    console.log( ctx.method, ctx.host + ctx.url )   // 打印请求方法、主机名、URL
03    await next();
04    ctx.body = 'Hello World';
05  });
```

上述代码是 Koa 应用程序的一个简单的"Hello World"示例，可以把其中打印日志的部分单独抽象成一个 logger 函数，代码如下：

```
01  const logger = async function(ctx, next) {
02    console.log( ctx.method, ctx.host + ctx.url )
03    await next();
04  }
05  app.use(logger);              // 使用 app.use 加载中间件
06  app.use(async function (ctx, next) {
07    ctx.body = 'Hello World';
08  })
```

抽象出来的 logger 函数就是中间件，通过 app.use()函数来加载中间件。

中间件函数是一个带有 ctx 和 next 两个参数的简单函数。ctx 就是之前章节介绍的上下文，封装了 Request 和 Response 等对象；next 用于把中间件的执行权交给下游的中间件。在 next()之前使用 await 关键字是因为 next()会返回一个 Promise 对象，而在当前中间件中位于 next()之后的代码会暂停执行，直到最后一个中间件执行完毕后，再自下而上依次执行每个中间件中 next()之后的代码，类似于一种先进后出的堆栈结构。这里用官方给出的 "洋葱模型"示意图（如图 2.1 所示）来解释中间件的执行顺序。

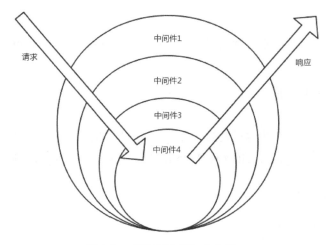

图 2.1   "洋葱模型"示意图

图 2.1 形象地展示了中间件的执行顺序。下面通过具体代码来演示中间件的执行，如下所示：

```
01  app.use(async function (ctx, next) {
02    console.log('one start');
03    await next();
04    console.log('one end');
05  });
06  app.use(async function (ctx, next) {
07    console.log('two start');
08    ctx.body = 'two';
09     await next();
10    console.log('two end');
11  });
12  app.use(async function (ctx, next) {
13    console.log('three start');
14    await next();
15    console.log('three end');
16  });
```

这段代码中有 3 个中间件，执行结果如下：

```
one start
two start
three start
three end
two end
one end
```

如果想将多个中间件组合成一个单一的中间件，便于重用或导出，可以使用 koa-compose，代码如下：

```
01  const compose = require('koa-compose');
02  async function middleware1(ctx, next) {
03    // do something
04    await next();
05  };
06  async function middleware2(ctx, next) {
07    // do something
08    await next();
09  }
10  async function middleware3(ctx, next) {
11    // do something
```

```
12       await next();
13    }
14    const all = compose([middleware1, middleware2, middleware3]);
15    app.use(all);
```

Koa 应用程序中的大部分功能都是通过中间件实现的，写好中间件也是学好 Koa 的必经之路。当然，也可以使用很多成熟的中间件模块来完善 Koa 应用，而且利用成熟的中间件模块也能大大提升开发效率。

2.3.2　实战演练：使用中间件获取响应时间（视频演示）

在实战项目中，经常需要记录服务器的响应时间，响应时间指的是从服务器接收到 HTTP 请求到最终返回给客户端之间所耗的时长。在 Koa 应用中，利用中间件机制可以很方便地实现这一功能，代码如下：

```
01    const koa = require('koa');
02    const app = new koa();
03    app.use(async (ctx, next) => {            // 记录服务器响应时间的中间件
04       let stime = new Date().getTime();       // 记录当前时间戳
05       await next();                           // 事件控制权中转
06       let etime = new Date().getTime();       // 所有中间件执行完成后记录当前时间
07       ctx.response.type = 'text/html';
08       ctx.response.body = '<h1>Hello World</h1>';
09       console.log('请求地址: ${ctx.path}，响应时间: ${etime - stime}ms');
10    });
11    app.use(async (ctx, next) => {
12       console.log('中间件 doSoming');
13       await next();
14       console.log('中间件执行 over');
15    });
16    app.listen(3000, () => {
17       console.log('server is running at http://localhost:3000');
18    });
```

执行上述代码，控制台打印显示如下：

```
server is running at http://localhost:3000
```

然后打开浏览器，访问 http://localhost:3000，控制台显示内容更新如下：

```
中间件 doSoming
中间件执行 over
```

```
请求地址: /, 响应时间: 1ms
中间件 doSoming
中间件执行 over
请求地址: /favicon.ico, 响应时间: 0ms
```

当服务器接收到 HTTP 请求后，会以"洋葱模型"的方式开始流转。先进入第 1 个中间件，在上述代码中，第 1 个中间件会记录下当前时间戳，然后将控制权向下传递，第 2、第 3 个中间件进行相应的逻辑处理……最后再一层层地返回，直到返回给第 1 个中间件，再次记录下当前的时间戳。所记录的两次时间戳之间的差值，即为此次 HTTP 请求的响应时间。

细心的读者会发现，控制台打印了两条记录，这是因为访问 http://localhost:3000 后，DOM（Document Object Model，文档对象模型）结构在浏览器上进行渲染，会发起相应的静态资源文件的 HTTP 请求，/favicon.ico 即为 DOM 渲染时默认自带的静态资源。

另外，读者可以思考一下，如果一个中间件没有调用 await next()，又会发生什么情况呢？答案是：后面的中间件将不会被执行。读者可以自行验证一下。

本节在线视频地址为 https://camp.qianduan.group/koa2/2/1/2，二维码：

2.3.3　常用 Koa 中间件介绍

利用成熟的中间件来构建 Koa 应用能大大提高开发效率。GitHub 上的 Koa 社区提供了很多有用的中间件，读者可以访问 https://github.com/koajs/koa/wiki 进行搜索。本节主要介绍几个常用的中间件。

1. koa-bodyparser 中间件

在 2.2.2 节中，有一个获取 POST 请求参数的例子，使用了 Node.js 的 req 对象监听 data 事件来获取，这种方法比较烦琐。koa-bodyparser 中间件可以把 POST 请求的参数解析到 ctx.request.body 中。使用 koa-bodyparser 中间件首先需要安装，安装命令如下：

```
npm install --save koa-bodyparser
```

接下来看一个使用 koa-bodyparser 中间件解析 POST 请求参数的实际例子，代码如下：

```
01    const koa = require('koa')
02    const app = new koa()
03    const bodyParser = require('koa-bodyparser')
04
05    app.use(bodyParser())                          // 加载 koa-bodyparser 中间件
06    app.use( async ( ctx ) => {
07        if ( ctx.url === '/' && ctx.method === 'GET' ) {// 当 GET 请求时返回表单页面
08            ctx.type = 'html';
09            let html = `
10            <h1>登录 </h1>
11            <form method="POST" action="/">
12                <p>用户名</p>
13                <input name="userName" /><br/>
14                <p>密码</p>
15                <input name="password" type="password" /><br/>
16                <button type="submit">submit</button>
17            </form>`
18        ctx.body = html
19        } else if ( ctx.url === '/' && ctx.method === 'POST' ) {
20            // 当 POST 请求时，中间件 koa-bodyparser 解析 POST 表单里的数据
21            let postData = ctx.request.body
22            ctx.body = postData
23 }
24 })
25    app.listen(3000)
```

运行上述代码，并在浏览器中访问 http://localhost:3000/会看到一个登录表单，如图 2.2 所示。

图 2.2 登录表单

此处为了演示方便，未对用户名和密码做任何校验，所以可以在输入任意用户名和密

码之后单击"submit"按钮，就会在页面上显示所填写的用户名和密码，如下所示：

{"userName":"ikcamp","password":"ikcamp123"}

从这个结果可以知道，koa-bodyparser 中间件最终解析出来的参数是一个对象。

2. koa-router 中间件

上面登录表单的例子通过 ctx.url 判断路径，通过 ctx.method 判断请求的方法，这种手动判断路由的方式仍然比较麻烦，需要写很多的代码。如果借助 koa-router 中间件就能减少很多代码量。首先要安装 koa-router，命令如下：

```
npm install --save koa-router
```

安装完成之后，用 koa-router 中间件改造之前的代码，代码如下：

```
01  const koa = require('koa')
02  const app = new koa()
03  const bodyParser = require('koa-bodyparser')
04  const Router = require('koa-router')
05  const router = new Router()        // 初始化 koa-router 中间件
06  router.get('/', (ctx, next) => {
07      // 绘制登录页，省略
08
09  })
10  router.post('/', (ctx, next) => {
11      // 解析 formData 数据，省略
12
13  })
14  app
15      .use(bodyParser())             // 加载 koa-bodyparser 中间件
16      .use(router.routes())          // 加载 koa-router 中间件
17      .use(router.allowedMethods())  // 对异常状态码的处理
18  app.listen(3000)
```

经过改造之后的代码运行效果和之前是一样的，但是写法和代码都更精简，可读性也更高。（上述代码省略了绘制登录页和解析 formData 数据的部分，这部分代码没变，从上一个例子中复制过来即可）。

3. koa-static 中间件与 koa-views 中间件

上面的例子简化了路由的写法，但是把 HTML 代码直接写在中间件中纯粹是为了演示方便。在实际开发中，不但会把 HTML 模板写在单独的文件中，还会引用单独的 CSS 样式

及 JavaScript 文件，这时就需要用到 koa-static 和 koa-views 中间件。koa-static 是专门用于加载静态资源的中间件，通过它可以为页面请求加载 CSS、JavaScript 等静态资源，而 koa-views 用于加载 HTML 模板文件。

下面使用 koa-static 和 koa-views 继续改写上面的例子，首先安装 koa-static 和 koa-views，命令如下：

```
npm install --save koa-static
npm install --save koa-views
```

安装完成之后来写核心代码，示例代码如下（完整代码请在 GitHub 上查看）：

```
01   const koa = require('koa')
02   const views = require('koa-views')
03   const path = require('path')
04   const bodyParser = require('koa-bodyparser')
05   const static = require('koa-static')
06   const Router = require('koa-router')
07   const app = new koa()
08   const router = new Router()
09   app.use(views(__dirname + '/views', {      // 加载模板引擎
10     map: { html: 'ejs'}
11   }))
12   app.use(static(                            // 加载静态资源
13     path.join( __dirname, '/static')
14   ))
15   router.get('/', async(ctx, next) => {
16     await ctx.render('index')               // 渲染模板
17   })
18   router.post('/', (ctx, next) => {
19     let postData = ctx.request.body
20     ctx.body = postData
21   })
22   app
23   .use(bodyParser())
24   .use(router.routes())
25   .use(router.allowedMethods())
26   app.listen(3000)
```

从上述代码中可以看出，之前直接写在中间件中的 HTML 代码被提取了出来，进一步简化了代码结构，并且还在 HTML 代码中引入了一个修改按钮样式的 CSS 文件和一个显示 alert 弹窗的 JavaScript 文件，运行结果如图 2.3 所示。

图 2.3　登录表单和弹窗

　　以上是 Koa 中最常用的 4 个中间件。通过不断加入新的中间件，app.js 中的代码变得越来越简洁和健壮。善用成熟中间件来开发 Koa 应用是必修课。Koa 还有很多其他常用的中间件，后面的章节会详细介绍其他常用中间件的使用方法，这里不再一一赘述。

2.4　本章小结

　　本章主要介绍了 Koa 的发展历程、Koa 的常用属性和方法，以及一些常用中间件的使用方法，并且通过实际的例子加深了读者对 Koa 基本用法的理解。Koa 本身只是一个框架，但它通过自身封装的属性和方法及第三方中间件的使用让我们开发 Node.js 应用更加方便了。如果想开发出更好的 Node.js 应用，或者说 Koa 应用，对 Node.js 的 API 的理解也是非常重要的。项目中大部分的功能还需要依靠 Node.js 本身的 API 来实现，因此推荐读者多去 Node.js 官网查阅 API 文档，并结合本章所讲的知识，把 Node.js 和 Koa 的 API 都尝试着写一下，甚至把一些常用的 API 背下来。如此一来，开发 Koa 应用将会变得越来越容易。

3

第 3 章
路由

路由是引导、匹配之意。引用 Python 官网的描述：

Routing（also kown as request routing or URL dispatching） is mapping URLs to code that handles them（中文意思：路由（请求路由或 URL 分发）是匹配 URL 到相应处理程序的活动）。

本章将向读者介绍一般路由的概念、RESTful 规范，以及 Koa 路由中间件 koa-router 的安装和使用，并提供详尽的实战案例。其中，3.2.3 节将提供 iKcamp 推出的 koa-router 在线配套学习视频。

3.1 路由介绍

通俗地说，路由是根据 URL 的变更重新渲染页面布局和内容的过程。早期，这个过程由服务器端实现：当用户进行页面切换时，由浏览器向服务器发送不同的 URL 请求，经服务器解析后向浏览器返回不同的数据，再由浏览器渲染成新的页面。也可以理解为用户请求和后端服务器进行交互的方式——通过不同的路径来请求不同的网络资源,图 3.1 所示为路由引擎示意图。

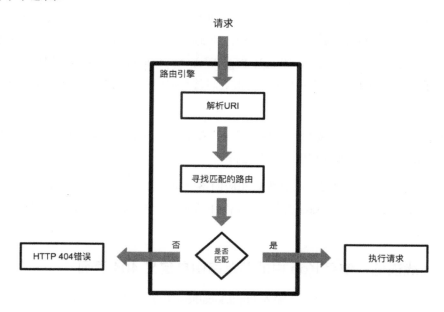

图 3.1　路由引擎示意图

3.1.1　路由的概念

如果我们尝试把页面切换的体验比作在车站里切换列车线路的活动,那么传统路由所做的就是把所有的乘客都赶下车,换到另一辆列车里去。无论这个车站的导流工作做得多么好,换乘线路设计得多么合理,乘客总有一段时间不处于任何一辆列车中。也就是说,网站的"乘客"(用户)能够通过网页刷新时页面的真空状态切实地感受到"切换"的存在。这种处理方式虽然安全,但用户体验却很糟糕。就像在一个人流量巨大的车站内同时执行数量可观且方向各异的换乘操作,这不仅对车站本身是一个负担,也不会让乘客感到愉快。

于是,实现异步加载的 AJAX 技术应运而生:用户交互不必每次都刷新页面,而是在需要的时候才加载相应的页面内容。换句话说,车站内的换乘已经不必每次都把乘客赶下车,而是通过切换轨道实现了无缝换乘。这种换乘方案既缓解了服务器的压力,又优化了用户体验。

到了这一步，欠缺的部分已经所剩不多——页面的部分内容既然已经发生改变，URL 自然也应该产生相应的变更，否则用户在对路径进行复制粘贴的时候，浏览器就无法判断需要执行哪部分页面逻辑，同样也无法确定需要展示的页面内容。我们需要在列车循环滚动的 LED 显示屏上根据换轨情况实时更新目的地信息，进而带给乘客五星级的搭乘体验。前端路由的主要应用场景是 SPA（Single Page Web Application，单页面应用程序）。能够让乘客们乘坐同一辆列车穿行在不同的城市之间甚至周游列国的技术是异步交互体验更高级的版本。

简而言之，前端路由主要解决了两个问题：在页面不刷新的前提下实现 URL 的变化，以及捕捉 URL 的变化并执行相应的页面逻辑。

如今，大部分主流的开发框架都提供相应的路由实现方案。然而不管是以 React、Vue.js 为代表的前端框架，还是以 Koa 为代表的后端框架所实现的路由，其本质都是图 3.1 所示的那个过程。

3.1.2　实战演练：使用 Koa 中的简单路由自定义 404 页面

在本示例中，用户在浏览器中输入 http://localhost:4000/404 时，会看到图 3.2 所示的路由效果图。

图 3.2　路由效果图

要实现这样的效果，需要利用之前已经学习的中间件知识。路由操作，其实就是匹配请求然后给出对应的响应。实现上述效果的代码如下：

```
01   const Koa = require('koa');
02   const app = new Koa();
03   app.use(async (ctx, next) => {              // 使用中间件来实现
04       const { url, method } = ctx;            // 获取请求的 URL 和 Method
05       if (url === '/404' && method === 'GET') {   // 匹配 URL 和 Method
06         ctx.body = 'Page Not Found';          // 输出响应
07         ctx.status = 404;
08       } else {
09           ctx.body = 'Default Content';
```

```
10        }
11      await next();
12    })
13  app.listen(4000);
```

可以看到，在上述代码中，将路由处理和输出响应都放在了一个中间件函数中，而实际项目中会存在很多的路由，如果按照这样的方式处理，会严重影响代码的可读性和可维护性。通常采用路由组件来解决这个问题。这里有一个实现上述功能的路由组件，代码如下：

```
01  class Router {                              // 定义路由组件
02    constructor() {
03      this._routes = [];                      // 缓存路由规则
04    }
05    get(url, handler) {                        // 设置 Method 为 GET 的路由规则
06      this._routes.push({                      // 将规则加入缓存中
07        url: url,
08        method: 'GET',
09        handler
10      });
11    }
12    routes() {                                 // 返回路由处理中间件给 Koa 使用
13      return async (ctx, next) => {
14        const { method, url } = ctx            // 获取当前请求的 URL 和 Method
15        const matchedRouter = this._routes.find(r => r.method === method && r.url
16  === url);                                    // 从缓存的规则中找出匹配的规则
17          if (matchedRouter &&
18            matchedRouter.handler) {           // 执行路由规则中的处理函数，响应请求
19            await matchedRouter.handler(context, next);
20          } else {
21            await next();
22        }
23      }
24    }
25  }
26  module.exports = Router;
```

在使用的时候可以这样调用，代码如下：

```
router.get('/404', (context, next)=>{          // 定义路由规则
  context.body = 'Page not found';
```

```
    context.status = 404;
})
app.use(router.routes());                    // 使用路由器返回的中间件
```

可以看到，通过这种方式，使定义路由和执行路由分开了，并去掉了之前的 if 条件判断，降低了耦合度。这里的路由组件只处理了 GET 请求，实际项目会更加复杂，一般可以使用业内已经成熟的路由组件。接下来重点介绍最流行的路由组件之一——koa-router。

3.2　koa-router 路由中间件

前一节介绍了路由的概念，并通过具体的示例演示了如何在 Koa 中实现路由功能。本节将介绍 Koa 常用的路由中间件——koa-router，以及 RESTful 规范和 koa-router 的用法。

3.2.1　koa-router 的安装和介绍

koa-router 的安装方法和其他中间件一样，安装命令如下：

```
npm install koa-router -save
```

koa-router 具有丰富的 API，可以实现命名参数、命名路由、多路由中间件、多路由、嵌套路由等功能。通过 koa-router 组件，可以非常灵活地定义路由。koa-router 从 5.2.0 版本开始支持 ECMAScript 2016 的 async/await 语法糖。先来看 koa-router 的基本用法，代码如下：

```
01    const Koa = require('koa');              // 引入 Koa
02    const Router = require('koa-router');    // 引入 koa-router
03    const app = new Koa();                    // 初始化 app
04    const router = new Router();              // 初始化 router
05    router.get('/', async (ctx, next) => {   // 定义路径为 "/" 的路由规则
06                                              // 对路由进行处理的函数
07    });
08    app.use(router.routes());                // 通过 use 方法注册路由中间件
```

上述示例介绍了 koa-router 的基本用法，后续章节会重点介绍该中间件的复杂用法。

3.2.2　RESTful 规范

koa-router 推荐开发者使用 RESTful 架构 API。那么，RESTful 是什么？首先，需要了

解 REST 的基本概念。

　　REST 的全称是 Representational State Transfer，即表现层状态转移，于 2000 年由 Roy Thomas Fielding（HTTP 设计的主要参与者之一）在博士论文中提出。REST 为开发者提供了一组架构的约束条件和指导原则，前面提到的 RESTful 表示满足这些条件和原则的程序或应用。

　　REST 设计一般符合以下条件：

- 程序或应用的事物都应该被抽象为资源。
- 每个资源对应唯一的 URI。
- 使用统一的接口对资源进行操作。
- 对资源的各种操作不会改变资源标识。
- 所有的操作都是无状态的。

　　提示：URI 的全称是 Uniform Resource Identifier，即统一资源标识符，是一个用于标识某一互联网资源名称的字符串。

　　在 RESTful 架构中，所有的关键点都集中在如何定义资源和如何提供资源的访问上。我们可以使用 OOP（Object Oriented Programming，面向对象程序设计）的概念去理解"资源"。一个资源提供多种方法，就如同一个类提供多种方法一样。在 HTTP 中，会被经常使用的方法有 POST、 DELETE、PUT、GET，对应于增、删、改、查，即常说的 CRUD（Create、Retrieve、Update、Delete）操作。在 REST 被提出前，开发者常常将方法动词设计在系统的 URI 中，这一设计违背了 REST 原则，没有充分利用 HTTP 的特点，导致很多人一被问及 HTTP 方法有几种、经常使用的是哪些时，一概回答 GET 和 POST。下面通过一个操作用户信息的常见场景，展现 RESTful 架构的独特之处。

　　在该场景中，需要完成对网站用户的新增、修改、删除和查看操作。在非 RESTful 架构中，一般被设计为如下所示：

```
https://api.test.com/addUser      // POST 方法，请求发送新增用户信息
https://api.test.com/deleteUser   // POST 方法，请求发送用户的 ID
https://api.test.com/updateUser   // POST 方法，请求发送用户的 ID 和修改的信息
https://api.test.com/getUser      // GET 方法，请求发送用户 ID
```

　　而基于 RESTful 架构设计的 API，全局只提供唯一的 URI：https://api.test.com/users。针

对上述 4 种操作，分别对应如下：

```
https://api.test.com/users        // POST 方法，请求发送新增用户信息
https://api.test.com/users/:id    // DELETE 方法，用户 ID 是 URI 的一部分
https://api.test.com/users:id     // PUT 方法，请求发送用户的信息，ID 是 URI 的一部分
https://api.test.com/users:id     // GET 方法，用户 ID 是 URI 的一部分
```

下面使用 koa-router 实现刚才示例中的 RESTful 架构设计，代码如下：

```
01  router
02      .post('/users', (ctx, next) => {
03          ctx.body = '新增了一位用户';
04      })
05      .del('/users/:id', (ctx, next) => {
06          ctx.body = '删除了用户编号为 id 的用户';
07      })
08      .put('/users/:id', (ctx, next) => {
09          ctx.body = '修改了用户编号为 id 的用户信息';
10      })
11      .get('/users/:id ', (ctx, next) => {
12          ctx.body = '我是编号为 id 的用户信息';
13      })
```

本节对 RESTful 设计只做简要的说明，读者要深入了解其中的精髓，可以参考 GitHub。GitHub 的 API 设计被称为 RESTful API 教科书的典范，地址为 https://developer.github.com/v3/。同时，不得不提的是 GitHub v4 的 API 使用了全新的设计风格 GraphQL，地址为 https://developer.github.com/v4/。GraphQL 提供了一套完整描述，使客户端能够没有任何冗余地准确获得需要的数据。在这里不对 GraphQL 做进一步说明，感兴趣的读者可以前往 GitHub v4 的官方页面学习。

3.2.3　koa-router 用法（视频演示）

koa-router 的用法多种多样，既可以像 Express 框架那样实现路由的基本应用，又具备不同的特性以应对不同的场景需求。

1. 基本用法

在任意 HTTP 请求中，遵从 RESTful 规范，可以把 GET、POST、PUT、DELETE 类型的请求分别对应"查""增""改""删"操作。在 koa-router 中，路由的实例方法也同样一一对应，代码如下：

```
01    const Koa = require('koa');
02    const Route = require('koa-router');
03   const app = new Koa();
04   //创建路由实例对象
05    const router = new Route();
06    router
07       .get('/', async (ctx, next) => {
08       ctx.body = 'Hello World!';
09       })
10       .post('/users', async (ctx, next) => {
11        // 增加新的用户
12       })
13       .put('/users/:id', async (ctx, next) => {
14       // 修改参数 id 对应的用户数据
15       })
16       .del('/users/:id', async (ctx, next) => {
17        // 删除参数 id 对应的用户数据
18       })
19       .all('/users/:id', async (ctx, next) => {
20       // …
21       });
22   // 应用路由中间件
23   app.use( router.routes() );
24   // 启动服务器并监听 3000 端口，启动成功后执行回调函数并在控制台输出
25   app.listen(3000, () => {
26       console.log( 'server is running at http://localhost:3000' );
27   });
```

注意： 示例代码采用 **RESTful** 规范定义路由请求。

上述代码中还有一个 all() 方法。如果一条路由请求在 all() 方法和其他方法中同时命中，只有执行了 await next()，这条路由请求才会在 all() 方法和其他方法中都起作用，代码如下：

```
01    const Koa = require('koa');
02    const router = require('koa-router')();
03    const app = new Koa();
04    router.get('/', async (ctx, next) => {        // 添加路由
05       ctx.response.body = '<h1>index page</h1>';
06       await next();
07    })
08    router.all('/', async (ctx, next) => {
09       console.log('match "all" method');
10       await next();
```

```
11    });
12    app.use(router.routes());                        // 调用路由中间件
13
14    app.listen(3000, () => {
15      console.log('server is running at http://localhost:3000');
16 })
```

执行这段代码，并通过浏览器访问 http://localhost:3000，正常情况下可以在控制台看到如下信息：

```
match "all" method
```

这说明路由请求不仅执行了 get()方法的回调函数，也执行了 all()方法的回调函数。但如果把 get()方法中的 await next()去掉，就不会命中 all()方法的路由规则，也就不会执行 all()方法的回调函数了。因为路由的处理也是一种中间件，如果不执行 await next()而把控制权交给下一个中间件，那么后面的路由就不会再执行了。

在项目中，all()方法一般用来设置请求头，如设置过期时间、CORS（Cross-Origin Resource Sharing，跨域资源共享）等，代码如下：

```
router.all('/*', async (ctx, next) => {
 // 符号*代表允许来自所有域名的请求
 ctx.set("Access-Control-Allow-Origin", "https://www.cctalk.com");
0await next();
});
```

2. 其他特性

• 命名路由

有时候通过名称来标识一个路由显得更方便,特别是在拼接具体的 URL 或执行跳转时。下面创建一个 Router 实例并给某个路由设置名称，代码如下：

```
01    // 设置此路由的名称为user
02    router.get('user', '/users/:id', function (ctx, next) {
03    // …
04    });
05    // 通过调用路由的名称user，生成路由 == "/users/3"
06    router.url('user', 3);
07    // 通过调用路由的名称user，生成路由 == "/users/3"
08    router.url('user', { id: 3 });
09    router.use(function (ctx, next) {
10     // 重定向到路由名称为sign-in的页面
11     ctx.redirect(ctx.router.url('sign-in'));
12    })
```

使用 router.url()方法可以在代码中根据路由名称和参数（可选）生成具体的 URL，而不用采用字符串拼接的方式去生成 URL。

- **多中间件**

koa-router 支持单个路由多中间件的处理。通过这个特性，能够为一个路由添加特殊的中间件，也可以把一个路由要做的事情拆分成多个步骤去实现。当路由处理函数中有异步操作时，这种写法的可读性和可维护性更高，代码如下：

```
01  router.get(
02      '/users/:id',
03      (ctx, next) => {
04          return User.findOne(ctx.params.id).then(function(user) {
05              // 异步操作，首先读取用户的信息，假设用户为{id:17,name:"Alex"}
06              ctx.user = user;
07              // 控制权传递，调用下一个中间件
08              next();
09          });
10      },
11      (ctx, next) => {
12          // 在这个中间件中再对用户信息做一些处理
13          console.log(ctx.user);
14          // => { id: 17, name: "Alex" }
15      }
16  );
```

- **嵌套路由**

在实际的项目应用中，应用界面通常由多层嵌套的组件组合而成，而后端接口同样按某种结构定义嵌套路由。如图 3.3 所示为嵌套路由客户端应用场景，在"IT·互联网"版块下，有一篇关于 Node.js 的文章。

图 3.3　嵌套路由客户端应用场景

实现对应的嵌套路由接口，代码如下：

```
01    const forums = new Router();
02    const posts = new Router();
03    posts.get('/', function (ctx, next) {...});
04    posts.get('/:pid', function (ctx, next) {...});
05    forums.use('/forums/:fid/posts', posts.routes(), posts.allowedMethods());
06    // 获取互联网版块列表的接口
07    // "/forums/:fid/posts" => "/forums/123/posts"
08    // 获取互联网版块下某篇文章的接口
09    // "/forums/:fid/posts/:pid" => "/forums/123/posts/123"
10    app.use(forums.routes());
```

- **路由前缀**

通过 prefix 参数，可以为一组路由添加统一的前缀。和嵌套路由类似，这样做有利于管理路由及简化路由的写法，代码如下：

```
01    let router = new Router({
02    prefix: '/users'
03    });
04    // 匹配路由 "/users"
05    router.get('/', ...);
06    // 匹配路由 "/users/:id"
07    router.get('/:id', ...);
```

注意：与嵌套路由不同的是，路由前缀是一个固定的字符串，不能添加动态参数。

- **URL 参数**

koa-router 也支持 URL 参数，该参数会被添加到 ctx.params 中。参数可以是一个正则表达式。这个功能是通过 path-to-regexp 实现的，原理是把 URL 字符串转化成正则对象，然后进行正则匹配，代码如下：

```
01    router.get('/:category/:title', function (ctx, next) {
02      // 响应请求 '/programming/how-to-koa'
03      console.log(ctx.params);
04      // 参数解析 => { category: 'programming', title: 'how-to-koa' }
05    });
```

本节在线视频地址为 https://camp.qianduan.group/koa2/2/1/3，二维码：

3.2.4　通过 koa-router 实现接口的权限控制

本节将通过一个案例演示如何通过 koa-router 在接口层面实现权限控制。首先，需要了解什么是权限控制。权限控制可以定义为对资源访问的选择性限制。权限系统一般需要结合账号系统实施控制，常见的后台系统一般会包括管理员（拥有最高权限）、一般用户（具有读和一定的修改权限）、游客（只拥有读权限或不允许访问）等账号，具体权限需要根据系统的需求设置。

在一个基于 RESTful 规范的应用中，URL 对应的不同路径意味着不同的资源，所以对资源访问的限制即对 URL 访问的限制。常见鉴别用户权限的方式有两种，一种是广泛使用的 Cookie-Based Authentication（基于 Cookie 的认证模式），另一种是 Token-Based Authentication（基于 Token 的认证模式）。本案例采用 Token 方式认证。Token 方式最大的优点在于采用了无状态机制，在此基础上，可以实现天然的跨域支持、前后端分离等，同时降低了服务端开发和维护的成本。Token 方式的缺点在于服务器每次都需要对 Token 进行校验，这一步骤会对服务器产生运算压力。另一方面，无状态 API 缺乏对用户流程或异常的控制，为了避免出现一些例如回放攻击的异常情况，应该设置较短的过期时间，且需要对密钥进行严格的保护。对于具有复杂流程的高危场景（如支付等），则要谨慎选择 Token 认证模式。

在本案例中，选用 jsonwebtoken（以下简称 JWT）来实现 Token 的生成、校验和解码。Token 的中间件实现选择 koa-jwt。koa-jwt 会在中间件流程中通过 JWT 完成对 Token 的校验和解码，开发者只需通过 JWT 来实现 Token 的生成即可。

Token 会把每次请求通过请求头中的 Authorization 字段传给服务器端。koa-jwt 支持自定义 getToken 方法、Cookie 和 Header 中的 Authorization 等 3 种校验方式，需要注意的是这里的 Cookie 方式不同于前面提到的基于 Cookie 的认证模式，只是一个使用 Cookie 作为存储并发送给服务器端的区域，校验并不依赖于服务器端的 Session 机制，服务器不会进行任何状态的保存。所以流程是客户端访问 login 接口后获取 Token，之后的请求需要将请求头中的 Authorization 设置为 Bearer 加 Token 的内容。当请求经过 koa-jwt 中间件时，JWT 会解码并校验 Token，如果有权限将会进入下一层中间件，否则会阻止访问。基于 Token 的认证模式交互流程如图 3.4 所示。

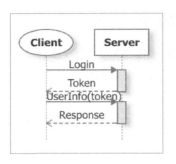

图 3.4　基于 Token 的认证模式交互流程

　　这里需要用到 koa-router 提供的路由中间件功能，如果没有路由中间件，需要在中间件中进行路由地址过滤。这种做法会产生两个弊端：第一是在中间件中需要配置路径，这里的路径会与 Router 的路径配置重复，在路由路径改变时会带来额外的开发成本；第二是因为这些路径判断并不属于中间件的原本职责，导致中间件的职责不再单一。部分示例代码如下：

```
01    const { sign } = require('jsonwebtoken');      // 从 JWT 中获取 sign 方法
02    const secret = 'demo';                          // 设置密钥
03    const jwt = require('koa-jwt')({secret});       // 用密码构造 JWT
04    router
05      .post('/api/login', async (ctx, next) => {
06        const user = ctx.request.body;             // 从 body 中获得用户输入的消息
07          if (user && user.username) {             // 判断信息是否符合要求
08            let { username } = user;               // 取出 username
09    // 生成 Token，secret 作为密钥需要开发者设置，expiresln 为失效时间，不要设置太久
10      const token = sign({username}, secret, { expiresIn: '1h' });
11        ctx.body = {                               // 返回结构体（Token）
12          message: 'Get Token Success',
13          code: 1,
14          token
15    };
16    } else {                                        // 如果输入不完整，返回异常
17        ctx.body = {
18        message: 'Param Error',
19        code: -1
20    };
21    }
22  })
23    .get('/api/userInfo', jwt, async ctx => {       // 获取用户信息，需要校验
24    ctx.body = { username: ctx.state.user.username };
```

```
25      })
26        .get('/api/adminInfo', jwt, admin, async ctx => {    // 管理员接口, 检查是否为管理员
27
28      ctx.body = { username: ctx.state.user.username }
29      });
```

在上面的示例中，利用 koa-router 对多中间件的支持使用了一个 admin 中间件，在通过 JWT 中间件后，admin 中间件会对用户的身份进行判断，如果是管理员用户，继续执行下面的业务逻辑，否则返回异常，代码如下：

```
01      module.exports = () => {
02        return async (ctx, next) => {
03          if (ctx.state.user.username === 'admin') {
04          next()
05          } else {
06          ctx.body = {
07           code: -1,
08           message: 'Authentication Error'
09          }
10         }
11        }
12      }
```

从这里可以看出，koa-jwt 会将校验后的用户信息放在上下文的 State 对象上，方便开发者调用，但开发者应该尽量不使用此信息进行业务查询等操作，以保持中间件的职责单一。

除此之外，还可以利用 koa-router 的嵌套路由，在 URL 地址的某个层级上进行权限控制，减少接口的重复设置，部分示例代码如下：

```
01      const user = new Router();                       // 主路由
02      const detail = new Router();                     // 嵌套路由
03      detail.get('/info', async ctx => {
04       ctx.body = { username: ctx.state.user.username };
05      });
06      user.get('/api/login', async (ctx, next) => {
07       …                                               // 与上文一致
08      })
09      // 将权限控制放在/api/user 层级，所有在 detail 上的接口都需要权限
10        .use('/api/user', jwt, detail.routes(), detail.allowedMethods());
11      app.use(router.routes()).use(router.allowedMethods());
```

最后，搭建服务。假设服务架设在本地的 3000 端口上，通过 curl 工具模拟一次 Token 认证流程，当用户直接访问 userInfo 或/api/user/detail 接口时，命令如下：

```
curl http://127.0.0.1:3000/api/userInfo
Authentication Error        // 返回结果
```

通过 test 用户名登录，命令如下：

```
curl http://127.0.0.1:3000/api/login\?username\=test
                          // 返回结果
{
    "message":"Get Token Success",
    "code":1,
    "token": "Token 字符串"     //tokenString 会根据用户名、时间、密钥等得到不同结果
}
```

在接下来的请求头中带上 Token，命令如下：

```
                        // 下面的"tokenString"为登录获取的 Token 字符串
curl -H "Authorization: Bearer tokenString http://127.0.0.1:3000/api/userInfo
{"username":"test"}       // 返回结果，用户信息
```

用普通用户访问 admin 权限接口，命令如下：

```
                        // 下面的 "tokenString" 为登录获取的 Token 字符串
curl -H "Authorization: Bearer tokenString
{"code":-1,"message":"Authentication Error"} // 认证失败
```

至此，通过一个基于 JWT 的简单认证模型和 koa-router 实现了对接口的权限控制。

3.3　本章小结

使用基于 Node.js 的 Koa 框架开发 Web 应用时，通过路由组件解析 Request 对象的路径和方法等路由信息，针对特定的路由信息指定特定的处理方法，从而实现各种各样复杂的 Web 应用系统。

通过 RESTful 规范，资源化定义 URI，规范请求 Method 的使用，方便接口使用方对接口的调用。

koa-router 中间件简化了路由的定义，并且降低了代码的耦合度，简化了系统的复杂度，使应用开发者能够更关注业务的实现。

4

第 4 章

HTTP

HTTP 全称为 HyperText Transfer Protocol，即超文本传输协议，是当今互联网使用最广泛的网络基础协议。本章将从 HTTP 的诞生开始，介绍历史上出现的各个 HTTP 版本，同时，还会介绍 Koa 与 HTTP 息息相关的一个模块和一款中间件，分别为 querystring 和 koa-bodyparser。iKcamp 专门为本章制作了两段视频，希望对读者有所帮助。

4.1 HTTP 介绍

通过本节的学习，读者会了解到 HTTP 各版本关键的历史节点，以及 HTTP 的常用知识点，如 URI 与 URL、HTTP 状态码、请求方法和首部字段等。

4.1.1 HTTP 的诞生

2018 年 2 月，作为互联网技术的先行者 Google 宣布 Chrome 从 68 版本之后，将把所有未采用 HTTPS 的网站标记为"不安全"，图 4.1 所示即为使用 HTTP 的"不安全"网站。

图 4.2 所示为使用 HTTPS 的"安全"网站。

图 4.1 使用 HTTP 的"不安全"网站

图 4.2 使用 HTTPS 的"安全"网站

一个推进安全网络环境的时代已经到来，网络全面采用 HTTPS 加密是大势所趋。下面将通过介绍 HTTP 的发展历史，一起来了解它一步一步的演进过程。

HTTP 作为互联网的基石，伴随着互联网技术的发展不停地演变，各种底层技术的不断发展，也支持着网络上层用户体验的不断优化。HTTP 各版本演进历程如图 4.3 所示。

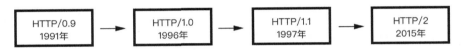

图 4.3 HTTP 各版本演进历程

HTTP/0.9 作为第 1 个版本，实现的功能较为初级，只支持 GET 请求，用于传输基础的文本内容。使用 telnet 命令的测试结果如下：

```
telnet local.com 80
GET /
<html>hello</html>
```

提示： HTTP/0.9 协议文档地址为 https://www.w3.org/Protocols/HTTP/AsImplemented.html。

HTTP/1.0 在 HTTP/0.9 的基础上做出了大量的改进，为互联网的发展奠定了坚实基础。首先，增加了访问不同对象类型的功能，不仅可以传输文本，还可以传输图像、视频、二进制文件等。同时，在 GET 请求命令的基础上，增加了 POST、PUT、HEAD、DELETE、LINK 等命令。另外，还增加了头部信息，如 User-Agent、Accept、Last-Modified、Content-Type 等至今仍在使用的请求头字段。使用 telnet 命令测试的结果如下：

```
telnet ikcamp.com 80
```

```
GET / HTTP/1.0
User-Agent: iKcampBrowser
Accept: */*

HTTP/1.0 200 OK
Content-Type: text/html
Content-Length: 18
Last-Modified: Thu, 29 Mar 2018 19:56:59 GMT
Server: iKcampServer

<html>hello</html>
```

提示： HTTP/1.0 协议文档地址为 https://www.w3.org/Protocols/HTTP/1.0/spec.html。

HTTP/1.1 目前依旧被广泛地使用在互联网领域，其在 HTTP/1.0 的基础上又做了大量的改进，部分改进如下。

- 默认使用持久连接（Persistent Connections）的机制。
- 引入管道方式（Pipelining）支持多请求发送。
- 请求头增加 host 字段，使一台物理服务器中可以存在多个虚拟主机，共享同一 IP 地址。
- 响应头增加 Transfer-Encoding 字段，引入了 chunked 分块传输编码机制。
- 增加 Cache-Control 头域，缓存机制更加灵活强大。
- 增加 Content-Range 头域，实现带宽优化。
- 新增多种请求方法：OPTIONS、TRACE、CONNECT 等。
- 新增 24 个 HTTP 状态码，如 203、205、206、303、305、306、307 等。

提示： HTTP/1.1 协议文档地址为 https://www.w3.org/Protocols/rfc2616/rfc2616.html。

HTTP/1.1 使用寿命相当长，直到如今也是主流的使用版本。2009 年，Goolge 公开了自己研发的 SPDY（单词 speedy 的缩写）协议，通过多路复用、压缩、优先级、安全等新技术方案，缩短了网页的加载时间，并提高了安全性。IETF（The Internet Engineering Task Force，国际互联网工程任务组）随后对 SPDY 进行了标准化，并作为制定 HTTP/2 标准的起点。2015 年 5 月 HTTP/2 正式推出。在 4.1.6 节中，会对 HTTP/2 做进一步介绍。

提示： HTTP/2 文档地址为 https://tools.ietf.org/html/rfc7540。

4.1.2 URI 和 URL

在 HTTP 中，经常会看到两个术语：URI 和 URL。这两个术语很容易让人混淆。两者的英文全称和对应的解释如下所示。

- URI：Uniform Resource Identifier（统一资源标识符）
- URL：Uniform Resource Locator（统一资源定位符）

对于 URI 的了解和认识，应从源头开始，参考 RFC（Request for Comments）3986，其中对 URI 的解释为 "A Uniform Resource Identifier is a compact sequence of characters that identifies an abstract or physical resource"，即统一资源标识符是一个紧凑的字符序列，用于标识抽象或物理资源。

同时，在 RFC 3986 中，对 URI、URL 及 URN（Uniform Resource Name）之间的关系做了明确的解释，通过一张图可以描述 URI、URL 和 URN 三者之间的关系，如图 4.4 所示。

图 4.4 URI、URL 和 URN 三者之间的关系

所以，URL 是 URI 的一个子集，即所有的 URL 都是 URI，但并非每个 URI 都是 URL。一个完整的 URL 一般由 7 个部分组成，如下所示：

```
scheme:[//[user[:password]@]host[:port]][/path][?query][#fragment]
```

- scheme：使用的协议，如 FTP（File Transfer Protocol）、HTTP 等。
- user[:password]：表示访问资源的用户名和密码，常见于 FTP 协议中。
- host：主机，如 IP 地址或域名。
- port：端口号，如 HTTP 默认为 80 端口。
- path：访问资源的路径。

- query：请求数据，以"?"开头。
- fragment：定位锚点，以"#"开头，可用于快速定位网页对应的段落。

4.1.3　常用的 HTTP 状态码

HTTP 状态码表示服务器响应状态的 3 位数字。当用户访问站点时，客户端浏览器发送请求至目标服务器，服务器响应浏览器的请求并附带 HTTP 状态码。HTTP 状态码主要包括 1**（消息）、2**（成功）、3**（重定向）、4**（请求错误）、5**和 6**（服务器错误）等 6 种不同类型。表 4.1 列举了常用的 HTTP 状态码。

表 4.1　常用的HTTP状态码

HTTP状态码	描述
100	继续。继续响应剩余部分，进行提交请求，如已完成，可忽略
200	成功。服务器成功处理请求
301	永久移动。请求资源已永久移动至新位置
302	临时移动。请求资源临时移动至新位置
304	未修改。请求的资源对比上次未被修改，响应中不包含资源内容
401	未授权。要求身份验证
403	禁止。请求被拒绝
404	未找到。服务器未找到请求需要的资源
500	服务器内部错误。服务器遇到错误，无法完成请求
503	服务不可用。临时服务过载，无法处理请求

提示：更多信息可参考 https://www.w3.org/Protocols/rfc2616/rfc2616-sec10.html。

4.1.4　常用的请求方法

请求方法用以表明客户端提出请求及其期望的成功结果

。早期的 HTTP/0.9 只支持唯一的 GET 请求，HTTP/1.0 在其基础上增加了 POST、HEAD 等方法，HTTP/1.1 又在 HTTP/1.0 的基础上新增了更多的方法。目前常用的 9 种 HTTP 请求方法见表 4.2。

表 4.2 常用的 9 种 HTTP 请求方法

方法	描述
GET	获取被请求 URI 指定的资源，具有幂等性
POST	提交数据到指定的资源进行处理，不具有幂等性
HEAD	获取与 GET 请求相同的响应报头，但没有具体内容，具有幂等性
PUT	传送请求数据至服务器，新建或替换目标资源，具有幂等性
DELETE	请求服务器删除指定的 URI 资源，具有幂等性
CONNECT	用于能动态切换到隧道的代理服务器，不具有幂等性
OPTIONS	请求目标资源可用的通信选项信息，具有幂等性
TRACE	沿着目标资源的路径执行一个消息环回诊断或测试，具有幂等性
PATCH	用于对已存在的资源进行局部修改，不具有幂等性

提示：更多信息可参考 https://www.iana.org/assignments/http-methods/http-methods.xhtml。

4.1.5 常用的 HTTP 首部字段

HTTP 首部字段由字段名和值两部分组成，例如用以表述使用的自然语言 Content-Language，值为 "zh-CN"。首部字段是构成 HTTP 的重要元素之一，用以提供 HTTP 传输过程中额外的重要信息。常见的首部字段见表 4.3。

表 4.3 常见的首部字段

字段名	描述
User-Agent	HTTP 客户端程序的信息
Last-Modified	资源的最后修改日期和时间
Content-Length	实体主体的大小，单位为字节
Content-Encoding	实体主体适用的编码方式，如 gzip、compress、deflate、identity 等
Content-Type	实体主体的媒体类型，如 image/png、application/x-javascript、text/html 等
Expires	实体主体过期的日期和时间
Set-Cookie	开始状态管理所使用的 Cookie 信息
Cookie	服务器接收到的 Cookie 信息
Cache-Control	控制缓存的行为，如 public、private、no-cache 等
ETag	资源的匹配信息
Vary	代理服务器缓存的管理信息
Server	HTTP 服务器的安装信息

提示：更多信息可参考 https://developer.mozilla.org/en-US/docs/Web/HTTP/Headers。

4.2　HTTP/2

HTTP/2 于 2015 年 5 月正式推出，以"Request for Comments: 7540"（征求修正意见书，编号 7540）正式发表。HTTP/2 在 HTTP/1.1 的基础上保持原有语义和功能不变，但极大地提升了性能。HTTP/2 整体的优化设计包括以下 5 个方面。

4.2.1　采用二进制格式传输数据

之前的 HTTP/1.* 均采用文本格式传输数据，而 HTTP/2 则选择了使用二进制格式传输数据。在 HTTP/2 中，基本的协议单位是帧，每个数据流均以消息形式发送，消息由一个或多个帧组合而成。帧的内容包括：长度（Length）、类型（Type）、标记（Flags）、保留字段（R）、流标识符（Stream Identifier）和帧主体（Frame Payload）。帧的布局如图 4.5 所示。

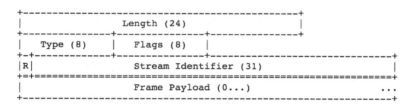

图 4.5　帧的布局

4.2.2　多路复用

在 HTTP/1.0 中，如果需要并发多个请求，则必须创建多个 TCP 连接，并且浏览器对于单个域名的请求有相应的数量限制，一般为 6 个。其连接无法被复用的问题，一直被开发人员所诟病。

之后，在 HTTP/1.1 中，引入了流水线（Pipelining）技术，但先天的 FIFO（First Input First Output，先进先出）机制导致当前请求的执行依赖于上一个请求执行的完成，容易引起报头堵塞（Head-of-line blocking），并没有从根本上解决问题。

HTTP/2 重新定义了底层的 HTTP 语义映射，允许在同一个连接上使用请求和响应双向数据流。至此，同一个域名只需要占用一个 TCP 连接，通过数据流（Stream），以帧为基本协议单位，从根本上解决了这个问题，避免了因频繁创建连接产生的延迟，减少了内存消耗，提升了使用性能，HTTP/2 的多路复用如图 4.6 所示。

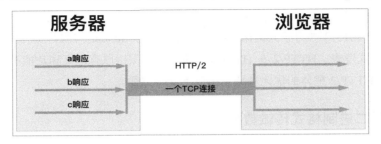

图 4.6　HTTP/2 的多路复用

4.2.3　流的优先级

在 HTTP/2 中可以为每个流（Stream）设置优先级，高优先级的流会被服务优先处理并返回给客户端，同时，流的优先级允许根据场景的不同进行动态改变。客户端可以在流中设置优先级帧来改变流的优先级。图 4.7 所示为优先级帧的实体包。

图 4.7　优先级帧的实体包

图 4.7 中包含的字段解释如下：

- E：一个 1 位标识，表明流的依赖是专有的。
- Stream Dependency：一个 31 位流标识符，用以标识流所依赖的流。
- Weight：一个 8 位无符号整型，代表流的依赖权重（权重值范围为 1～256）。

4.2.4　首部压缩

在 HTTP/1.*时代，前端性能优化法则中出现过一条建议——禁止滥用 Cookie，同时建议将静态资源迁移到独立的域名上，其中一个关键的优化点是压缩请求头部大小。随着 Web站点的功能越来越复杂，主域名下被各种各样的业务加入五花八门的 Cookie，对于一般的图片、样式、脚本等资源无须在后端了解其与用户特征相关的信息（如 Cookie），而客户端频繁地发送此类数据产生了极大的浪费。

HTTP/2 引入了 HPACK 压缩首部数据。由于 HPACK 压缩引入了索引表概念，包含静态表和动态表。在同一个请求上产生的响应越多，表的累积会越全面，压缩效果会越好。因此，针对已经迁入 HTTP/2 的站点，要合理分布域名并申请 SSL（Secure Socket Layer，安全套接层）证书。因为在 HTTP/2 下判断是否使用同一个连接分为两种情况：一种是对于相同域名下的资源，默认使用同一个连接；另外一种是对于不同域名的资源，需要判断 IP 地址是否相同，或者是否有相同的 SSL 证书。

提示：本书不对 HPACK 相关的内容进行展开讲解，读者若感兴趣可以查看 IETF 的官方文档 https://tools.ietf.org/html/rfc7541。

4.2.5　服务端推送

在 HTTP/2 出现之前，用户打开浏览器输入网址，请求一个具体的 HTML 文档，浏览器在解析 HTML 后，开始逐步请求对应的脚本、样式、图片等静态资源。而 HTTP/2 的服务端推送特性，使服务端主动推送与当前请求相关的内容成为可能。例如，可以在请求该 HTML 文档的同时，一并推送与之关联的静态资源文件，达到性能优化的目的。同时，服务端推送遵循同源策略，可以被浏览器缓存，实现多页面共享缓存资源。

4.3　Node.js 的 querystring 模块

在 4.1.2 节中，介绍了 URL 相关的知识，其中 URL 的 7 个组成部分中，有一个 query 数据（请求数据，以"？"开头）。本节将要介绍的 querystring 模块，可对 query 数据进行多种操作处理。

4.3.1　querystring 模块的使用

querystring 模块由 Node.js 原生提供，包含相关解析和格式化工具，共有 4 种方法。使用之前需要对模块进行引入，代码如下：

```
const querystring = require('querystring');
```

引入后，可以直接使用对应的 4 种方法。

第 1 种方法 escape，对传入的字符串进行编码，代码如下：

```
querystring.escape("id=1")                              // 返回 id%3D1
```

该方法类似于浏览器中 window 对象的 encodeURIComponent 方法。

第 2 种方法 unescape，对传入的字符串进行解码，代码如下：

```
querystring.unescape("id%3D1")                          // 返回 id=1
```

该方法类似于浏览器中 window 对象的 decodeURIComponent 方法。

第 3 种方法 parse，将传入的字符串反序列化为对象，代码如下：

```
querystring.parse("type=1&status=0")                    // 返回 { type: '1', status: '0' }
```

第 4 种方法 stringify，将传入的对象序列化为字符串，代码如下：

```
querystring.stringify({ type: '1', status: '0' })       // 返回 type=1&status=0
```

提示：关于 querystring 模块的更多使用方法可参考官方地址 https://nodejs.org/api/
querystring.html。

4.3.2   koa-router 中的 querystring（视频演示）

当服务器接收到请求后，一般都需要把请求带过来的数据解析出来。koa-router 模块封装了上下文的 Request 对象，在该对象中内置了 query 属性和 querystring 属性。通过 query 或 querystring 可以直接获取 GET 请求的数据，唯一不同的是 query 返回的是对象，而 querystring 返回的是查询字符串。

本节基于 3.2.3 节的示例代码做些调整。修改 app.js 文件中的/home 路由，代码如下：

```
router.get('/home', async(ctx, next) => {
    console.log(ctx.request.query);
    console.log(ctx.request.querystring);
    ctx.response.body = '<h1>HOME page</h1>';
});
```

注意：在原有代码基础上，函数中打印了 Request 对象中的 query 属性和 querystring 属性。

运行代码，并通过浏览器访问 http://localhost:3000/home?id=12&name=ikcamp，然后打开控制台将会看到下面的输出内容：

```
{ id: '12', name: 'ikcamp' }
id=12&name=ikcamp
```

第 1 行输出的是 query 对象，第 2 行输出的是 querystring 字符串，开发者可根据实际需要进行选择。

除查询字符串这种场景之外，还有一种场景是在开发实战中经常遇到的，例如将请求参数放在 HTTP 请求的 URL 中，示例如下：

```
http://localhost:3000/home/12/ikcamp
```

URL 中的字段"12"和"ikcamp"即为请求参数。这种情况的解析方式肯定与上面的不一样了，koa-router 会把请求参数解析到 params 对象上。修改 app.js 文件，增加新的路由来测试一下，代码如下：

```
router.get('/home/:id/:name', async (ctx, next) => {
 console.log(ctx.params);
 ctx.response.body = '<h1>HOME page /:id/:name</h1>';
});
```

上述示例代码中，冒号后面的内容即为指定参数的 key，通过 key 即可获取对应位置的参数值。

运行代码，并通过浏览器访问 http://localhost:3000/home/12/ikcamp，然后查看控制台显示的打印信息：

```
{ id: '12', name: 'ikcamp' }
```

本节在线视频为 https://camp.qianduan.group/koa2/2/1/4 的 querystring 部分，二维码：

4.3.3　实战演练：电影搜索列表

本节案例将完成通过关键字搜索电影列表功能，分为页面端和服务器端，搜索电影列表采用猫眼电影的搜索接口。其功能是根据关键字搜索电影，如图 4.8 所示。

使用 Visual Studio Code 打开本书提供的源代码文件，进入示例代码目录 4.2.3，如图 4.9 所示。

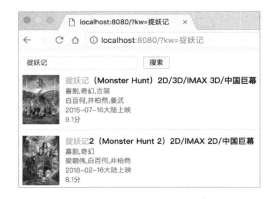

图 4.8　根据关键字搜索电影

图 4.9　示例代目录 4.2.3

使用 NPM 安装项目依赖包，安装命令为 npm install，如图 4.10 所示。

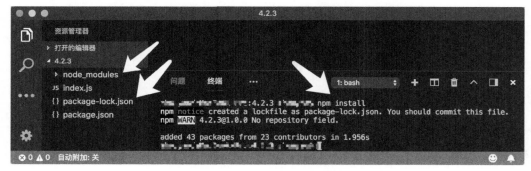

图 4.10　使用 NPM 安装项目依赖包

启动项目，命令如下：

```
node index.js
// Server is running at http://localhost:8080
```

接下来介绍示例的核心代码部分，引用项目依赖的模块，代码如下：

```
const Koa = require('koa');                    // Koa 框架
const Router = require('koa-router');           // koa-router 中间件
const Http = require('http');                   // 提供 HTTP 操作的底层功能
const Querystring = require('querystring')      // querystring 用于解析与格式化 URL 查询字符串
```

实例化对象，用以启动服务和添加路由规则，代码如下：

```
const app = new Koa();
const router = new Router();
```

构建 Service 对象，添加 search 方法用以获取远端搜索电影列表信息，代码如下：

```
01  const Service = {
02   search: async (kw = '') => {
03     return new Promise((resolve, reject) => {
04       Http.request({
05         hostname: 'm.maoyan.com',                    // 请求要访问的目标服务器域名
06         path: '/ajax/search?' + Querystring.stringify({ // 序列化对象
07           kw,
08           cityId: 10                                  // 10 表示"上海"
09         })
10       }, (res) => {
11         res.setEncoding('utf8');
12         let data = [];
13         res.on('data', (chunk) => {                   // 监听接收响应的数据
14           data.push(chunk)
15         }).on('end', () => {                          // 监听数据响应结束事件
16           resolve(data.join(''));
17         });
18       }).end();
19     });
20   }
21 }
```

代码第 3 行，创建一个 Promise 实例并返回，用以处理异步搜索电影列表信息请求。

代码第 4 行，调用 http 模块的 request 方法，请求远端服务获取影片信息。

代码第 16 行，调用函数 resolve，并传入请求成功的数据内容。

浏览器端每次发送请求至 Node.js 服务，服务器都会将获取的数据与页面模板组装成 HTML，代码如下：

```
const Render = (data = {}, kw = '') => {
//  这里省略 HTML 组装的规则，详细内容请查看提供的示例源码
}
```

完成获取远端数据和将获取的数据转换成可显示的 HTML 数据后，添加路由规则，代码如下：

```
router.get('/', async (ctx, next) => {
    let { kw } = ctx.query;                 // 获取 URL 参数 kw 的值
    let data = await Service.search(kw);    // 调用服务接口获取影片列表数据
    ctx.body = Render(JSON.parse(data), kw);// 将数据渲染成对应的 HTML，并响应返回
});
```

上述代码添加对根路径"/"的访问规则，当请求匹配至根路径，则执行对应的函数。

最后，添加创建完毕的路由规则，并监听 8080 端口，代码如下：

```
app
.use(router.routes())                       // 使用 koa-router 接管 URL 与函数之间的映射关系
.listen(8080, () => {
    console.log('Server is running at http: //localhost:8080')
})
```

整体功能开发结束，读者可以执行命令 node index.js，在浏览器端打开 http://localhost: 8080 体验相关功能。

4.4 koa-bodyparser 中间件

在日常开发中存在着大量对请求数据进行解析的工作，例如通过 POST 请求传递表单数据、上传数据文件、传递 JSON 格式的数据等。使用 koa-bodyparser 中间件，可以帮助开发者极大地简化这个开发过程。

4.4.1 koa-bodyparser 介绍

koa-bodyparser 中间件用于解析请求的 Body，支持 JSON、Form 和 Text 类型。在项目中引入并使用 koa-bodyparser 前，需要使用 NPM 进行安装，命令如下：

```
npm install koa-bodyparser
```

koa-bodyparser 最简单的示例，这里引用官方案例，代码如下：

```
01  const Koa = require('koa');                   // 引用 Koa 模块
02  const bodyParser = require('koa-bodyparser'); // 引用 koa-bodyparser 模块
03
04  let app = new Koa();
05  app.use(bodyParser());                        // 挂载 bodyParser 中间件
06
07  app.use(async ctx => {
08      // 解析后的数据会被存储在 ctx.request.body 中，如果没有数据则为空对象
09      // 如果要获取元数据，可以使用 ctx.request.rawBody
10      ctx.body = ctx.request.body;
11  });
```

koa-bodyparser 还提供了多种参数供开发者使用，本节不做赘述，读者可以前往其对应的 GitHub 地址 https://github.com/koajs/bodyparser 进行学习。

4.4.2　koa-bodyparser 的使用（视频演示）

当 HTTP 请求方式是 POST 时，开发者往往会遇到一个问题：POST 请求通常会通过表单或 JSON 形式发送，而无论是 Node.js 还是 Koa，都没有提供解析 POST 请求参数的能力。这时可以通过 koa-bodyparser 模块来解决这个问题。

安装 koa-bodyparser 模块，命令如下：

```
npm install koa-bodyparser -save
```

基于 4.2.2 节的示例代码，修改 app.js 文件，引入 koa-bodyparser 模块并应用，代码如下：

```
const bodyParser = require('koa-bodyparser');
app.use(bodyParser());    // 此行代码放置在路由的前面
```

然后，读者可以试着写一个简单的表单提交实例。修改 app.js，增加新的路由请求，代码如下：

```
01  // 增加返回表单页面的路由
02  router.get('/user', async(ctx, next)=>{
03      ctx.response.body = '
04          <form action="/user/login" method="post">
05              <input name="name" type="text" placeholder="请输入用户名：ikcamp"/>
06              <br/>
07              <input name="password" type="text" placeholder="请输入密码：123456"/>
08              <br/>
09          <button>GoGoGo</button>
10      </form>';
11  });
```

继续修改 app.js，实现 POST 表单提交对应的路由，增加的代码如下：

```
01  // 增加响应表单请求的路由
02  router.post('/user/login,async(ctx, next)=>{
03    let {name, password} = ctx.request.body;
04    if( name === 'ikcamp' && password === '123456' ){
05      ctx.response.body = 'Hello, ${name}! ';
06    }else{
07      ctx.response.body = '账号信息错误';
08    }
09  });
```

重启服务器，访问 http://localhost:3000/user，在两个 input 框中分别填写"ikcamp"和"123456"，单击"提交"按钮，可查看浏览器是否正常返回对应信息。

本节在线视频为 https://camp.qianduan.group/koa2/2/1/4 的 koa-bodyparser 部分，二维码：

4.4.3　实战演练：实现用户注册功能并进行数据解析

本实战案例将实现常见的用户注册功能，包含注册页面及使用 koa-bodyparser 对注册数据进行解析。注册信息填写页面如图 4.11 所示，注册成功后显示的用户信息如图 4.12 所示。

图 4.11　注册信息填写页面

图 4.12　注册成功后显示的用户信息

使用 Visual Studio Code 打开本书提供的源代码文件，进入代码目录 4.3.3，打开文件 package.json，查看本示例依赖包，代码如下：

```
"dependencies": {
    "koa": "^2.5.0",
    "koa-bodyparser": "^4.2.0",
    "koa-router": "^7.4.0",
    "koa-static": "^4.0.2"
}
```

使用 NPM 安装项目依赖，命令为 npm install。安装成功后，启动项目，命令如下：

```
node index.js
// Server is running at http://localhost:8080
```

接下来，介绍示例的核心代码部分，引用项目依赖的模块，代码如下：

```
const Koa = require('koa');                          // Koa 框架
const Router = require('koa-router');                // koa-router 中间件
const path = require('path');                        // path 为文件路径处理模块
const serve = require("koa-static");                 // 静态文件服务中间件
const bodyParser = require('koa-bodyparser');        // 请求数据解析中间件
```

实例化对象，用以启动服务和添加路由规则，代码如下：

```
const app = new Koa();
const router = new Router();
```

在 Koa 应用中分别载入静态文件服务中间件和请求数据解析中间件，代码如下：

```
app.use(serve(path.join(__dirname)));
app.use(bodyParser());
```

添加根路径请求规则，当客户端通过 HTTP 的 GET 方法请求时，返回注册页面的文档结构，代码如下：

```
01 router.get('/', async (ctx, next) => {
02   ctx.body =
03     '<link rel="stylesheet" href="index.css"/>' +      // 页面所需的样式文件
04     '<div class="sign-up">' +
05     '<h3>注册</h3>' +
06     '<form method="post">' +                            // 设置表单使用 POST 方法
07     '<input type="text" name="name" placeholder="账号" required>' +
08     '<input type="email" name="email" placeholder="邮箱" required>' +
```

```
09        '<input type="password" name="password" placeholder="密码" required>' +
10        '<input type="password" name="confirm_password" placeholder="确认密码" required>'+
11        '<input type="submit" value="注 册">' +
12        '</form>' +
13        '</div>'
14 });
```

用户在客户端填写完数据后，单击"注册"按钮提交表单内容，服务器端接收数据，使用 koa-bodyparser 中间件解析 POST 请求数据，并将解析后的数据挂载至 ctx.request 对象上。在示例中，将解析的数据重新组装成可供客户端展现的文档结构，并输出响应结果，代码如下：

```
01 router.post('/', async (ctx, next) => {
02                              // 获取客户端传递的 POST 表单数据
03   let { name, email, password, confirm_password } = ctx.request.body;
04   let arr = [
05     '<link rel="stylesheet" href="index.css"/>',
06     '<div class="result">',
07     '<h3>注册成功</h3>',
08     '<p>账号: ' + name + '</p>',
09     '<p>邮箱: ' + email + '</p>',
10     '<p>密码: ' + password + '</p>',
11     '<p>确认密码: ' + confirm_password + '</p>',
12     '</div>'
13   ]
14   ctx.body = arr.join('')     // 响应获取的数据结果
15 });
```

最后，添加创建好的路由规则，其中包含对根路径的 GET 和 POST 方法，并监听 8080 端口，代码如下：

```
01 app
02 .use(router.routes())            // 使用 koa-router 接管 URL 与函数之间的映射关系
03 .listen(8080, () => {
04   console.log('Server is running at http://localhost:8080')
05 })
```

整体功能开发结束，读者可以执行命令 node index.js，在浏览器端打开 http://localhost: 8080 查看相关功能。

4.5　本章小结

　　本章为基础章节，从 HTTP 各历史版本的演进开始说起，介绍了 URI 与 URL、HTTP 状态码、请求方法和首部字段等常用知识点。读者可以通过学习第 4.3 节提供的 querystring 模块和第 4.4 节中的 koa-bodyparser 中间件，了解在 Koa 中对 HTTP 请求和响应的常用处理手段。HTTP 作为最广泛的网络基础协议，建议读者根据本章的提示，对该协议进行更深入的学习。

第 2 篇
应用实战

在使用 Koa 进行开发时，不仅涉及前端页面，还会涉及数据库操作，以及程序的测试、优化和部署等多个流程，本篇要介绍的就是实际开发中涉及的环节，以及每个环节涵盖的技术。

本篇主要分为 4 章：

- 第 5 章讲述构建 Web 应用所涉及的技术，就是我们常说的"前端"，包括视图、模板、数据格式化等。
- 第 6 章讲述后台数据涉及的技术，会讲解数据库的概念，还有常见的 3 种数据库的使用，包括 MySQL、MongoDB 和 Redis。
- 第 7 章讲述测试应用的常见方法和工具，这是很多全栈开发类图书缺少的内容，却是开发者必须掌握的技能。
- 第 8 章讲述完成应用开发后的几项分量很重的工作，包括服务优化、运维部署和服务监控这 3 项。

5

第 5 章
构建 Koa Web 应用

构建基于 Node.js 的 Web 应用，大多数时候可以通过使用框架来简化工作，例如对 HTTP 请求进行合理的响应、渲染视图模板、处理静态资源、格式化数据等。常用的框架有 Express 和 Koa 等。

本章主要向读者介绍如何基于 Koa 框架构建 Web 应用，先介绍了 MVC 的概念及如何在代码中进行分层，然后以 Web 应用中常见的功能为出发点，结合实战案例，给出了详细的解决方案。

5.1 MVC

MVC 全名是 Model View Controller，即模型、视图、控制器。MVC 是一种软件设计典范，用逻辑、数据、视图分离的方式组织代码，在对界面及用户交互进行修改的同时，业务逻辑部分的代码可以保持不变。

5.1.1　MVC 的发展历程

MVC 模式最早由 Trygve Reenskaug 在 1978 年提出，是施乐帕罗奥多研究中心（Xerox PARC）在 20 世纪 80 年代为程序语言 Smalltalk 发明的一种软件架构。在 Smalltalk-80 中，它最初被称为 MVCE，也就是模型、视图、控制器、编辑器。1995 年出版的《设计模式：可复用面向对象软件的基础》继续对 MVC 进行了深入的阐述，并在其推广使用方面发挥了重要作用。

MVC 模式的目的是实现动态的程序设计，简化程序后续的修改和扩展过程，并且使模块能够被重复利用。此模式通过简化程序使之变得更为直观。需要注意的是：MVC 不是一种技术，而是一种设计理念。MVC 模式主要采用分层的思想来降低耦合度，从而使系统更加灵活，扩展性更强。

如今，MVC 模式已经被广泛地应用在各类场景中。虽然如 MVP（Model View Presenter）、MVVM（Model View ViewModel）之类的新模式也已经出现，但从技术的成熟度和应用的广泛程度来说，MVC 依然是主流。

5.1.2　MVC 三层架构

MVC 模式在概念上强调 Model、View 和 Controller 的分离，模块间也遵循着由 Controller 进行消息处理、Model 进行数据源处理、View 进行数据显示的职责分离原则。因此，在实现上，MVC 模式（如图 5.1 所示）的 Framework 通常会将 MVC 的 3 个部分分离实现。

- Model：负责数据访问。较现代的 Framework 都会建议使用独立的数据对象（DTO、POCO、POJO 等）来替代弱类型的集合对象。数据访问代码会使用 Data Access 的代码或 ORM-based Framework，也可以进一步使用 Repository Pattern 与 Unit of Works Pattern 来切割数据源的相依性。

- Controller：负责处理消息。较高级的 Framework 会有一个默认的实现来作为 Controller 的基础，例如 Spring 的 DispatcherServlet 或 ASP.NET MVC 的 Controller 等。在职责分离原则的基础上，每个 Controller 负责的部分不同，因此会将各个 Controller 切割成不同的文件来进行维护。

- View：负责显示数据。这个部分多为前端应用。Controller 会有一个机制将处理的结果（可能是 Model、集合或状态等）交给 View，然后由 View 来决定怎么显示。例如 Spring Framework 使用 JSP 或相应技术，ASP.NET MVC 则使用 Razor 处理数据的显示。

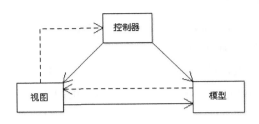

图 5.1　MVC 模式

三层架构（3-Tier Architecture）是一个分层式的架构设计理念，如有必要，也可以分为多层。分层的设计理念契合了"高内聚低耦合"的思想，在软件体系架构设计中是最常见、也是最重要的一种结构。通常意义上的三层架构是将整个业务应用划分为界面层（User Interface Layer）、业务逻辑层（Business Logic Layer）、数据访问层（Data Access Layer）。微软推荐的分层式结构一般也分为三层，从下至上分别为数据访问层、业务逻辑层（又称领域层）和表示层。因此三层架构（如图 5.2 所示）的设计理念基本上是把一个软件分为如下 3 个部分：

- 数据访问层：主要用于对非原始数据进行操作。也就是说，在这一层中进行对数据库而非对数据的操作，为业务逻辑层或表示层提供数据服务。
- 业务逻辑层：主要用于对具体问题进行操作。这一层是对数据业务进行逻辑处理。如果说数据层是积木，那逻辑层就是对这些积木进行搭建。
- 界面层：展示给客户的界面。这是位于最外层、离用户最近的部分，主要负责展示数据及接收用户输入的数据。

图 5.2　三层架构

虽然 MVC 模式和三层架构看起来非常相像，但本质上两者是完全不同的。如图 5.1 所示，MVC 模式可以理解为三角结构，视图向控制器发送更新通知，控制器更新模型，然后触发视图的更新。而如图 5.2 所示，三层构架更像是线性结构，界面层不能直接与数据访问层通信，也就是说界面层与数据访问层的通信必须通过业务逻辑层来完成。三层架构是一种架构设计理念，适用于所有项目，MVC 模式则更像是对界面层（UI 层）的细化。

打个比方来说，要开发一款在线教育平台。在开发之前，项目负责人采用三层架构来规划项目，并进行相应的人员分工。在开发之初，开发人员分析需求后，采用 MVC 模式来设计代码的实现思路，当然，开发人员也可以采用其他的模式，如 MVP。

不管是 MVC 还是三层架构，其实设计理念都是一致的：分层，解耦。这样的理念使项目更易于扩展，也可以提高团队的开发效率。

5.1.3　在 Koa 中实现 MVC（视频演示）

在 4.4.2 节的代码中，已经实现了如何启动 Web 服务器、如何处理 HTTP 请求及表单提交等应用场景，示例的所有代码都集中在 app.js 文件中。随着项目复杂度增加、业务需求变更，这种做法会给后期的维护工作带来很大的麻烦。本节将尝试用 MVC 模式的思想来优化 4.4.2 节中的示例代码。

- **分离 Router**

路由部分的代码可以分离成独立的文件，并根据项目结构放置在适当的位置，方便管理。本示例中，将路由部分的代码独立在 router.js 文件中，并置于项目根目录下，结构如下：

```
├── app.js
├── router.js
```

提取路由部分的代码到 router.js 文件中，代码如下：

```
01   const router = require('koa-router')();
02   module.exports = (app) => {
03    router.get('/', async(ctx, next) => {          // 根路径 GET 请求
04      ctx.response.body = `<h1>index page</h1>`;
05    });
06      router.get('/home', async(ctx, next) => {  // /home 路径 GET 请求
07       console.log(ctx.request.query);
08       console.log(ctx.request.querystring);
09       ctx.response.body = '<h1>HOME page</h1>';
10    });
11      router.get('/home/:id/:name', async(ctx, next)=>{
```

```
12        console.log(ctx.params);
13      ctx.response.body = '<h1>HOME page /:id/:name</h1>';
14    });
15      router.get('/user', async(ctx, next)=>{
16      ctx.response.body =
17      `<form action="/user/login" method="post">
18      <input name="name" type="text" placeholder="请输入用户名: ikcamp"/>
19       <br/>
20       <input name="password" type="text" placeholder="请输入密码: 123456"/>
21       <br/>
22       <button>GoGoGo</button>
23    </form>`;
24    });
25    // 增加响应表单请求的路由
26    router.post('/user/login',async(ctx, next)=>{
27       let {name, password} = ctx.request.body;
28       if( name == 'ikcamp' && password == '123456' ){
29       ctx.response.body = `Hello, ${name}! `;
30       }else{
31       ctx.response.body = '账号信息错误';
32      }
33    });
34    app.use(router.routes()).use(router.allowedMethods());
35    }
```

路由部分的代码提取成功之后，需要在 app.js 中引入 router.js，代码如下：

```
01 const Koa = require('koa');
02 const bodyParser = require('koa-bodyparser');
03 const app = new Koa();
04 const router = require('./router');
05 app.use(bodyParser());
06 router(app);
07 app.listen(3000, () => {
08  console.log('server is running at http://localhost:3000');
09 });
```

现在项目中只有一个路由文件，并且对 HTTP 请求的处理函数也相对简单。然而随着项目变更，router.js 同样会变得臃肿起来，这时就需要进一步优化分离。

- **分离 controller**

对 router.js 再次进行优化分离，将对应路由的响应函数提取出来，放置在单独的文件

controller/home.js 中，结构如下：

```
├── controller/
│   ├── home.js
├── app.js
├── router.js
```

home.js 负责存放响应 HTPP 请求的业务逻辑代码，代码如下：

```
01  module.exports = {
02      index: async (ctx, next) => {
03          ctx.response.body = '<h1>index page</h1>';
04      },
05      home: async (ctx, next) => {
06          console.log(ctx.request.query);
07          console.log(ctx.request.querystring);
08          ctx.response.body = '<h1>HOME page</h1>';
09      },
10      homeParams: async (ctx, next) => {
11          console.log(ctx.params);
12          ctx.response.body = '<h1>HOME page /:id/:name</h1>';
13      },
14      user: async (ctx, next) => {
15          ctx.response.body = '<form action="/user/login" method="post">
16          <input name="name" type="text" placeholder="请输入用户名：ikcamp"/>
17          <br/>
18          <input name="password" type="text" placeholder="请输入密码：123456"/>
19          <br/>
20          <button>GoGoGo</button>
21          </form>';
22      },
23      login: async (ctx, next) => {
24          let {
25              name,
26              password
27          } = ctx.request.body;
28          if (name == 'ikcamp' && password == '123456') {
29              ctx.response.body = `Hello, ${name}! `;
30          } else {
31              ctx.response.body = '账号信息错误';
32          }
33      }
34  }
```

业务层的代码分离成功之后，需要修改 router.js 文件，在文件中引入 controller/home.js，并以 home.js 中的函数作为 HTTP 请求的响应函数，代码如下：

```
01  const router = require('koa-router')();
02  const HomeController = require('./controller/home');
03  module.exports = (app) => {
04      router.get('/', HomeController.index);
05      router.get('/home', HomeController.home);
06      router.get('/home/:id/:name', HomeController.homeParams);
07      router.get('/user', HomeController.user);
08      router.post('/user/login, HomeController.login);
09      app.use(router.routes()).use(router.allowedMethods());
10  }
```

经过两次代码分离之后，此时的项目结构已经比较清晰了，适合用在 Node.js 作为中间层的项目中。在实际开发中，有时 Node.js 需要进行一些数据访问层的操作，如操作数据库、调用第三方接口获取数据等，因此需要分离出 Service 层来进行相应处理。相应地，Controller 只需要进行业务逻辑部分的处理即可。

- 分离 Service

同样，需要在目录下创建 service/home.js 文件，用于抽离 controller/home.js 中的部分代码，新的目录结构如下：

```
├── controller/
│       ├── home.js
├── service/
│       ├── home.js
├── app.js
├── router.js
```

service/home.js 代码如下：

```
01  module.exports = {
02      login: async (name, pwd) => {
03          let data;
04          if (name == 'ikcamp' && pwd == '123456') {
05              data = `Hello, ${name}!`;
06          } else {
07              data = '账号信息错误';
08          }
09          return data;
```

```
10        }
11    }
```

在 controller/home.js 中引入 service/home.js，代码如下：

```
01   // 引入 Service 文件
02   const HomeService = require('../service/home');
03   module.exports = {
04       // ……省略上面代码
05       // 重写 login 方法
06       login: async(ctx, next) => {
07           let { name,password } = ctx.request.body;
08           let data = await HomeService.login(name, password);
09           ctx.response.body = data;
10       }
11   }
```

至此，项目代码已经完成了基本的结构分离，得到的模块包括单独处理 HTTP 请求的路由文件 router.js、对 HTTP 请求进行响应的 Controller 文件，以及为 Controller 提供 Model 数据的 Service 文件。当需要增加新功能的时候，开发人员只需要在对应的模块中添加代码即可，同时不会对其他模块造成影响。后续的章节中会陆续介绍如何应用模板语言、如何处理静态资源等。届时，将对本节中的代码再次进行分离优化。

本节在线视频地址为 https://camp.qianduan.group/koa2/2/1/5，二维码：

5.2 模板引擎

开发 Web 应用时，必然会涉及两个方向：一个是前端界面，另一个是后端服务。在大部分项目中，需要后端服务提供数据信息给前端界面进行展示。常规的操作是前端发起 HTTP 请求，以 Ajax 的方式调用后端提供的服务接口，后端接口接收到请求之后，进行相应的逻辑处理，并返回对应的数据给前端，然后由前端进行动态的 HTML 片段替换。这种方式固然可以完成开发 Web 应用的工作，却有一定的弊端，例如不利于 SEO（Search Engine Optimization）搜索引擎，不利于 SSR（Server Side Render）后端服务渲染等。因此，很多时候为项目选择一款不错的模板引擎也是非常重要的。

5.2.1 什么是模板引擎

模板引擎是 Web 应用中用来生成动态 HTML 的工具，负责将数据模型与 HTML 模板结合（模板渲染），生成最终的 HTML。编写 HTML 模板的语法被称为模板语法，模板语法的表达能力和可扩展性决定了模板引擎的易用性。模板引擎不属于特定技术领域，是为了使用户界面与业务数据（内容）分离而产生的，是跨领域跨平台的概念。在 ASP、PHP、和 C#下都有模板引擎，甚至 Node.js、JavaScript 开发也都会用到模板引擎技术。举个最简单的示例，代码如下：

```
template('<h1>Hello {name}</h1>', {
 name: 'World'
});
```

template 即为引入应用中的模板引擎，代码运行后，输出如下：

```
<h1>Hello World</h1>
```

模板引擎的实现方式有很多，最简单的是"置换型"模板引擎，这类模板引擎只是将指定模板内容（字符串）中的特定标记（子字符串）替换一下便生成了最终需要的业务数据（如网页）。"置换型"模板引擎实现简单，但效率低下，无法满足高负载的应用需求（如有海量访问的网站），因此还出现了"解释型"模板引擎和"编译型"模板引擎等。模板引擎可以让程序实现界面与数据、业务代码与逻辑代码的分离，大大提升了开发效率，良好的设计也使代码重用变得更加容易。

5.2.2 常见的模板引擎有哪些

目前，可以在 Node.js 中应用且比较成熟的模板引擎有很多，例如 EJS、Jade（现已改名为 Pug）、Handlebars、Nunjucks、Swig 等。在项目中使用这些模板引擎，可以让项目代码脉络更加清晰，结构更加合理，也可以让项目的维护变得更加简单。然而因为众多模板引擎的特点和适用场景各不相同，因此并不存在适合所有项目的最完美的那一个。只有更多地了解模板的特点及应用场景，充分认识不同模板引擎的优劣，才可以正确地在各模板中进行选择。

假设我们想要的 HTML 代码如下：

```
<div class="entry">
    <h1>Template Engine</h1>
    <div class="body">
        <p>This is the best template engine!</p>
    </div>
</div>
```

接下来用几种不同的模板引擎来实现这段代码。

1. EJS

"E"代表"effective"，即"高效"。EJS 是一个简单、高效且支持 Express 视图系统的模板语言，通过数据和模板，加上简单的模板标签，能够快速编译并生成 HTML 标记文本。不足之处是不支持模板导入功能。可以说 EJS 是一个 JavaScript 库，可以同时运行在客户端和服务器端。在客户端安装时直接引入文件即可，在服务器端可以用 NPM 包安装，代码如下：

```
01  <div class="entry">
02    <% if(title){ %>
03      <h1><%=title%></h1>
04    <% } %>
05    <div class="body">
06      <p><%=body%></p>
07    </div>
08  </div>
```

2. Jade

Jade 曾一度成为 Express 的默认模板引擎，它致力于生成良构的 HTML，提供了极其简洁的 Emmet 风格的模板语法。Jade 不兼容 HTML，相对于 EJS 来说，学习成本略高。Jade 在设计风格上借鉴了 Haml 的很多地方，所以语法上和 Haml 比较相近。另外，Jade 也支持空格。

在 Jade 里，每一行开头的任何文本都被默认解释成 HTML 标签，在书写时只需要写开始标签即可，代码如下：

```
div.entry
    if title
        h1= title
    div.body
        p= body
```

注意： 不需要加 "<>"，因为 Jade 会自动渲染闭合和开始标签。

3. Handlebars

Handlebars 提倡无逻辑的模板语法，只提供基本的控制流和迭代处理标签，不支持函数和通用表达，致力于创建语义模板。Handlebars 模板语法的使用方法是加两对花括号，如 "{{value}}"，Handlebars 模板会自动匹配相应的数值、对象甚至函数，代码如下：

```
01  <div class="entry">
02      {{#if title}}
03          <h1>{{title}}</h1>
04      {{/if}}
05      <div class="body">
06          <p>{{body}}</p>
07      </div>
08  </div>
```

4. Swig

Swig 风格简洁，是一个可以应用在 Node.js 端的模板引擎，类似于 Python 模板引擎 Jinja，不仅在 Node.js 端较为通用，在浏览器端也可以很好地运行，代码如下：

```
01  <div class="entry">
02      {% if title %}
03          <h1>{{title}}</h1>
04      {% endif %}
05      <div class="body">
06          <p>{{body}}</p>
07      </div>
08  </div>
```

把如下对象参数分别传入以上所有模板代码中，代码如下：

```
{
 title: "模板引擎",
 body: "使用了 Swig 模板引擎"
}
```

经过 EJS 等模板引擎编译后就会输出最终的 HTML 代码。

5. Nunjucks

本书后继章节将采用 Nunjucks 作为模板引擎。

Nunjucks 是 Mozilla 开发的一个纯 JavaScript 编写的模板引擎。如果读者使用过 Python

的模板引擎 Jinja2，那么使用 Nunjucks 就会非常简单。因为 Nunjucks 就是用 JavaScript 重新实现了 Jinjia2，两者的语法几乎一模一样。先看一下如何在 Node.js 项目中应用 Nunjucks。文档示例中介绍了在 Express 中的启用方式，代码如下：

```
01    const express = require('express');
02    const nunjucks = require('nunjucks');
03    const app = express();
04    nunjucks.configure('views',{
05     autoescape: true,
06    express: app
07    });
08    app.get('/', (req, res)=>{
09     res.render('index.html');
10    });
11    app.listen(3000);
```

views 为相对当前工作目录的路径，index.html 为 views 目录下的模板文件。启动服务器并访问地址 http://localhost:3000，运行成功的话，将会看到模板文件 index.html 渲染出来的内容。

5.2.3 Nunjucks 语法介绍

一般情况下，模板引擎都需要具备这些功能：变量、逻辑表达式、循环、layout、include、宏和扩展等。Nunjucks 是功能非常全面的模板引擎，本节将介绍 Nunjucks 的基础语法知识。

1. 文件扩展名

Nunjucks 支持用任意扩展名来命名模板文件，但 Nunjucks 社区还是推荐使用".njk"为后缀进行命名。

2. 变量

变量会从模板文件运行时的上下文获取，如果需要显示一个变量，代码如下：

```
{{username}}
```

模板文件运行时，会从上下文对象中查找 username 属性，然后显示。模板语法也支持像 JavaScript 一样获取变量的属性（可使用点操作符或中括号操作符），代码如下：

```
{{ foo.bar }}
{{ foo["bar"] }}
```

如果变量的值为 undefined 或 null 将不予显示，引用的对象为 undefined 或 null 也是如此，假如 foo 为 undefined，则对应的"{{foo}}""{{foo.bar}}""{{foo.bar.baz}}"都不显示。

3. 注释

在 Nunjucks 模板语法中，可以使用语法"{# 注释内容 #}"来编写注释，注释不会被编译，示例代码如下：

```
{# Loop through all the users #}
{% for user in users %}...{% endfor %}
```

模板文件运行后只会渲染第 2 行的文本内容。

4. 标签

标签是一些特殊的区块，应用标签可以对模板执行一些操作。Nunjucks 包含一些内置的标签，同时也支持自定义标签。

- **if 标签**

if 为分支语句，与 JavaScript 中的 if 语句类似，代码如下：

```
{% if variable %}
    It is true
{% endif %}
```

如果 variable 已经被定义且为 true，则会显示"It is true"，否则什么也不显示。

注意：这里并非布尔值，和 JavaScript 的处理是一样的。

```
01    {% if hungry %}
02        I am hungry
03    {% elif tired %}
04        I am tired
05    {% else %}
06        I am good!
07    {% endif %}
```

- **for 标签**

for 可以用来遍历数组和对象。假设遍历如下数组：

```
var items = [{ title: "foo", id: 1 }, { title: "bar", id: 2}];
```

对应的模板代码如下：

```
01    <h1>Posts</h1>
02    <ul>
03    {% for item in items %}
04        <li>{{ item.title }}</li>
05    {% else %}
06        <li>This would display if the 'item' collection were empty</li>
07    {% endfor %}
08        </ul>
```

上面的示例通过 for 循环调用 items 数组中的每个元素，并将对应元素的 title 属性显示出来。如果 items 是空数组，则会渲染 else 语句中的内容。

- **macro（宏）标签**

宏：定义可复用的内容，类似于编程语言中的函数，示例代码如下：

```
01    {% macro field(name, value='', type='text') %}
02    <div class="field">
03    <input type="{{ type }}" name="{{ name }}"
04        value="{{ value | escape }}" />
05    </div>
06    {% endmacro %}
```

接下来就可以把 field 当作函数一样使用了，代码如下：

```
{{ field('user') }}
{{ field('pass', type='password') }}
```

- **Extends/Block 标签**

Extends 用来指定模板继承，被指定的模板为父级模板。Block（区块）定义了模板片段并标识一个名字，在模板继承中使用。父级模板可指定一个区块，子模板覆盖这个区块。Extends 标签和 Block 标签相互搭配，在模板继承场景中经常会被用到。在实战项目中，经常需要设定一个固定的公用模板 Layout，然后开发人员再创建一个业务级的模板文件，并把 Layout 继承过来。公用模板文件 layout.html 的示例代码如下：

```
01    <!DOCTYPE html>
02    <html>
03    <head>
04        <meta charset="UTF-8">
05        <meta name="viewport" content="width=device-width, initial-scale=1.0">
```

```
06        <meta http-equiv="X-UA-Compatible" content="ie=edge">
07        {% block head %}
08        <link rel="stylesheet">
09        {% endblock %}
10    </head>
11    <body>
12        {% block header %}
13        <h1>this is header</h1>
14        {% endblock %}
15        {% block body %}
16        <h1>this is body</h1>
17        {% endblock %}
18        {% block footer %}
19        <h1>this is footer</h1>
20        {% endblock %}
21        {% block content %}
22        <script>
23        //this is place for javascript
24        </script>
25        {% endblock %}
26    </body>
27    </html>
```

Layout 文件中的代码指定了大体的视图布局结构，并定义了 5 个模块，分别命名为 Head、Header、Body、Footer、Content。Header 和 Footer 是公用的，因此基本不变。业务代码的修改需要在 Body 内容体中进行，业务样式表和业务脚本分别在头部 Head 和底部 Content 中引入。

接下来定义业务级的视图页面 home.html，并继承 layout.html，代码如下：

```
01    {% extends 'layout.html' %}
02    {% block head %}
03    <link href="home.css">
04    {% endblock %}
05    {% block body %}
06    <h1>home 页面内容</h1>
07    {% endblock %}
08    {% block content %}
09    <script src="home.js"></script>
10    {% endblock%}
```

在 home.html 中，第 1 行代码指定了继承的父级文件是 layout.html，后面的 Head、Body、

Content 模板，分别重写了父级文件中相应的模块。最终渲染生成的 home.html 文件代码如下：

```
01  <!DOCTYPE html>
02  <html>
03  <head>
04      <meta charset="UTF-8">
05      <meta name="viewport" content="width=device-width, initial-scale=1.0">
06      <meta http-equiv="X-UA-Compatible" content="ie=edge">
07      <link href="home.css">
08  </head>
09  <body>
10      <h1>this is header</h1>
11      <h1>home 页面内容</h1>
12      <h1>this is footer</h1>
13      <script src="home.js"></script>
14  </body>
15  </html>
```

- **Include/Import 标签**

Include 标签可引入其他的模板，可以在多模板之间共享一些小模板，如果某个模板已经使用了继承，那么 Include 将会非常有用。Import 标签可加载不同的模板，让开发人员操作模板输出的数据，用 Import 加载的模板没有当前模板的上下文，因此无法使用当前模板的变量。

5. 内置函数、过滤器

Nunjucks 实现了 Jinjia2 中大部分的过滤器和一些内置函数，基本上能满足项目开发中常见的应用场景，例如：

```
range       : 数列
joiner      : 拼接
sort        : 排序
abs         : 求绝对值
groupby     : 指定按某个键（key）排序
random      : 随机值
reverse     : 反转
lower/upper : 大小写转换
trim        : 去除首尾空格
```

提示：更多功能请查阅官方文档，地址：https://mozilla.github.io/。

5.2.4 Nunjucks 在 Koa 中的应用（视频演示）

在 Koa 中应用 Nunjucks，需要先把 Nunjucks 集成为符合 Koa 规格的中间件。从本质上讲，集成后的中间件的作用是给上下文对象绑定一个 render(view, model)方法，这样，后面的 Controller 就可以调用这个方法来渲染模板了。

NPM 社区有很多开源爱好者提供的第三方中间件，开发者可以根据实际情况自由选择，也可以像 iKcamp 团队一样，自己实现集成 Nunjucks。本示例中，选用 koa-nunjucks-2 模块。

安装 koa-nunjucks-2，命令如下：

```
npm install koa-nunjucks-2 -save
```

此处的示例代码在 5.1.3 节的基础上继续操作。修改 app.js 并引入 koa-nunjucks-2 中间件，同时指定存放视图文件的目录为 views，项目结构如下：

```
├── controller/
│      ├── home.js
├── service/
│      ├── home.js
├── views/
├── app.js
├── router.js
```

修改 app.js 文件，部分代码已省略，示例如下：

```
01    const nunjucks = require('koa-nunjucks-2'); // 引入模板引擎
02    app.use(nunjucks({
03        ext: 'html',                            // 指定视图文件默认后缀
04      path: path.join(__dirname, 'views'),      // 指定视图目录
05      nunjucksConfig: {
06       trimBlocks: true                         // 开启转义，防止 Xss 漏洞
07      }
08    }));
```

在之前的项目中，视图内容被写在了 controller/home.js 里，现在需要把视图部分的代码迁移到 views 中。新建 view/home/login.html，代码如下：

```
01    <!DOCTYPE html>
02    <html lang="en">
03    <head>
04            <title></title>
05            <meta charset="UTF-8">
06            <meta name="viewport" content="width=device-width, initial-scale=1">
```

```
07    </head>
08    <body>
09    <form action="/user/login" method="post">
10        <input name="name" type="text" placeholder="请输入用户名: ikcamp" />
11        <br/>
12        <input name="password" type="text" placeholder="请输入密码: 123456" />
13        <br/>
14        <button>{{btnName}}</button>
15    </form>
16    </body>
17    </html>
```

重写 controller/home.js 中的 login 方法，代码如下：

```
login: async(ctx, next) => {
  await ctx.render('home/login',{
    btnName: 'GoGoGo'
  });
},
```

> **注意：** 函数中使用了 await 语句来异步读取文件，因为需要等待，所以在读取文件之后再进行请求的响应。

打开浏览器并访问 http://localhost:3000/user，将会看到一个简易版的登录视图。

Nunjucks 模板引擎的引入给本项目增加了 View 层。要想实现更完善的视图功能还需要增加静态资源目录等，如果能直接使用静态服务器的话会更好。后面章节中，将会介绍如何增加静态文件及对项目的视图进行美化。

本节在线视频地址为 https://camp.qianduan.group/koa2/2/1/6，二维码：

5.3　静态资源

网络中传输的一切信息都可以称为资源。通常来说，资源有静态和动态之分，在具体的网络请求中，加载哪种资源取决于运行时是否需要对该资源进行更改。动态资源需要使用的系统开销大于静态资源。

若客户端请求的是静态资源，如 JavaScript 脚本、图片、CSS 样式表等，服务器会直接把静态资源的内容响应给客户端；若客户端请求的是动态资源，如个人中心页面，服务器则会先从数据库或第三方接口中获取对应的 Model 数据，然后把 View 模板文件与 Model 数据相结合，转化为静态资源，最后把静态资源响应给客户端。

5.3.1　静态资源的类型

在访问站点时，浏览器会接收到各种资源，常见的有 HTML、JavaScript 脚本文件、CSS 样式表、GIF 图片资源和 Flash 等，那么浏览器是通过什么方式区分不同的资源类型，又是如何决定以什么形式来显示的呢？答案是根据 MIME Type，也就是该资源的媒体类型。

MIME Type 通常是通过 HTTP，由 Web 服务器告知浏览器的，被定义在 Content-Type header 中。MIME（Multipurpose Internet Mail Extensions）多用于互联网邮件扩展类型，当该扩展类型的文件被访问的时候，浏览器会自动使用对应的程序来打开。Content-Type 多用于指定一些客户端自定义的文件名，以及一些媒体文件的打开方式，如：

```
Content-Type: text/HTML
```

上述信息表示，服务器响应的内容是 text/html 类型，也就是超文本文件。

MIME 是一个公认的互联网标准，扩展了电子邮件标准，这个标准被定义在 RFC 2045、RFC 2046、RFC 2047、RFC 2048、RFC 2049 等 RFC 中，大多数 Web 服务器和用户代理都支持该规范。常见的 MIME 类型见表 5.1。

表 5.1　常见的MIME类型

类型	描述	典型示例
text	普通文本，理论上是可读的语言	text/plain、text/html、text/css、text/javascript
image	图像。不包括视频，但动态图（如动态gif）也使用image类型	image/gif、image/png,image/jpeg、image/bmp、image/webp
audio	音频文件	audio/midi、audio/mpeg,audio/webm、audio/ogg、audio/wav
video	视频文件	video/webm、video/ogg
application	二进制数据	application/octet-stream,application/pkcs12、application/vnd.mspowerpoint、application/xhtml+xml, application/xml、application/pdf,application/json、application/x-gzip, application/x-tar

5.3.2　koa-static 简介

本节采用 koa-static 中间件来处理静态资源。

koa-static 是官方提供的文件服务器中间件，依赖于另一款官方中间件 koa-send。当 HTTP 请求到达服务器后，koa-static 会对请求进行判断，对于符合要求的 GET 请求和 HEAD 请求，会调用 koa-send 加载并进行响应。安装方法也很简单，命令如下：

```
npm install koa-static -save
```

官方示例代码如下：

```
01    const serve = require('koa-static');
02    const Koa = require('koa');
03    const app = new Koa();
04    // $ GET /package.json
05    app.use(serve('.'));
06    app.listen(3000, ()=>{
07        console.log('server is running at http://localhost:3000');
08    });
```

示例代码中引入了 koa-static 中间件，并通过 koa-staitc 设置项目根目录为静态资源根路径。使用浏览器直接访问 http://localhost:3000/package.json，浏览器将会显示 package.json 的文本内容。

5.3.3　koa-static 常用配置（视频演示）

koa-static 中间件的 API 接收两个参数——root 和 opts，代码如下：

```
const Koa = require('koa');
const app = new Koa();
app.use(require('koa-static')(root, opts));
```

root 为字符串类型，用来指定静态资源的相对目录路径。opts 为对象类型，可以通过 opts 对静态资源进行详细配置。koa-static 常用的配置如下：

- maxage：浏览器默认的最大缓存时长 max-age，单位为毫秒，默认值为 0，也就是不启用缓存。
- hidden：是否允许传输隐藏的文件，默认为 false。
- index：默认的文件名，默认值为 index.html。

- defer：是否推迟响应。如果值为 true，koa-staitc 中间件将会在其他中间件执行完成后再执行。

- gzip：如果客户端支持 gzip 压缩且资源文件后缀为.gz，则进行 gzip 压缩。默认为 true，即支持 gzip 压缩。

- setHeaders：设置请求头函数，格式如：fn(res, path, stats)。

- extensions：当资源匹配不到时，根据传入的数组参数依次进行匹配，返回匹配到的第 1 个资源。

本节在线视频为 https://camp.qianduan.group/koa2/2/1/7 的 koa-static 部分，二维码：

5.3.4 实战演练：开发登录验证页面（视频演示）

在 5.2.4 节的示例代码中，已经引入了模板引擎等模块，本小节将在此基础上扩展静态资源中间件，并对项目中的视图进行美化。

新增静态资源目录/public，用以存放 JavaScript、CSS、图片和字体等，项目结构如下：

```
├── controller/
│   ├── home.js
├── service/
│   ├── home.js
├── public/
├── views/
│   ├── home/
│   │   ├── login.html
├── app.js
├── router.js
```

修改 app.js，引入 koa-static 中间件并指定/public 目录为静态资源的目录，代码如下：

```
// 部分代码省略
const staticFiles = require('koa-static');                    // 引入 koa-static
app.use(staticFiles(path.resolve(__dirname, "./public"), {    // 指定静态资源目录
 maxage: 30 * 24 * 60 * 60 * 1000                             // 指定缓存时长
}));
```

之后，便可进行前端部分代码的编写。

1. 增加样式文件

在/public/home/目录下新增样式文件 main.css，其中包含全局公用样式及部分视图样式，详见本书提供的源代码文件中的目录代码 5.3.4。

2. 增加公用视图文件

main.css 被成功引入之后，开始处理 View 视图层，并按照继承的方式制作视图页面。常见布局中，Header 和 Footer 多为公用，可以独立出来方便项目开发维护。然后制作 layout.html，并在 layout.html 中引入 header.html 和 footer.html，同时预留出业务方的视图空间。开发者只需在具体业务的视图页面中继承 layout.html，便可复用 Header 和 Footer 部分的内容。增加的视图文件，参考下面的目录结构：

```
├── controller/
│   ├── home.js
├── service/
│   ├── home.js
├── views/
│   ├── common/
│   │   ├── header.html
│   │   ├── footer.html
│   │   ├── layout.html
│   │   ├── layout-home.html
│   ├── home/
│   │   ├── index.html
│   │   ├── login.html
│   │   ├── success.html
├── public/
│   ├── home/
│   │   ├── main.css
├── app.js
├── router.js
```

3. 场景业务逻辑处理

修改/service/home.js 中的 login 函数，增加对登录信息的逻辑判断，并根据情况返回信息，代码如下：

```
01    login: async function(name, pwd) {
02        let data;
```

```
03        if(name == 'ikcamp' && pwd == '123456'){
04            data = {
05              status: 0,
06              data: {
07                  title: "个人中心",
08                  content: "欢迎进入个人中心"
09              }
10           };
11        }else{
12            data = {
13                status: -1,
14                data: {
15                    title: '登录失败',
16                    content: "请输入正确的账号信息"
17                }
18           };
19        }
20     return data;
21    }
```

注意：title 和 content 字段是业务视图中需要展示的字段信息。

修改/controller/home.js 中的 index 函数和 login 函数，根据场景响应视图，代码如下：

```
01  index: async function (ctx, next) {          // 修改 index 函数
02     await ctx.render("home/index", {title: "iKcamp 欢迎您"});
03    },
04  login: async function (ctx, next){          // 修改 login 函数
05     let params = ctx.request.body;
06     let name = params.name;
07     let password = params.password;
08     let res = await HomeService.login(name,password);
09     if(res.status == "-1"){
10         await ctx.render("home/login", res.data);
11     }else{
12         ctx.state.title = "个人中心";
13         await ctx.render("home/success", res.data);
14    }
15  }
```

代码修改完成后，启动服务器并访问 http://localhost:3000/，将会看到美化后的界面，已实现的功能包括表单提交、错误信息回显等。

本节在线视频为 https://camp.qianduan.group/koa2/2/1/7 的美化登录部分，二维码：

5.4　其他常用开发技巧

项目开发过程中，开发者既要处理视图渲染、静态资源，还会遇到许多别的问题，例如，前端 Ajax 请求返回 JSON 数据、跨域 JSONP、文件上传提交等。本节将会介绍返回 JSON 数据和文件上传的解决方案。

5.4.1　简易版 koa-json 插件开发（视频演示）

在 5.3.4 节的示例项目中，打开服务器并访问 http://localhost:3000/，后端路由接收到 HTTP 请求，然后调用对应的模板文件，将其转化为 HTML 字符串并响应给浏览器。接下来将介绍前端发起 Ajax 请求，后端接口返回 JSON 格式数据的处理方式。

在实际的项目开发中，使用工具查看 HTTP 请求过程，若返回的页面响应头信息中指定了 content-type: text/html，则浏览器会把字符串渲染成 HTML 页面。HTTP 请求的整个过程中所传输的数据，本身没有任何特定的格式或形态，但客户端在接收数据时，会按照 MIME Type 指定的方式去处理。在此基础之上，简易版的 koa-json 中间件的开发思路呼之欲出，只需把数据挂载到响应体 body 上，同时告知客户端数据类型是 JSON，客户端就会按照 JSON 格式来解析了。关键代码如下：

```
ctx.set("Content-Type", "application/json");
ctx.body = JSON.stringify(json);
```

读者可以进一步尝试把上面的代码提取为中间件，代码如下：

```
01    module.exports = () => {
02        function render(json) {
03            this.set("Content-Type", "application/json");
04            this.body = JSON.stringify(json);
05        }
06        return async (ctx, next) => {
```

```
07              ctx.send = render.bind(ctx);
08              await next();
09          }
10      }
```

上述中间件被调用时，将会在上下文对象上扩展 send 函数，并转移控制权。send 函数的作用是将需要处理的 JSON 对象转化为字符串，并指定类型为 application/json。接下来使用中间件，代码如下：

```
ctx.send({
    status: 'success',
    data: 'hello ikcmap'
})
```

为了使项目便于维护，建议读者将所有的中间件独立出来进行管理。

新增 middleware 目录用来存放所有的中间件。此目录下有 index.js 文件和项目中需要用到的自定义中间件，项目结构如下：

```
01 ├── controller/
02 │    ├── home.js
03 ├── service/
04 │    ├── home.js
05 ├── middleware/
06 │    ├── mi-send/
07 │    │    ├── index.js
08 │    ├── index.js
09 ├── views/
10 │    ├── common/
11 │    │    ├── header.html
12 │    │    ├── footer.html
13 │    │    ├── layout.html
14 │    │    ├── layout-home.html
15 │    ├── home/
16 │    │    ├── index.html
17 │    │    ├── login.html
18 │    │    ├── success.html
19 ├── public/
20 │    ├── home/
21 │    │    ├── main.css
22 ├── app.js
23 ├── router.js
```

扩展完成后，把简易版的 koa-json 迁移到 middleware/mi-send/index.js 文件中，接下来修改现有代码中的调用方法。

文件 middleware/index.js 用来集中调用所有的中间件，代码如下：

```
01    const path = require('path');
02    const bodyParser = require('koa-bodyparser');
03    const nunjucks = require('koa-nunjucks-2');
04    const staticFiles = require('koa-static');
05    const miSend = require('./mi-send');
06    module.exports = (app) => {
07        app.use(staticFiles(path.resolve(__dirname, "../public")));
08        app.use(nunjucks({
09            ext: 'html',
10            path: path.join(__dirname, '../views'),
11            nunjucksConfig: {
12            trimBlocks: true
13            }
14        }));
15        app.use(bodyParser());
16        app.use(miSend());
17    }
```

修改 app.js，增加对中间件的引用，代码如下：

```
01    const Koa = require('koa');
02    const app = new Koa();
03    const router = require('./router');
04    const middleware = require('./middleware');
05    middleware(app);
06    router(app);
07    app.listen(3000, () => {
08        console.log('server is running at http://localhost:3000');
09    });
```

此时的项目结构更加清晰，项目文件说明如下：

- router.js：注册项目中所有的路由。

- middleware：集中管理项目中用到的所有中间件，包括自定义中间件。

- controller：路由请求对应的处理函数。

- service：提供 controller 逻辑中需要用到的底层数据。

- views：集中管理所有的视图模板文件。
- public：集中管理所有的静态资源。
- app.js：项目入口文件。

本节在线视频地址为 https://camp.qianduan.group/koa2/2/2/1，二维码：

5.4.2　使用 koa-multer 中间件实现文件上传

在 Koa 项目中，使用 koa-multer 来实现文件上传功能是非常不错的选择。koa-multer 源于 Multer，并以中间件的形式对 Multer 进行包装，而 Multer 是一个基于 Busboy 模块（专门用于处理表单数据的模块）的 Node.js 中间件，主要用于上传文件，处理 multipart/form-data 类型的表单数据。

注意：Multer 不会处理任何非 multipart/form-data 类型的表单数据。

1.　安装 koa-multer 模块

运行如下安装命令：

```
npm install koa-multer -save
```

简单的官方示例代码如下：

```
const koa = require('koa');
const multer = require('koa-multer');
const app = koa();
app.use(multer({ dest: './uploads/'}));
app.listen(3000);
```

koa-multer 的用法与 Multer 类似。本质上，koa-multer 只是 Multer 的简单包装。更多详细用法请参考 Multer 的官方文档，文档地址 https://github.com/expressjs/multer。

2.　Multer（opts）参数解析

Multer 接收一个 options 对象，其中最基本的是 dest 属性，用来设置上传文件的存储地址。如果省略 options 对象，上传文件将被保存到内存中，不会写入磁盘。为了避免命名冲突，Multer 会修改上传文件的文件名。这个重命名功能可以进行定制。可以传递给 Multer 的选项见表 5.2。

表 5.2　可以传递给 Multer 的选项

参数	说明
dest or storage	指定存储文件的位置
fileFilter	文件过滤器，控制哪些文件可以被接受
limits	限制上传的数据
preservePath	保存包含文件名的完整文件路径

通常只需设置 dest 属性，如下所示：

```
const upload = multer({ dest: 'uploads/' });
```

也可以使用 storage 选项替代 dest，从而进行更多的控制。Multer 具有 DiskStorage 和 MemoryStorage 两个存储引擎，还可以从第三方获得更多可用的引擎。

3. 上传文件的基本配置

- upload.single(fieldname)

接收一个以 fieldname 参数命名的文件，文件信息保存在 req.files 中，关键代码如下：

```
<input name='avatar' type='file'/>        <!-- 视图代码 -->
router.post('/profile', upload.single('avatar'));  // 应用代码
```

- upload.array(fieldname[, maxCount])

接收一个以 fieldname 参数命名的文件数组。通过配置 maxCount 来限制上传的最大数量，文件信息保存在 req.files。

- upload.fields(fields)

接收指定 fields 的混合文件，文件信息保存在 req.files 中。

fields 应该是一个对象数组，应该具有 name 和可选的 maxCount 属性，示例代码如下：

```
[
    { name: 'avatar', maxCount: 1 },
    { name: 'gallery', maxCount: 8 }
]
```

- upload.none()

只接受文本域。上传任何文件都将发生 LIMIT_UNEXPECTED_FILE 错误，同 upload.fields([])

效果一致。

- upload.any()

接受所有类型。文件数组将保存在 req.files 中。

警告： 开发者需要确保用户的文件上传总是能够得到处理。永远不要将 Multer 作为全局中间件使用，因为恶意用户可以上传文件到一个预料之外的路由。开发者应该只在自己需要处理上传文件的路由上使用 Multer。

4. koa-multer 实例应用

下面介绍如何在项目中完整地应用 koa-multer 中间件，示例代码如下：

```
01   const Koa = require('koa');
02   const Router = require('koa-router');
03   const multer = require('koa-multer');
04   const app = new Koa();
05   const router = new Router();
06   const upload = multer({
07      dest: 'uploads/'                // 指定上传文件的存储目录
08   });
09   const types = upload.single('avatar');
10   router.get('/upload', async (ctx, next) => {
11      ctx.response.body =
12          '<!DOCTYPE html>
13          <html lang="en">
14          <head>
15            <meta charset="UTF-8">
16              <title>Document</title>
17          </head>
18          <body>
19           <form method='post' action='/profile' enctype='multipart/form-data'>
20                选择图片: <input name="avatar" id='upfile' type='file'/>
21                <input type='submit' value='提交'/>
22           </form>
23          </body>
24          </html>';
25    })
26     router.post('/profile', types);    // 文件上传请求路由
27   app.use(router.routes());
28   app.listen(3000, () => {
29       console.log('server is running at http://localhost:3000');
30   });
```

运行代码并访问 http://localhost:3000/upload，上传文件并单击"提交"按钮，如无意外将会在 uploads/ 文件夹下发现刚才上传的文件。此时的文件名是 koa-multer 处理过的，且没有后缀。此时需要进行一些简单的处理，替换上述代码中的第 26 行，并在文件中引入 fs 和 path 模块，代码如下：

```
01   const fs = require('fs');
02   const path = require('path');
03   // 部分代码已省略
04   router.post('/profile', types, async cb (ctx, next) => {
05       const {
06           originalname,
07           path: out_path,
08           mimetype
09       } = ctx.req.file;
10       let newName = out_path + path.parse(originalname).ext;
11       let err = fs.renameSync(out_path, newName);   // 同步调用重命名
12       let result;
13       if (err) {
14           result = JSON.stringify(err);
15       } else {
16           result = '<h1>upload success</h1>';
17       }
18       ctx.response.body = result;
19   });
```

Multer 会添加一个 body 对象及 file 或 files 对象到 request 对象中，body 对象包含表单的文本域信息，file 或 files 对象包含表单上传的文件信息。文件上传成功后，控制权由 types 中间件传递给 cb 中间件，此时在请求对象中已经存在上传文件的信息，开发者只需从中读取对应的路径信息，并与文件的后缀拼接，然后对 uploads 目录中的已上传文件进行重命名即可。同时，代码还对文件重命名进行了简单的异常判断，并返回逻辑信息给前端视图。

5. 错误机制处理

koa-multer 在实现方式上并不支持开发者自由捕捉 Multer 的错误，其核心源码如下：

```
01   return (ctx, next) => {
02       return new Promise((resolve, reject) => {
03         middleware(ctx.req, ctx.res, (err) => {
04           err ? reject(err) : resolve(ctx)
05       })
```

```
06     }).then(next)
07   }
```

koa-multer 包装后的中间件，只返回了 then(next)，所以最终的中间件（如上述代码中的 cb 函数）无法获取到异常信息。因此在 Koa 项目中，暂时还需要对异常进行全局的统一处理。

5.5 本章小结

本章介绍了 MVC、模板引擎、静态资源等概念，并展示了它们在项目实战中的应用，除此以外还包括如何提供 JSON 数据给前端、如何处理文件上传等问题的解决方案。

通过应用 MVC 模式结合 Koa 框架来开发 Web 应用，使项目的层次更加清晰；业务之间相互解耦，易于扩展，能够提高团队的开发效率。

通过引入模板引擎，方便了前后端相互配合，优化了项目性能，让 Web 应用变得更加健壮。

通过 koa-static 中间件能够高效地处理静态资源，方便地配置相应的信息。

6

第 6 章

数据库

在应用系统开发中，一般需要存储业务数据。对于不复杂的业务，可以采用文件存储的方式存储在磁盘中。但在大多数应用系统中，需要对这些数据进行处理和分析，通过文件存储的方式无法满足业务需求。这时一般会借助数据库提供的丰富功能来满足这些需求。本章将介绍数据库的概念、常见的数据库，也将会介绍以 MySQL 为代表的关系型数据库和以 MongoDB 为代表的非关系型（NoSQL）数据库。

6.1 数据库介绍

本节将介绍数据库的概念，并分别介绍常用的关系型数据库和非关系型数据库有哪些。

6.1.1 什么是数据库

简单来说，数据库就是存储、管理数据的仓库，它提供了对数据的检索、存储、多用户共享访问的能力，并且设法使数据的冗余度尽可能小。一般会为了管理数据库设计软件系统，该系统被称为数据库管理系统。

数据库主要具备以下特点。

- 数据共享。数据库中的数据可以同时被多人查询和写入。
- 减少数据冗余度。与文件系统相比，数据库实现了数据共享，从而避免了文件的复制，降低了数据冗余度。
- 数据独立。数据库中的数据和业务是独立的。
- 数据一致性和可维护性。数据库中的数据应当保持一致，以防止数据丢失和越权使用。在同一周期内，既能允许对数据实现多路存取，也能防止用户之间的数据操作相互影响。
- 故障恢复。可以及时发现故障和修复故障，从而防止数据被损坏。

数据库一般采用索引来提升查询效率。可以通过这样的模型来说明索引的作用：将一个小区当作数据库，那么，楼号是数据表，房间是数据记录。如何快速查询出指定的房间号呢？在现实世界中，采用房间地址（小区+楼号+房间号）可以快速定位房间。在数据库中，也采用了相似的方式：通过采用合适的索引，将数据排序；在查询时，通过索引算法，快速查出数据。

为了实现数据的一致性，数据库操作是基于事务的。通过事务，也就是一组有序的数据库操作指令，进行"捆绑"执行，要么全部执行，要么全部不执行，从而保证了数据的一致性和完整性。在多个事务同时需要被执行时，通过控制多个并行事务轮流执行，避免多个并发事务同时执行。

数据库按照存储的数据模型，分为关系型数据库和非关系型数据库。

- 关系型数据库：把复杂的数据结构归结为简单的二维表格形式，表格之间的数据关系通过主外键关系来维系。这样的数据库就称为关系型数据库。在应用开发中，大多数业务都可以抽象为二维表格，可以采用关系型数据库存储数据。
- 非关系型数据库：和关系型数据库对应，随着应用开发的发展，人们发现关系型数据库能很好地处理表格型数据，但在某些业务场景下，需要存储的数据并不能简单地抽象为二维表格，存储的数据字段并不能确定，在这种场景下使用关系型数据库不利于数据处理，于是直接处理对象的数据库就应运而生了。另外，在应用开发中，有些应用存储的数据结构简单，并不需要采用关系型数据库，开发者也倾向于选择非关系型数据库存储这类数据。

6.1.2　常见的数据库

在前一节中，介绍了什么是数据库，并且文中也提到数据库可以分为关系型数据库和非关系型数据库。本节将对这两类数据库进行详细介绍。

1.　关系型数据库

关系型数据库一般通过 SQL（Structured Query Language，结构化查询语言）来操作数据库。通过 SQL，可以对数据进行增、删、改、查等基本操作，也可以维护数据库，定义数据表的结构。关系型数据库主要有如下几种。

- Oracle：由 Oracle 公司开发，目前占据市场的主要份额。
- Microsoft SQL Server：由微软公司开发，主要运行在 Windows Server 中。
- MySQL：开源的关系型数据库系统，于 2008 年被 Sun 公司收购。2009 年，Oracle 公司收购了 Sun，MySQL 也成了 Oracle 公司旗下的产品。由于其高性能、低成本、强可靠性的特点，已经成为流行的开源数据库，被广泛用于各种大小规模的应用系统中。
- MariaDB：　Oracle 公司收购 MySQL 之后，大幅调高了 MySQL 商业版的售价，并且，Oracle 公司不再支持另一个被其收购的开源软件 OpenSolaris 的发展，因此导致社区对 MySQL 前景的担忧。在这样的背景下，MySQL 创始人以 MySQL 为基础，成立了分支计划 MariaDB。

关系型数据库占据了应用开发的主流，因为大部分的业务逻辑都可以归结到二维表中，并且通过表与表之间建立关系来描述业务。在关系型数据库中，大多是基于 SQL 来查询的。不同的数据库支持的 SQL 语法可能会存在一些细微的差异。开发人员能够比较快速地掌握 SQL 语言，并基于这些技能进行业务开发。但对于复杂的业务场景，例如如何建立数据表、如何写出高效的 SQL 查询、如何创建索引优化查询等，都需要 SQL 查询原理的底层支持，以及丰富的经验来支撑。本书限于篇幅，不对 SQL 语言及相关优化做介绍，感兴趣的读者可以在选择某个数据库之后，自行查看其官方文档。

出于对成本的考虑，不少开发者采用开源的数据库 MySQL 来构建业务。本章的后续章节将会以 MySQL 为代表来介绍关系型数据库。

2.　非关系型数据库

不同于传统的关系型数据库，非关系型数据库一般不采用 SQL 作为查询语言，也经常避免使用类似 SQL 中的 JOIN 操作来关联多张数据表。存储的数据一般具备水平扩展的特征；不像之前在关系数据库中，对表的扩展会影响全表的数据。

非关系型数据库非常多，这里列出一些常见的非关系型数据库。

- MongoDB：一种文档导向的数据库，可以直接存储对象，不必像关系型数据库那样需要限定存储的数据格式。在存取数据时不用写 SQL 语句，可以直接进行对象的存取操作，非常方便。在 Node.js 应用中，不少应用采用 MongoDB 来存储数据。
- Memcached：一套分布式高速缓存系统，基于键值存储，通常用于应用的高速缓存。由于 Memcached 基于内存存储，不支持数据持久化，目前大多被 Redis 所取代。
- Redis：一套基于内存的可持久化的键值对存储数据库。与 Memcached 相比，Redis 提供了持久化的方案，并且支持主从同步。目前，业界大多采用 Redis 作为高速缓存方案。

一般来说，非关系数据库存储的数据结构比较简单，并且大多数不需要支持复杂的查询。在开发时，结构简单的应用一般会采用 MongoDB 这样的数据库来存储，为了提升系统性能，一般也会采用 Redis 这样的内存数据库作为高速缓存。

6.2　在 Koa 中应用 MySQL 数据库

前面的章节介绍了常见的数据库，本章将以 MySQL 为代表来介绍如何在 Node.js 中使用关系型数据库。

6.2.1　下载安装 MySQL

MySQL 作为开源的关系型数据库，支持 Linux、macOS、Windows 等多种操作系统。本节将介绍如何安装 MySQL。

首先从 MySQL 官方网站 https://www.mysql.com/downloads/选择版本进行下载。MySQL 有如下版本。

- Oracle MySQL Cloud Service：Oracle 提供的 MySQL 云服务，需要付费。
- MySQL Enterprise Edition：企业版，需要商业授权，包含了大量的商业版本功能。
- MySQL Cluster CGE：在企业版的基础上增加了集群和集群管理支持功能。

- MySQL Community Edition：社区版，基于 GPL（GNU General Public License）许可协议。由于免费，大多数应用的开发基于此版本。

下面以 MySQL Community Edition 版本为例，介绍如何安装 MySQL 数据库。

1. 在 Windows 系统中安装 MySQL 数据库

直接在网站上下载 msi 安装程序，双击安装程序，可以看到图 6.1 所示的安装界面。

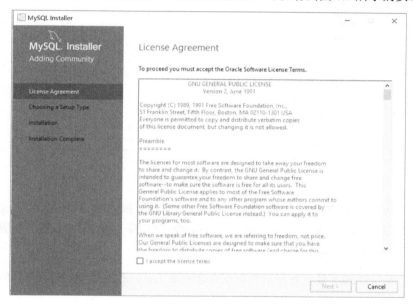

图 6.1　安装界面

接受许可协议后，会呈现选择安装类型的界面，默认会选择开发者模式，将包含 MySQL 服务、MySQL 客户端管理工具和示例文档。选择安装类型之后，将执行安装操作。在正式安装之前会检查依赖项，如果存在缺失的依赖项，会呈现图 6.2 所示的缺失依赖项界面。

可以看到 MySQL Server 及客户端管理工具 MySQL Workbench 都缺失依赖，分别是 Visual C++ 2013 和 Visual C++ 2015 资源包，可以通过下列链接下载：

- Visual C++ 2013 Redistributable Packages：https://www.microsoft.com/en-us/download/details.aspx?id=40784

- Visual C++ 2015 Redistributable Packages：https://www.microsoft.com/en-us/download/details.aspx?id=48145

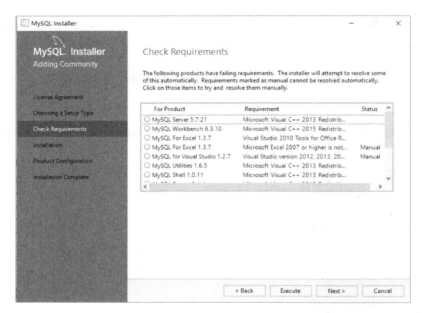

图 6.2　缺失依赖项界面

安装好这些缺失的依赖后，继续根据界面提示完成数据库的安装。安装完成后，可通过图形化的界面配置数据库，包括数据库的 root 账号和密码、Windows 服务的服务名和网络防火墙等。

MySQL Workbench 是官方提供的数据库客户端工具，打开后会呈现图 6.3 所示的客户端主界面。

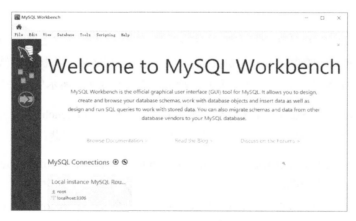

图 6.3　MySQL Workbench 客户端主界面

在连接列表中，单击数据库实例，将展示连接数据库界面，输入用户名和密码之后，进入图 6.4 所示的 MySQL Workbench 数据库管理界面。在该界面中可以很方便地执行 SQL 查询、新建数据库、新建数据表等操作。

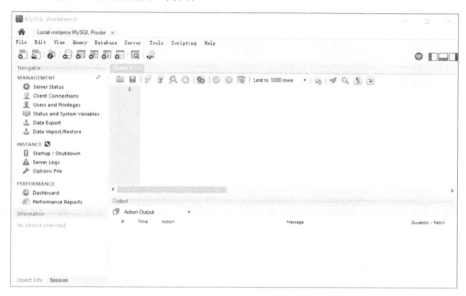

图 6.4　MySQL Workbench 数据库管理界面

2. 在 macOS 系统中安装 MySQL 数据库

在 macOS 系统中，MySQL 也提供了图形化的界面，双击安装文件后，将呈现图 6.5 所示 macOS 系统下的 MySQL 安装界面。

图 6.5　macOS 系统下的 MySQL 安装界面

按照界面提示一步一步执行，可以完成 MySQL 的安装。MySQL 安装程序会自动为 root 用户设置一个随机密码，并显示在安装完成的界面（如图 6.6 所示）上。

图 6.6　安装完成的界面

不像 Windows 版的安装程序会默认包含 MySQL Workbench 客户端工具，在 macOS 系统下需要自行下载安装，直接去官方网站下载安装即可。

6.2.2　Sequelize 介绍

在前面的章节中介绍过关系型数据库需要通过 SQL 语言来存取数据，但书写 SQL 语句需要一定的技术能力，并且不恰当的 SQL 语句还会带来 SQL 注入漏洞。为了快捷开发，社区出现了一系列的 ORM（Object Relational Mapping）类库。

ORM 的字面意思为对象关系映射，它提供了概念性的、易于理解的模型化数据的方法。通过 ORM，可以降低操作数据库的成本。开发者不需要通过编写 SQL 脚本来操作数据库，直接通过访问对象的方式来查询、更新数据即可。这样做极大地提升了开发效率，降低了开发的门槛。但 ORM 也不是万能的，由于 ORM 统一封装了 SQL 查询，在某些情况下 ORM 生成的 SQL 并不高效，依旧需要开发者编写 SQL 查询语句来提升性能。

在 Node.js 中，一般采用 Sequelize 这个 ORM 类库来操作数据库。Sequelize 支持多种数据库，如 PostgreSQL、MySQL、SQLite 和 MSSQL。

首先，通过 NPM 安装 Sequelize 类库，命令如下：

```
npm install sequelize -save
```

在操作数据库时，需要建立数据库连接，通过 Sequelize 建立连接的代码如下：

```
01    const Sequelize = require('sequelize');
02    const sequelize = new Sequelize('databaseName', 'userName', 'password', {
03        host: 'localhost',                       // 数据库服务地址
04        dialect: 'mysql'                         // SQL 语言类型
05    });
06    sequelize.authenticate().then(()=>{          // 校验数据库连接
07        console.log('Connected');
08    }).catch(err=>{
09        console.error('Connect failed');
10    });
```

在建立连接时，需要传递指定数据库的名称、用户名、密码等连接参数。由于不同的关系型数据库支持的 SQL 存在一些差异，所以需要指定 SQL 类型。

提示： 由于建立数据库连接存在成本，所以通常情况下会通过连接池来提升数据库的连接效率，以避免每次执行数据库操作时重复建立连接。Sequelize 默认支持连接池，可以在创建连接时指定 pool 参数来修改默认的连接池设置。

通过 Sequelize，我们可以直接定义数据模型来创建数据表，而不必去数据库中使用 SQL 脚本创建。可以通过 define 方法定义模型，代码如下：

```
const Categoty = sequelize.define('category', {     // 定义名为 category 的模型
    id: Sequelize.UUID,                             // 定义 id 字段，类型为 UUID
    name: Sequelize.STRING                          // 定义 name 字段，类型为 String
})
```

在定义模型时，也可以对字段增加一些约束，如设置默认值、是否允许为空、是否唯一等，代码如下：

```
01    const Project = sequelize.define('project', {   // 定义 Project 模型
02        name: {                                     // 定义 name 字段
03            type: Sequelize.STRING,                 // 定义类型为 String
04            allowNull:false,                        // 不能为空
05            unique: true                            // 必须唯一，不允许重复
06        },
07        date: {                                     // 定义 data 字段
08            type: Sequelize.DATE,
09            defaultValue:Sequelize.NOW              // 默认值为当前时间
10        }
11    })
```

Sequelize 会默认为创建的数据表自动创建 "createdAt" 和 "updatedAt" 字段。同时，Sequelize 也提供了配置项来禁用或修改这些字段，代码如下：

```
const Product = sequelize.define('product', {
    name: Sequelize.STRING
}, {
    timestamps: false,                    // 禁止创建 CreateAt 和 UpdateAt 字段
    updatedAt: 'updateTimestamp',         // 创建 updateTimestamp 字段，替代 UpdateAt 字段
    tableName: 'my_product'               // 修改创建的数据表名称为my_product
})
```

在定义模型时，也可以为字段定义 Getter 和 Setter，这样既可以定义计算字段，也可以定义写入数据的规则，代码如下：

```
01  const Custom = sequelize.define('custom', {
02      name: {
03          type: Sequelize.STRING,
04          get () {                          // 定义 Getter，可以自定义获取数据
05              const title = this.getDataValue('title');
06              return `${this.getDataValue('name')} (${title})`
07          }
08      },
09      title: {
10          title: Sequelize.STRING,
11          set (val) {                       // 定义 Setter，可以在写入数据前处理数据
12              this.setDataValue('title', val.toUpperCase())
13          }
14      }
15  })
```

通过 define 方法的第 3 个参数，可以配置定义模型的属性，调整自动创建时间戳的方式，以及修改数据表名等。

可以通过 sync 方法将定义的模型同步到数据库中。既可以同步单个表，也可以同步全部表，代码如下：

```
01  sequelize.sync().then(()=>{           // 同步全部模型
02      // done
03  }).catch(error => {
04      // some error thrown
05  })
06  Product.sync();                        // 同步单个数据表
07  Project.sync({ force: true });         // 强制同步，当数据库中已经存在表时，清除已经存在的表
```

如果数据库中已经存在某一个表，同步时将默认不同步这个表。可以在调用 sync 方法时，开启传递参数 force 进行强制同步。

注意： 如果开启 force，同步时会删除已经存在的数据表。

在查询数据时，Sequelize 也提供了相关的接口，代码如下：

```
await Product.findAll();
```

上述代码将查出 Product 表中的所有数据，如果只想查询某些字段，则可以通过 attributes 参数来指定，代码如下：

```
await Project.findAll({              // 查询 name 和 date 字段
    attributes: ['name', 'date']
})
```

还可以通过 where 参数来配置查询条件，代码如下：

```
01 const { Op } = require('sequelize');   // 引入操作枚举 Op
02 await Project.findAll({
03     where: {                            // 通过 where 配置查询条件
04       name: {                           // 根据 name 字段查询
05         [Op.like]: 't%'                 // 查询操作作为 like，值为 "t"
06       }
07     }
08 });
```

上述代码表示在 Project 表中查询字段 name 以 t 开头的所有记录。查询时也可以配置多个条件，在默认情况下多个条件之间的关系为 "AND"，代码如下：

```
01 await Product.findAll({
02   where: {
03     createdAt: {
04       [Op.lt]: new Date(),
05       [Op.gt]: new Date(new Date() - 24 * 60 * 60 * 1000)
06     }
07   }
08 })
```

上述代码表示在 Product 表中查询出 CreatedAt 最近一天的数据。如果希望多个查询条件之间的关系为 "OR"，可以通过 "Op.or" 枚举指定，代码如下：

```
01 await Product.findAll({
02   where: {
03     [Op.or]: {
04      name: {
05        [Op.eq]: 'test'
```

```
06        },
07         createdAt: {
08       [Op.gte]: new Date(new Date() - 24 * 60 * 60 * 1000)
09     }
10    }
11   }
12 })
```

除 findAll 方法外，Sequelize 还提供了 findById、find、findOne、findAndCountAll 等方法，此处就不一一介绍了。

在关系型数据库中，表与表之间一般也存在关联。Sequelize 提供了相关的方式来设置多个模型的关联关系，感兴趣的读者可以自行查阅文档。Sequelize 通过 define 方法定义数据模型，通过访问模型提供的接口来查询和更新数据，避免开发者直接访问数据库，从而降低了开发难度。

6.2.3　实战演练：客户信息数据展现

前面的章节已经介绍了如何通过 Sequelize 来操作 MySQL 数据库，本节将通过具体的实例来介绍如何利用 Sequelize 开发 Node.js 应用。

首先需要在 MySQL 中创建数据库，可以通过 MySQL 客户端工具（MySQL Workbench）创建名为 Custom 的数据库，然后定义数据模型。在本示例中，需要定义数据模型 Customer，代码如下：

```
01   const Sequelize = require('sequelize');
02   const sequelize = new Sequelize('custom', 'username', 'password', {// 建立连接
03     dialect: 'mysql'
04   });
05   const Customer = sequelize.define('customer', {           // 定义 Customer 模型
06     id: {                    // 定义 id 字段
07       type: Sequelize.UUID,
08       unique: true,                                         // 唯一约束
09       primaryKey: true,                                     // 主键约束
10       allowNull: false                                      // 不能为空
11     },
12     name: {
13       type: Sequelize.STRING,
14       allowNull: false
15     },
```

```
16        sex: {
17            type: Sequelize.ENUM(['男', '女']),                    // 定义枚举
18            allowNull: false
19        },
20          address: {
21            type: Sequelize.STRING
22        },
23        fullAddress: {                                            // 定义计算属性
24            get() {
25             return '${this.getDateValue('country')}${this.getDateValue('city')}
26             ${this.getDateValue('address')}'
27        }
28     },
29       email : {
30              type: Sequelize.STRING,
31            allowNull: false
32        },
33        phone: {
34              type: Sequelize.STRING
35        },
36      country: {
37              type: Sequelize.STRING
38        },
39        city: {
40              type: sequelize.STRING
41      }
42    });
```

定义了模型之后，就可以对定义的模型执行各种数据操作了。在本示例中，包含如下功能：

- 获取所有的客户信息数据。

- 按照客户 ID、客户姓名查询客户数据。

- 增加、删除、修改客户数据。

可以通过操作定义的数据模型来实现这些功能，代码如下：

```
01   const { Customer } = require('./model/custom');
02   const {Op} = require('sequelize');
03   async function getAllCustomers() {                              // 查询所有用户信息
04      return Customer.findAndCountAll({
05          attributes: ['id', 'name', 'sex', 'fulladdress'],       // 查询部分字段
06          order: [                                                // 定义排序规则
```

```
07                  ['updatedAt', 'DESC']
08              ]
09          })
10      }
11      async function getCustomerById(id) {              // 根据 ID 查询客户信息
12          return Customer.findById(id);
13      }
14      async function getCustomerByName(name) {          // 根据客户名称查询
15          return Customer.findAll({
16              where: {
17                  name: {
18                      [Op.like]: '${name}%'             // 支持模糊查询
19                  }
20              }
21          })
22      }
23      async function updateCustomer(id, customer) {     // 更新客户数据
24          const item = await getCustomerById(id)        // 先根据 ID 查询客户数据
25          if (item) {                                   // 存在客户，则更新
26              return item.update(customer);             // 更新数据
27          } else {                                      // 客户不存在，则抛出异常
28              throw new Error('the customer with id ${id} is not exist');
29          }
30      }
31      async function createCustomer(customer) {         // 创建客户
32          return Customer.create(customer);
33      }
34      async function deleteCustomer(id) {               // 删除客户
35          const customer = await getCustomerById(id);
36      if (customer) {
37          return customer.destroy();
38      }
39      }
```

提示： 基于 async/await 的语法，在操作数据库时，可以先不处理异常，而在后续的流程中统一处理。

最后，通过 koa-router 提供 RESTful 接口，给业务方使用，代码如下：

```
01      const { getAllCustomers, getCustomerById, getCustomerByName, createCustomer,
02      updateCustomer, deleteCustomer } = require('./db');
03      router.get('/customer', async (context) => {      // 查询所有数据
04      const customers = await getAllCustomers();
```

```
05      context.type = jsonMIME;                                    // 通过 JSON 输出
06      context.body = {
07          status: 0,
08          data: customers
09      };
10  });
11  router.get('/customer/:id', async context => {                  // 通过 ID 查询数据
12      const customer = await getCustomerById(context.params.id);
13      context.type = jsonMIME;
14      context.body = {
15          status: 0,
16          data: customer
17      };
18  });
19  router.get('/customer/name/:name', async context => {           // 通过客户名称查询
20      const customer = await getCustomerByName(context.params.name);
21      context.type = jsonMIME;
22      context.body = {
23          status: 0,
24          data: customer
25      };
26  });
27  router.post('/customer', async context => {                     // 更新数据
28      const customer = context.body;
29      await createCustomer(customer);
30      context.type = jsonMIME;
31      context.body = {
32          status: 0
33      };
34  });
35  router.put('/customer/:id', async context => {                  // 修改数据
36      const id = context.params.id;
37      const customer = context.body;
38      await updateCustomer(id, customer);
39      context.type = jsonMIME;
40      context.body = {
41          status: 0
42      };
43  });
44  router.delete('/customer/:id', async context => {               // 删除数据
45      await deleteCustomer(context.params.id);
46      context.type = jsonMIME;
47      context.body = {
```

```
48          status: 0
49      };
50  });
```

在前面的 RESTful 接口封装中，并没有处理异常，现在可以统一处理异常，代码如下：

```
01  app.use(async (context, next) => {                    // 定义中间件统一处理错误
02      try {
03          await next();
04      } catch (ex) {
05          context.type = jsonMIME;                      // 按照 JSON 格式输出
06          context.body = {                              // 统一输出错误信息
07              status: -1,
08              message: ex.message
09          };
10      };
11  });
```

提示：输出的 JSON 最好统一输出格式，便于调用方统一处理。

在本示例中，使用 Sequelize 封装数据库读写操作，通过 RESTful 接口提供给用户使用，并且统一处理了数据操作过程中出现的异常。在实际应用中，一般还需要对输入的数据进行校验，读者感兴趣的话可以自行查阅 Sequelize 文档。

6.3　在 Koa 中应用 MongoDB 数据库

在前面的章节中，介绍了数据库分为关系型数据库和非关系型数据库，本节将以 MongoDB 为例来介绍如何使用非关系型数据库开发 Node.js 应用。

6.3.1　下载安装 MongoDB

MongoDB 是由 C++编写的基于分布式文件存储的开源数据库，在 Node.js 应用中使用广泛。可以直接在 MongoDB 官网下载安装文件。在下载页面中提供了几个版本，一般选择免费的社区版下载。

1．在 macOS 系统下安装

在 macOS 系统中，下载安装文件之后，双击已下载的压缩包，解压后得到 MongoDB 的程序文件。首先将程序文件移动到指定位置，如/usr/local/mongodb。然后修改环境变量，

将 MongoDB 的 bin 目录加入 PATH 环境变量中。可以编辑用户目录下的 rc 文件(~/.bashrc)来修改它，在文件中增加一行代码修改 PATH 环境变量，代码如下：

```
export PATH=/usr/local/mongodb/bin:$PATH
```

至此，MongoDB 已经安装完成，接下来需要启动 MongoDB 服务。首先建立数据目录，创建命令如下：

```
mkdir -p /data/db
```

在启动 MongoDB 服务前，需要首先确保运行 MongoDB 的用户具备前面创建的数据目录的读写权限。此时可以启动 MongoDB 服务，启动命令如下：

```
mongod --dbpath /data/db
```

2. 在 Windows 系统下安装

在 Windows 系统中直接下载 msi 安装包，然后双击安装文件完成安装。安装完成后，首先创建存储数据的目录，　然后采用和 macOS 系统下相似的方式启动 MongoDB 服务，代码如下：

```
"C:\Program Files\MongoDB\Server\3.6\bin\mongod.exe" --dbpath d:\test\mongodb\data
```

另外，在 Windows 系统下，也可以将 MongoDB 安装成 Windows 服务，借助 Windows 服务管理工具进行管理。首先创建路径为 C:\Program Files\MongoDB\Server\3.6\mongod.cfg 的 config 文件，在文件中增加如下内容：

```
systemLog:
 destination: file
 path: c:\data\log\mongod.log
storage:
 dbPath: c:\data\db
```

然后执行命令安装服务，命令如下：

```
"C:\Program Files\MongoDB\Server\3.6\bin\mongod.exe" --config "C:\Program
Files\MongoDB\Server\3.6\mongod.cfg" -install
```

此时，可以借助 Windows 服务管理工具更方便地管理服务的启动和停止，并且可以将服务配置为随系统启动后自动运行。

至此，已经介绍完如何在 Windows 和 macOS 系统下安装 MongoDB。对于其他的系统，读者可以参考官方文档进行安装。

在项目中，通常需要查看 MongoDB 中存储的数据，在前面的安装过程中，MongoDB 的客户端也会被默认安装，可以通过 shell 命令直接调用，命令如下：

```
C:\Program Files\MongoDB\Server\3.6\bin\mongo.exe
```

因为采用命令行的方式不太方便，社区开发了更直观的 GUI（Graphical User Interface）管理工具来管理 MongoDB。读者可以自行搜索选择 MongoDB 客户端。

6.3.2　Mongoose 介绍

在前面的章节中，已经介绍了 MongoDB 的安装方法和客户端工具，在开发 Node.js 应用时，一般借助 Mongoose 类库来访问数据库。和 Sequelize 相似，Mongoose 也提供了类似的接口来访问数据库。

在操作数据库前，需要建立数据库连接，建立连接的代码如下：

```
01   const mongoose = require('mongoose');
02   mongoose.connect('mongodb://localhost/test', {
03       user: 'username',                        // 数据库用户名
04       pass: 'password',                        // 数据库密码
05       poolSize: 10                             // 数据库连接池大小
06   });                                          // 连接test数据库
07       const db = mongoose.connection;          // 获取连接对象
08       db.on('error', err => {                  // 连接失败
09     console.error(err);
10   });
11       db.on('open', () => {                    // 连接成功
12        // we are connected
13   });
```

与 Sequelize 连接 MySQL 相似，为了提升连接效率，Mongoose 也支持连接池。在创建连接时，可以通过参数来配置连接池。

在 Mongoose 中，一切都基于 Schema。和 Sequelize 中的模型相似，Mongoose 定义了数据模型的结构。首先看一个基本的定义，代码如下：

```
01 const categorySchema = new mongoose.Schema({    // 创建一个 Schema
02     name: String,                               // 简单描述类型
03     description: String,
04     createdAt: {                                // 描述复杂定义
05        type: Date,                              // 定义类型
```

```
06          default: Date.now                        // 定义默认值
07      }
08 });
```

与关系型数据库不同，MongoDB 基于对象存储，支持的类型非常灵活，MongoDB 支持的数据类型见表 6.1。

表 6.1　MongoDB支持的数据类型

类型名	说明
String	字符串类型
Number	数值类型
Date	日期类型
Buffer	二进制数据
Boolean	布尔类型
Mixed	混合类型。在该类型下，可以存储多种类型
ObjectId	定义ID
Array	数组类型
Decima 128	高精度数值类型

在定义类型时，也可以定义一些约束，类型通用的约束见表 6.2。

表 6.2　类型通用的约束

约束名	说明
required	是否必填
default	默认值
select	定义在查询时，是否默认输出该字段
get	定义Getter，可以通过它定义计算字段
set	定义Setter，在写入数据时，可以对写入的数据进行预处理
alias	别名，配合get和set一起使用，定义一个虚拟的字段。在Mongoose 4.10.0 版本以上才支持

对于特定的数据类型，有其特有的约束。例如 Number 类型，可以指定 Max、Min 等约束。读者可以通过官方文档查看这些特定的约束。

为了提高查询效率，一般会对查询的字段配置索引来优化查询，通过 index 属性来开启，代码如下：

```
01  const categorySchema = new mongoose.Schema({
02   name: {
03    type: String,
04    index: true,        // 对该字段启用索引
05    unique: true        // 该字段的约束为唯一
06   },
07   …
08  })
```

这样，在根据 name 查询数据时，查询效率将会提高。

提示：和关系型数据库中的索引一样，在写入数据时，需要维护索引信息，这会降低数据写入效率，因此不能滥用索引。

定义了 Schema 之后，可以通过 model 方法得到模型，代码如下：

```
const Category = mongoose.model('Category', categorySchema);
```

在得到的模型上，可以直接调用其原型上的方法对模型进行数据操作，新增数据的代码如下：

```
01   const category = new Category({        // 直接实例化一个新的对象来新增数据
02     name: 'test',
03     description: 'test category'
04   });
05   category.save(error => {               // 通过 save 方法，保存对象到数据库中
06     if (error) {                         // 保存失败的错误
07       console.error(error);
08       return;
09     }                                    // 保存成功
10     console.log('saved');
11   });
12   Category.create({                      // 也可以直接通过模型的 create 方法新增数据
13     name: 'test',
14     description: 'test category'
15   }, (error, category) => {              // 在回调中处理操作结果
16     if (error) {                         // 新增数据失败
17       console.error(error);
18     } else {
19       console.log(category);             // 输出新增的对象
20     }
21   });
```

模型的原型也提供了查询数据的方法，这些方法还支持链式调用，支持多种方式查询

数据，代码如下：

```
01    Category.find({                          // 通过 find 方法，直接查询 name='test' 的结果
02        name: 'test'
03    }, (err, res) => {
04      if (err) {                             // 处理错误
05                                             // handle error
06    } else {
07        console.log(res);                    // 输出查询结果
08      }
09    });
10    Category.find({
11        name: /^t/                           // 可以使用正则表达式，对字符串类型支持模糊查询
12      }).then(res => {                       // 支持 Promise 调用方式
13      }).catch(err => {
14    });
15    Category.where('createdAt')              // 通过 where 方法对指定字段查询
16        .lt(new Date())                      // 通过 lt 对 where 指定的字段继续限定查询条件
17        .select('name, description')         // 指定查询结果输出的字段
18        .sort({createdAt: 1})                // 指定排序规则
19        .limit(10)                           // 限定查询 10 条数据
20        .exec((err, res) => {                // 执行查询
21      });
```

模型的原型上也提供了更新和删除数据的接口，代码如下：

```
01    Category.remove({                        // 删除数据
02        name: 'test'                         // 删除数据的条件
03    }).then(() => {
04    })
05    Category.update({                        // 更新数据
06        name: 'test'                         // 筛选出需要更新的数据
07    }, {                                     // 更新的数据
08        name: 'test1',
09        description: 'test1'
10    }).then(() => {
11    })
```

可以看出，相对于关系型数据库来说，MongoDB 支持复杂多变的数据类型，通过 Mongoose 可以存储灵活多变的数据。另外，对于开发者来说，不需要将业务数据扁平化成二维的数据表，可以通过 Mongoose 直接存储复杂的数据，从而提升了开发效率。

6.3.3　实战演练：课程表数据展现

在前一节中，已经介绍了如何通过 Mongoose 操作 MongoDB 数据库。本节将用具体的例子来介绍如何结合 Koa 使用 Mongoose 开发 Node.js 应用。

本示例为课程表展示，一般课程表是以周为单位，只需展示一周的数据即可。在本示例中，通过 RESTful 接口封装对课程表的操作，包含获取课程表列表数据、新增课程、修改课程、删除课程等操作。

首先定义数据库连接，代码如下：

```
01    const mongoose = require('mongoose')
02    async function connect () {                        // 封装连接方法
03        await mongoose.connect('mongodb://localhost/course', {
04          user: 'username',
05          pass: 'password'
06      });
07    }
08    async function close () {                          // 封装关闭连接方法
09        await mongoose.connection.close();
10    }
```

然后定义数据模型，代码如下：

```
01    const mongoose = require('../conn').mongoose;
02    const timeRangeSchema = new mongoose.Schema({   // 定义子模型
03        hour: {                                     // 定义小时
04        type: Number,
05         max: 24,                                   // 课程表一般是白天
06         min: 8
07      },
08      minute: {                                     // 定义分钟
09        type: Number,
10        max: 59,
11        min: 0
12      },
13        time: {                                     // 为便于查询，定义了一个计算类型
14        type:Number,
15        get () {
16         return this.get('hour')* 100 + this.get('minute');
17        }
18      }
19    });
```

```
20    const courseSchema = new mongoose.Schema({        // 定义课程模型
21        name: String,
22        startTime: timeRangeSchema,                   // 开始时间，采用子模型描述
23        endTime: timeRangeSchema,                     // 结束时间，采用子模型描述
24        …
```

基于上述定义的课程表模型，定义数据操作接口，代码如下：

```
01    const Course = require('./model/course')
02    async function getCourseList() {                                    // 获取所有课程列表
03        return await Course.find().sort({
04         'startTime.time': 1                                           // 按照开始时间排序
05        });
06    }
07    async function getCourseById(id) {                                 // 根据 ID 查询课程数据
08        return await Course.findById(id);
09    }
10    async function getCourseByTime(start, end, weekday) {              // 根据时间查询课程数据
11        return await Course.find({
12        weekday: weekday
13        }).where('startTime.time').gte(start.hour * 100 + start.minute) // 按计算属性查询数据
14        .where('endTime.time').lte(end.hour * 100 + end.minute);
15        }
16    async function addCourse(course) {                                 // 添加课程数据
17     const { name, weekday, startTime, endTime } = course;
18     const item = await getCourseByTime(startTime, endTime, weekday);
19        if (item) {                                     // 如果当前时间段已经有课程，则不允许添加
20            throw new Error('当前时间段已经安排了课程');
21        }
22            return await Course.create(course);
23        }
24    async function updateCourse(id, course) {          // 更新课程数据
25        return await Course.update({
26         _id: id
27        }, course);
28    }
29    async function removeCourse(id) {                  // 删除课程数据
30        return await Course.remove({
31         _id: id
32        });
33    }
```

提示： 在根据时间查询课程信息时，由于在开始时间和结束时间中存在小时数值和分钟数值，这里简单地将小时数和分钟数转换为总的分钟数（hour ×100+minute）。这样，在查询时就可以直接对数值进行查询了，比较方便。

定义了数据操作接口之后，就可以在 Koa 中调用这些接口来定义 RESTful 接口了，代码如下：

```
01   const JSON_MIME = 'application/json';
02   router.get('/course', async (context) => {          // 获取所有数据
03       context.type = JSON_MIME;
04       context.body = {
05           status: 0,
06           data: await getCourseList()
07       }
08   });
09   router.get('/course/:id', async context => {        // 根据 ID 查询数据
10       context.type = JSON_MIME;
11       context.body = {
12           status: 0,
13           data: await getCourseById(context.params.id)
14       }
15   });
16   router.post('/course', async context => {           // 添加数据
17       context.type = JSON_MIME;
18           await addCourse(context.body);
19           context.body = {
20               status: 0
21       }
22   });
23   router.put('/course/:id', async context => {        // 更新数据
24       await updateCourse(context.params.id, context.body);
25   context.body = {
26       status: 0
27       }
28   });
29   router.delete('/course/:id', async context => {     // 删除数据
30       await removeCourse(context.params.id);
31   context.body = {
32       status: 0
33       }
34   });
```

在进行数据操作之前需要打开数据库连接，由于是在 HTTP 接口中调用数据操作，所以为了避免频繁打开和关闭数据库连接，这里定义了中间件，在请求的开始和结束时分别调用建立连接和关闭连接的方法，代码如下：

```
01 app.use(async (context, next) => {
02     await connect()              // 处理请求前，建立连接
03     await next()                 // 处理请求
04     await close()                // 处理请求后，关闭连接
05 })
```

至此，关于课程表的 RESTful 接口已经开发完毕，可以交付给课程表 UI 界面调用、展示课程表了。

6.4　在 Koa 中应用 Redis 数据库

Redis 可用作数据库、高速缓存和消息队列代理。Redis 非常适合处理那些短时间内被高频访问但又不需要长期访问的简单数据存储，如用户的登录信息或游戏中的数据。本节将介绍 Redis 数据库在 Koa 中的使用。

6.4.1　什么是 Redis

Redis 是一个开源、使用 ANSI C 语言编写、遵守 BSD（Berkeley Software Distribution，伯克利软件套件）协议、支持网络、可基于内存亦可持久化的日志型 Key-Value 数据库，并提供多种语言的 API。Redis 通常被称为数据结构服务器，因为其值（Value）可以是字符串（String）、哈希（Hash）、列表（List）、集合（Set）和有序集合（Sorted Set）等类型。

Redis 会把数据存储在内存中，但是也可以持久化到硬盘上，这种特点使 Redis 的性能非常出色，但是需要考虑服务器的内存大小，单次存取的数据大小不能超过服务器内存的大小。如果内存中的数据丢失了，如用户退出了登录或游戏意外关闭，则可以从硬盘中的日志恢复数据。

1. 安装 Redis

如果是 macOS 系统，则可去官网下载最新版本，下载完成后，把下载的压缩包复制到 usr/local 目录下，命令如下：

```
sudo mv redis-4.0.9.tar.gz /usr/local/
```

复制完成后解压，命令如下：

```
sudo tar xzf redis-4.0.9.tar.gz
```

解压后进入文件夹，命令如下：

```
cd redis-4.0.9
```

进入文件夹之后使用 make 命令进行编译安装，命令如下：

```
Make
```

如果是 Linux 系统，则可以使用 wget 命令获取压缩包，命令如下，其他步骤同上。

```
wget http://download.redis.io/releases/redis-4.0.9.tar.gz
```

2. Redis 命令行工具

首先，启动 Redis 本地服务，命令如下：

```
redis-server
```

然后，打开一个新的终端，启动 Redis 命令行工具，命令如下：

```
redis-cli
```

启动 Redis 命令行工具后，会自动连接本地 Redis 服务，然后就可以使用 Redis 的命令进行操作了，Redis 命令行工具如图 6.7 所示。

图 6.7　Redis 命令行工具

3. 连接远程 Redis 服务器

redis-cli 这个命令也可以连接远程 Redis 服务，如下所示：

```
redis-cli -h host -p port -a password
```

host 是主机名，port 是端口号，password 是想要连接的远程 Redis 服务器的密码，示例如下：

```
redis-cli -h 127.0.0.1 -p 6379 -a "mypass"
```

4. 支持的数据结构

Redis 支持的大多数数据类型对开发人员来说并不陌生，因为它们都是编程中常用的数据类型。

- **字符串（String）**

在 Redis 中，字符串类型的数据通过 SET、GET 命令来设置和获取，代码如下：

```
redis>SET name ikcamp
redis>GET name
"ikcamp"
```

- **哈希值（Hash）**

Redis Hash 是一个 String 类型的 field 和 value 的映射表，Hash 特别适合用于存储对象，存取 Hash 的示例如下：

```
redis>HMSET myhash field1 "Hello" field2 "World"
"OK"
redis>HGET myhash field1
"Hello"
redis>HGET myhash field2
"World"
```

- **列表（List）**

Redis 列表是简单的字符串列表，按照插入顺序排序。开发者可以添加一个元素到列表的头部（左边）或尾部（右边）。存取列表的示例如下：

```
redis>LPUSH mylist "world"
(integer) 1
redis>LPUSH mylist "hello"
(integer) 2
redis>LRANGE mylist 0 -1
1) "hello"
2) "world"
```

- **集合（Set）**

Redis 的 Set 是 String 类型的无序集合。集合成员是唯一的，这就意味着集合中不能出现重复的数据。在 Redis 中，集合是通过哈希表实现的，所以添加、删除、查找的复杂度都是 O(1)。存取集合的示例如下：

```
redis>SADD myset "Hello"
(integer) 1
```

```
redis>SADD myset "World"
(integer) 1
redis>SADD myset "World"
(integer) 0
redis>SMEMBERS myset
1) "World"
2) "Hello"
```

- **有序集合（Sorted Set）**

在 Redis 中，有序集合（Sorted Set）和集合（Set）都是 String 类型元素的集合，且不允许出现重复元素。二者不同的是，有序集合的每个元素都会关联一个 Double 类型的数值。Redis 正是通过此数值为集合中的成员进行从小到大的排序的。有序集合的成员是唯一的，但数值（Score）可以重复。存取有序集合的示例如下：

```
redis>ZADD myzset 1 "one"
    (integer) 1
redis>ZADD myzset 1 "uno"
    (integer) 1
redis>ZADD myzset 2 "two" 3 "three"
    (integer) 2
redis>ZRANGE myzset 0 -1 WITHSCORES
1) "one"
2) "1"
3) "uno"
4) "1"
5) "two"
6) "2"
7) "three"
8) "3"
```

使用 Redis 作为应用程序的缓存是最合适的，不过 Redis 不适合存储大批量的数据。本节并没有介绍 Redis 的全部命令，如果读者想深入学习 Redis 命令，则可以访问 Redis 官网 https://redis.io/commands 进行查阅，也可以在网站 https://try.redis.io/ 上进行命令操作的尝试。

6.4.2　Redis 库介绍

在 Koa 应用程序中使用 Redis 做缓存服务，就要用到 Redis 库。 GitHub 上开源的 Redis 库有很多，其中使用最广、最成熟的是 node_redis 库，读者可以访问 https://github.com/NodeRedis/node_redis 查看源代码，也可以访问 http://redis.js.org/ 查看官方文档。

1. 安装 node_redis

在项目根目录下执行如下命令进行安装：

```
npm install redis -save
```

2. 连接 Redis 服务器

在上一节中介绍了 Redis 在本地的安装方法，安装完成后，要通过 redis-server 命令启动 Redis 本地服务，如图 6.8 所示。

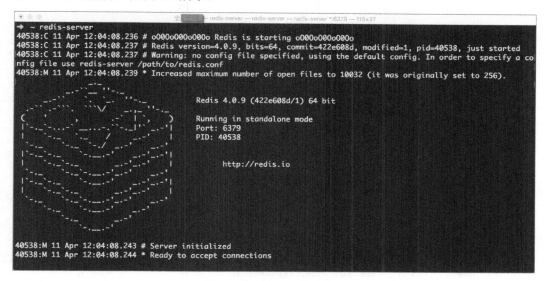

图 6.8　启动 Redis 本地服务

接下来，在程序中引入 node_redis 包，并进行初始化，代码如下：

```
const redis = require('redis');
const client = redis.createClient(6379, '127.0.0.1');
client.on('error', function (err) {
    console.log('Error' + err);
});
```

上述代码连接了本地的 Redis 服务，并且通过 client 对象对 error 事件进行监听。连接 Redis 服务如果出错的话，则可以通过监听 error 事件捕捉到。

3. 操作 Redis 数据

连接成功之后，就可以通过 client 对象操作 Redis 中的数据了，代码如下：

```
client.set('name', 'ikcamp', redis.print); // redis.print 的作用是打印设置数据的结果
client.get('name', function(err, value) {
    if (err) throw err;
    console.log('Name: ' + value);
});
```

通过 client 对象的 set 和 get 方法就能在 Redis 中存取 String 类型的数据了。

- **用哈希（Hash）存取数据**

下面用哈希（Hash）的数据格式来存储一个对象，代码如下：

```
client.hmset('ikcamp', {          // 存储一个对象
    'item': 'koaDemo',
    'chapter': 'redisDemo'
});
```

也可以通过如下方式存储：

```
client.hmset('ikcamp', 'item', 'koaDemo', 'chapter', 'redisDemo');
```

取出一个对象：

```
client.hgetall('ikcamp', function (err, obj) {
 console.log(obj);
});
```

获取哈希的 key：

```
01 client.hkeys("ikcamp", function (err, replies) {
02     replies.forEach(function (reply, i) {
03         console.log(i + ": " + reply);
04     });
05     client.quit();          // 退出连接
06 });
```

- **用列表（List）存取数据**

下面演示如何在列表（List）中存取数据，lpush 命令可以向列表中添加值，lrange 命令可以获取参数 start 和 end 范围内的列表元素，代码如下：

```
01    client.lpush('ikcamp', 'koa', redis.print)          // 存储数据
02    client.lpush('ikcamp', 'redisDemo', redis.print)       // 存储数据
03    client.lrange('ikcamp', 0, -1, function(err, items){  // 获取数据
04        if(err) throw err;
05            items.forEach(function(item, i){
```

```
06          console.log('(' + item + ')');
07      })
08  })
```

在上面的例子中，参数 end 为-1，表明到列表中的最后一个元素，所以会取出列表中的所有元素。列表（List）类似于编程语言中的数组，其缺点是性能较差。随着列表的长度变长，获取数据的速度也会相应变慢。

- **用集合（Set）存取数据**

下面演示在集合（Set）中存取数据，sadd 命令用来将值添加到集合中，smembers 命令返回存储在集合中的值，代码如下：

```
01  client.sadd('address', '上海', redis.print);          // 存储 "上海"
02  client.sadd('address', '北京', redis.print);          // 存储 "北京"
03  client.sadd('address', '北京', resis.print);          // 再次存储 "北京"
04  client.smembers('address', function(err, members){    // 获取集合的值
05  if(err) throw err;
06  console.log(members);            // 打印集合的值
07  });
```

在上述代码中，重复添加了 "北京" 这个值，但是由于集合的特性，不会存在重复的值，所以第 2 次存储不会生效。

6.4.3 实战演练：持久化用户 Session 状态

Session 也被称为"会话控制"，顾名思义，它是用于控制网络会话的，如用户的登录信息、购物车中的商品，或者用户的一些浏览喜好都可以存储在 Session 中。HTTP 是一种无状态的协议，本身无法标识一次特定的会话，所以需要一种机制去保存当前用户的特定信息。Session 就是其中一种保存会话信息的实现方式，有了 Session，不同用户登录购物网站之后就能看到各自购物车中的商品了，否则，所有用户将会操作同一个购物车。

Session 中的数据是保存在服务器端的。在服务器端有很多种存储方式，既可以直接保存在内存中，也可以保存在 Redis、MongoDB、MySQL 等数据库中，甚至可以保存在普通的文件中。但是，Session 中的数据一般都是短时间内高频访问的，需要保证性能，所以比较好的方式是内存配合 Redis 做一个持久化。这是因为内存访问的性能虽然是最好的，但是容易丢失数据，如遇到重启服务器等情况。因此，可以在 Redis 中做一个备份，当内存中的数据丢失时，就可以从 Redis 中恢复数据。

除在服务器端保存完整的 Session 数据外，还需要在客户端（浏览器等）通过 Cookie 来保存 Session 的一个唯一标识，通常是一个 ID，通过这个 ID 可以匹配服务器端完整的 Session 数据。使用 Cookie 存储 Session 的 ID 是因为每个 HTTP 请求头中都可以带上 Cookie 信息，并且可以根据情况设置 HttpOnly 为 true，防止客户端恶意篡改 Session 的 ID，在 Cookie 中存储 Session 的 ID 如图 6.9 所示。

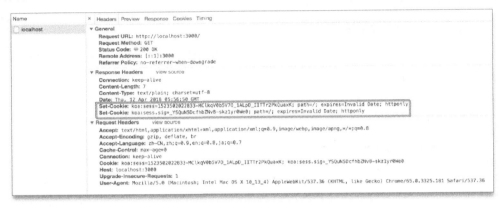

图 6.9　在 Cookie 中存储 Session 的 ID

在 Koa 应用中可以使用 koa-session 中间件来操作 Session。首先安装 koa-session，代码如下：

```
npm install koa-session -save
```

这里通过一个例子来熟悉一下这个中间件的基本用法，代码如下：

```
01  const Koa = require('koa');
02  const app = new Koa();
03  const session = require('koa-session');
04    app.keys = ['some secret hurr'];              // 设置签名的 Cookie 密钥
05      const CONFIG = {
06      key: 'myAppSessKey',                         // Cookie 中的 key，默认是 koa:sess
07      maxAge: 86400000,                            // 失效时间，单位是 ms
08      overwrite: true,                             //能否被覆盖，默认为 true
09      httpOnly: true,                              // 是否禁止客户端修改 Cookie，默认为 true
10      signed: true                                 // 签名是否开启，与 app.keys 对应，默认为 true
11    }
12  app.use(session(CONFIG, app));                   // 加载 koa-session 中间件
13  app.use(ctx => {
14      if (ctx.path === '/favicon.ico') return; // 忽略 favicon.ico 图标的访问请求
```

```
15          let n = ctx.session.views || 0;              // 初始化用户的访问次数
16              ctx.session.views = ++n;                  // 记录用户的访问次数
17              ctx.body = n + ' views';                  // 在浏览器页面显示访问次数
18      });
19      app.listen(3000);
```

上述代码使用内存来保存 Session 信息，记录了用户访问的次数（views）。启动服务后，在浏览器中访问 http://localhost:3000/，并不断刷新页面，就能看到页面上的 views 数值一直在增加。如果换个浏览器继续访问 http://localhost:3000/，则 views 将会重新从 1 开始计数。图 6.10 所示为 koa-session 使用示例。

图 6.10　koa-session 使用示例

假如此时重启服务器，则两个浏览器的计数都会重新从 1 开始。在实际应用环境中，服务器重启的情况时有发生，所以将 Session 单纯地放在内存中容易丢失，因此需要加入 Redis 做持久化。而且，在实际应用环境中，线上的服务器肯定不止 1 台，多台服务器之间的 Session 信息同步也要依靠 Redis 服务来实现。

修改上述代码，加入 Redis 做持久化，这里要用到前面章节介绍的 node_redis 库，代码如下：

```
01    const Koa = require('koa');
02    const app = new Koa();
03    const session = require('koa-session');
04    const redis = require("redis");                          // 引入 node_redis 库
05    const client = redis.createClient(6379, '127.0.0.1');    // 连接本地 Redis 服务
06    const {promisify} = require('util');                     // 引入 promisify
07     // 用 promisify 改造 client.hgetall
08    const hgetallAsync = promisify(client.hgetall).bind(client);
09        app.keys = ['some secret hurr'];
10          const store = {                                    // 配置 Redis 如何存取 Session
11            get: async(key, maxAge) => {                      // 从 Redis 获取 Session
```

```
12              return await hgetallAsync(key)
13        },
14        set: (key, sess, maxAge) => {                    // 在 Redis 中存储 Session
15          client.hmset(key, sess)
16        },
17        destroy: (key)=> {                               // 销毁 Redis 中的 Session
18            client.hdel(key)
19        }
20    }
21    const CONFIG = {
22        key: 'koa:sess',
23        maxAge: 86400000,
24        overwrite: true,
25      httpOnly: true,
26      signed: true,
27        store                                            // 添加 store 配置，支持 Redis
28    }
29    app.use(session(CONFIG, app));
30    app.use(ctx => {
31      if (ctx.path === '/favicon.ico') return;
32        let n = ctx.session.views || 0;
33        ctx.session.views = ++n;
34        ctx.body = n + ' views';
35    })
36    app.listen(3000);
```

在上述代码中，与之前不同的地方已经通过注释标明，主要是在 config 中添加了一个 store 参数，用于操作 Redis 数据库。在执行上述代码之前，需要保证本地的 Redis 服务已经启动，可以通过 redis-server 命令启动 Redis 服务。Session 信息持久化之后，就不用担心服务器重启了，如果服务器重启，则还可以通过 Cookie 中的 sessionId 去 Redis 中恢复 Session 信息。

如果需要关闭 Redis 服务，则首先要查找到 Redis 服务所对应的 PID，操作命令如下：

```
sudo lsof -i :6379                              // 6379 是 Redis 对应的端口号
```

然后关闭 Redis 服务，命令如下：

```
sudo kill -9 PID                                // PID 是一串数字
```

6.5　本章小结

　　本章主要介绍了数据库的基本概念，以及关系型数据的代表 MySQL 和非关系型数据库的代表 MongoDB，还有擅长数据缓存的 Redis。每种数据库都有相应的擅长领域，如何更好地搭配使用这些数据库，是提高网站性能的关键。限于篇幅，本书不能细致地介绍所有知识点，本章讲述了基本的使用方法，掌握了这些方法已经可以进行网站开发。如果想要深入优化这些数据库的性能，还需要读者详细阅读官方文档，并且亲自尝试。

7

第 7 章
单元测试

单元测试又称模块测试，是对程序模块进行检验的测试工作。所谓单元是指应用的最小可测试部件，通常是单个函数、过程或方法。单元测试的目的是隔离程序部件并证明单个部件是正确的。单元测试不是测试的最终环节，最终还需要进行集成测试。单元测试通常都是开发者通过代码完成的。

单元测试通常拥有如下优势。

- 尽早发现问题并进行更正。

- 简化集成测试的复杂度。

- 生成文档，并且在代码迭代中，测试代码可以减少大量重复测试行为。

甚至可以这样说：当选择一个开源代码库时，是否拥有测试代码是一个很重要的选择因素。

在进入正题前，需要读者了解 TDD 和 BDD 两个概念。TDD 是测试驱动开发（Test Driven Development）的简称，倡导首先写测试程序，然后编码实现其功能；BDD 是行为驱动开发

（Behavior Driven Development）的简称，是一种对测试驱动开发的回应，鼓励软件项目中的开发者、测试人员和非技术人员进行协作，通过用自然语言书写非程序员可读的测试用例扩展了测试驱动开发方法。TDD 和 BDD 并非对立的概念，而是不同层级的概念。

7.1　Chai 断言库

Chai 是一个优秀的断言（Assert）库。所谓断言是一种放在程序中的逻辑判断，目的是检测结果是否与开发者的预想一致。Node.js 内置了断言库 Assert，但是 Assert 并不是一个真正的测试运行器，而且没有提供方便使用的 API，所以在单元测试的测试用例中推荐使用 Chai。

7.1.1　Chai 的介绍和安装

Chai 包含 3 个断言库，其中有 BDD 风格的 Expect/Should 和 TDD 风格的 Assert。BDD 风格的测试代码更加语义化，具体内容在下一节介绍。

安装 Chai，进入项目目录并运行以下代码：

```
npm install chai -save
```

在项目根目录下建立一个 test 目录，编写的测试代码都会放在该路径下。

7.1.2　Chai 的使用

Chai 作为一个断言库，在实际的单元测试开发中会配合测试框架（如 Mocha）一起使用。本章只使用 Chai 作为示例，在之后的章节中，会展示 Mocha 和 Chai 的协同开发。

Chai 可以用来判断结果是否与预期相符，这个结果包括数据的值或类型等。假设有一个变量 foo 和一个变量对象 beverages，beverages 包含一个数组 tea。上一节已经提到 Chai 包含 3 个断言库，这里将分别展示这 3 种不同的断言对变量 foo 和 beverages 所做的一系列判断。

Assert 风格类似于 Node.js 提供的 Assert 模块，所有的 API 都通过"assert."方式的函数提供，是一种标准的 TDD 风格的断言，判断的结果和预期的结果都作为参数传入函数中，示例代码如下：

```
01   const { assert } = require('chai');
```

```
02    const foo = 'bar';
03    const beverages = { tea: ['chai', 'matcha', 'oolong'] };
04    assert.typeOf(foo, 'string');                              // 判断 foo 的类型是否为 String
05    assert.typeOf(foo, 'string', 'foo is string');             // 添加判断说明
06    assert.equal(foo, 'bar', 'foo equal 'bar'');               // 判断 foo 是不是等于 bar
07    assert.lengthOf(foo, 3, 'foo's value has a length of 3'); // 判断 foo 的字符串长度
08    assert.lengthOf(beverages.tea, 3, 'beverages has 3 tyeps of tea'); // 判断 tea 的数组长度
```

通过 Node.js 来执行测试文件，如果都正确，则控制台将没有任何显示，现在修改 assert.typeOf(foo, 'string')为 assert.tyoeOf(foo, 'number')，再执行则会报错，如下所示：

```
AssertionError: expected 'bar' to be a number
```

Expect 是一种 BDD 风格的断言，这可以从示例看出，Expect 的 API 风格更接近自然语言，这种链式 API 更能够被任何熟悉英语的非开发者快速掌握，示例代码如下：

```
01    const { expect } = require('chai');
02    const foo = 'bar';
03    const beverages = { tea: ['chai', 'matcha', 'oolong'] };
04    expect(foo).to.be.a('string');
05    expect(foo).to.equal('bar');
06    expect(foo).to.have.lengthOf(3);
07    expect(beverages).to.have.property('tea').with.lengthOf(3);
```

Should 与 Expect 一样属于链式断言，但是 Should 会给每个需要判断的对象增加一个 Should 属性，Should 在某些"古老"浏览器上存在兼容性问题，但是在 Node.js 环境下则无须顾虑，示例代码如下：

```
01    const should = require('chai').should();
02    const foo = 'bar';
03    const beverages = { tea: ['chai', 'matcha', 'oolong'] };
04    foo.should.be.a('string');
05    foo.should.equal('bar');
06    foo.should.have.lengthOf(3);
07    beverages.should.have.property('tea').with.lengthOf(3);
```

Should 和 Expect 在使用上的一个重要区别是，Expect 可以直接引用，而 Should 则需要执行函数，目的是通过 Object.defineProperty 对 Object.prototype 进行一个拓展。

这 3 种断言都提供了类似的功能，开发者可以根据自身的喜好选择。

接下来这一部分将介绍 Chai 的常用 API，因为 TDD 和 BDD 风格差异比较大，所以

Except 和 Should 将一起介绍，Assert 则另外介绍。

BDD 风格是链式风格，在执行最终 API 前可以使用以下的 Getter 来提高代码可读性：to、be、been、is、that、which、and、has、have、with、at、of、same、but、does 等。

部分具体 API 说明如下。

- any/all：用来判断实际值是否存在或是否完全相同。
- a/an：判断变量类型。
- include/contains：判断是否包含某个内容。
- not：否定断言。
- deep：用来深度判断两个对象，放在 equal 或 property 之前。
- ok：判断目前是否为真，会进行隐式转换。
- equal：判断是否相等，严格等于。
- above：用来判断结果是否大于预期。
- match：用来匹配正则表达式。

TDD 是直接执行的函数，所以 API 名字会包含所有的信息。另外，可以直接使用 assert(expression，message)函数来对应所有断言的情况，其他对应风格 API 示例如下。

- hasAnyKes/has AllKeys：对应 any/all。
- isOK：对应 ok。
- notInclude：对应 not.include。

提示：Chai 拥有很多的 API，因为本章篇幅有限，读者可以查阅 Chai 的 API 文档以深入了解，地址为 http://www.chaijs.com/api/。

7.2　Mocha 框架

Mocha 是一个功能丰富且流行的 JavaScript 测试框架，支持回调函数、Promise、Async 等。Mocha 是一个测试框架，所谓测试框架，就是运行测试的工具会接管单元代码的执行，可以理解为一个任务运行器，配合断言库判断代码是否符合预期结果。同时，Mocha 也会提供一个简单的测试结果。

7.2.1　Mocha 的介绍和安装

一般情况下，Mocha 配合 Chai 就可以完成整个单元测试代码的开发。安装 Mocha 时可以选择全局安装，命令如下：

```
npm install mocha -g
```

也可以选择项目本地安装，命令如下：

```
npm install mocha -D
```

注意：Mocha 需要 Node.js 版本号大于 4，如果需要支持 async 语法，则要大于 7。

7.2.2　Mocha 的使用

Mocha 是一个任务运行器，它并不关注测试内容本身，因此需要配合类似 Chai 的断言库来编写。Mocha 提供了一套单元测试的输出规范，基于此规范，Mocha 在运行单元测试后，输出了友好的单测结果。Mocha 的关键词只有 describe 和 it 两个。下面将解释为什么 Mocha 利用两个关键词就可以完成一套测试框架。

1．describe 和 it

最常见的 Mocha 代码一般是这样的：

```
01    const should = require('chai').should();
02    const foo = 'bar';
03    describe('String', () => {
04     it('foo should be a string', () => {
05       foo.should.be.a('string');
06     })
07    });
```

通过执行 Mocha file 脚本得到的结果，如图 7.1 所示。

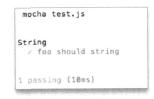

图 7.1　执行 Mocha file 脚本得到的结果

这样，一个最基本的 Mocha 测试就写完了。从结果来看，describe 是一个测试套件（Test

Suite），是对测试用例的归类；而 it 是一个测试用例，用来描述这个测试的内容。在常规的 Mocha 代码中，一个 describe 会包含多个 it。it 也可以不放置在 describe 中而独立运行，describe 支持嵌套执行，示例如下：

```
01  const beverages = { tea: ['chai', 'matcha', 'oolong']};
02  describe('Array', () => {
03    describe('#indexOf()', () =>{
04      it('should return -1 when the value is not present', () => {
05        beverages.tea.indexOf('puer').should.equal(-1);
06      })
07    })
08  })
```

如果把图 7.1 示例中的 foo 改成 Number 类型，再次执行 Mocha file 脚本则会得到错误结果，如图 7.2 所示。

```
String
  1) foo should string

0 passing (10ms)
1 failing

1) String
     foo should string:
   AssertionError: expected 1 to be a string
     at Context.it (test.js:11:17)
```

图 7.2　执行 Mocha file 脚本得到错误结果

Mocha 提供了一个友好的报告，让开发者可以快速查看自己的测试是否成功，并且得知出现问题的位置。

2. 异步代码

上一个示例展示了同步情况下 Mocha 的使用方式，如果代码涉及异步，则逻辑会有变化。Mocha 支持 3 种异步方式，分别是回调函数、Promise 和 Async。

回调函数方式是通过 it 函数的参数 done 实现的。通过添加 done，Mocha 可以知道需要等待 done 的执行来完成测试，如果在 done 的执行时传递一个 Error 实例或一个伪值作为参数，就可以获得失败结果以完成测试用例，但是任何其他参数都会使测试失败。下面是一个异步例子，代码如下：

```
01  describe('Asynchronous', () => {
```

```
02        if('done should be executed after 200ms', done => {
03            const fn = () => {
04                foo.should.be.a('string');
05                done();
06            };
07            setTimeout(fn, 200)
08        })
09    })
```

从运行结果可以看到，执行时间在 200ms 之后，并且执行成功，如图 7.3 所示。

图 7.3　Mocha 异步执行结果

如果删除 done，Mocha 会一直等待直到超时，然后报错，如图 7.4 所示。

```
Asynchronous
  1) done should be executed after 200ms

0 passing (2s)
1 failing

1) Asynchronous
     done should be executed after 200ms:
     Error: Timeout of 2000ms exceeded. For async tests and hooks, ensure "done()" is called; if returning a Promise, ensure it resolves.
```

图 7.4　Mocha 超时报错

还有一种方法是使用 Promise。Promise 不需要使用 done，但需要在 it 函数中 return 一个 Promise，示例代码如下：

```
it('promise', () => {
    return new Promise(resolve => {
        foo.should.be.a('string');
        resolve();
    })
})
```

注意：如果不添加 return 关键词，则在执行此测试代码时，会直接当作同步语句执行。在验证此测试用例时，不会验证 Promise 函数内部的断言检测，此测试用例会被认为没有断言检测而执行成功。

在 Node.js 7 以后的版本中，Mocha 也可以使用 async 函数，只需要把 it 的回调函数改成 async，在 async 函数中使用 await 执行异步操作即可。

虽然支持异步，但是 Mocha 会为每个测试用例设置 2000ms 的超时执行时间，当执行时间超过了 2000ms 时会被判为测试用例失败。开发者有可能需要一个更长或更短的超时执行时间，在异步环境下这种需求更加常见。在 Mocha 中可以通过执行 this.timeout(time)来修改超时执行时间，参数 time 用于传递具体的毫秒数。

注意： 如果使用这个 API，则要注意 this 作用域意味着不能使用箭头函数，另一种做法是在执行参数中添加参数-t。

3. Hook

Mocha 提供了一些 Hook 来实现测试的前置条件和后置处理，这些 Hook 展示如下：

```
01  describe('hooks', () => {
02      before(() => {
03          // 在本区块的所有测试用例之前执行
04      });
05      after(() => {
06          // 在本区块的所有测试用例之后执行
07      });
08      beforeEach(() => {
09          // 在本区块的每个测试用例之前执行
10      });
11      afterEach(() => {
12          // 在本区块的每个测试用例之后执行
13      });
14  })
```

Hook 需要放在 describe 代码块内、it 代码块外，可以改变代码作用域的所有变量，同时也可以进行异步操作。后续章节会通过 Nock 来展示 Hook 的作用。

4. Reporter

Mocha 还有一个有趣的参数--reporter，用来展示不同风格的报告。--reporters 参数可以展示所有的内置报告格式，这里使用 nyan 格式展示一个有趣的报告，如图 7.5 所示。

图 7.5　nyan 格式的报告

7.3 SuperTest 测试 RESTful API

在 Koa 测试开发中，SuperTest 是除 Mocha 和 Chai 外的另一重要组件。Koa 本身是用来提供 Web 服务的，无论是业务逻辑的开发还是中间件的开发，都难以避免要对 Web 服务进行测试。

7.3.1 SuperTest 的介绍和安装

SuperTest 就是一个用来实现 Web 请求的库，是可以用来测试 HTTP 服务的工具。SuperTest 也是对 SuperAgent 工具的扩展，在支持所有 SuperAgent 的 API 基础上，提供了对请求结果的断言处理。

通过 npm 模块安装 SuperTest，命令如下：

```
npm install supertest -save
```

之后可以通过 require('supertest')来使用。

7.3.2 SuperTest 的使用

首先，SuperTest 支持所有 SuperAgent 的方法，对于常规的 GET 请求可以这样实现：

```
01   const request = require('supertest');
02   request
03   .get('/some-url')
04   .query({foo: 'bar'})
05   .end((err, res) => {
06       // Do something
07   });
```

POST 请求，代码如下：

```
01   Request
02   .post('/api/test')
03   .send({foo: 'bar'})
04   .set('accept', 'json')
05   .end(((err, res) => {
06       // Do something
07   });
```

上面的示例展示了 SuperAgent 最基本的 API，可以通过 GET、POST 等方法发送相关

Method 类型的请求,通过 query 方法添加请求的 query 信息,通过 send 方法添加请求的 body 信息,通过 set 方法设置请求头,通过 end 方法来接收请求结果。除此以外还有 write、pipe 等方法,因为不属于 SuperTest 的常规使用,这里不再赘述。

SuperTest 自身提供以下 API,使用方法如下:

```
.expect(status[, fn])          // 用来判断返回的 code
.expect(status, body[,fn])     // 用来判断返回的 code 和 body
.expect(body, [,fn])           // 用来判断 body 的类型,或者解析 body
.expect(field, value, [, fn])  // 用来判断 filed 的值类型,一般用在 multipart file upload 上
.expect(function(res){})       // 将 res 作为参数,在函数中返回断言结果
```

SuperTest 在实际使用中一般配合 Mocha 使用。可以在 Koa 中首先创建一个 Koa 服务器环境,然后通过 SuperTest 来请求 Koa 服务器。假设现在已经实现了负责添加跨域头的中间件,则需要测试这个中间件,测试代码如下:

```
01   const request = require('supertest');
02   const Koa = require('koa');
03   const cors = require('../index.js');
04   describe('test.index.js', () => {
05       it('should always set `Access-Control-Allow-Origin` to *', done => {
06           const app = new Koa();                // 实例化 Koa
07           app.use(cors());                      // 添加 cors 中间件
08           app.use(function(ctx) {               // 给出返回值
09               ctx.body = { foo: 'bar' };
10           });
11           request(app.listen())
12           .get('/')
13           .expect('Access-Control-Allow-Origin', '*')
14           .expect({ foo: 'bar' }).expect(200, done);
15       })
16   })
```

7.4 其他常用工具

在前面的章节中介绍了单元测试的常用工具 Chai 和 Mocha,再配合 SuperTest 已经可以实现大多数的 Koa 测试。本节将介绍两个辅助工具:Nock 和 Nyc。Nock 提供给开发者一个模拟请求服务器响应的情况,而 Nyc 则可以检查代码的测试覆盖情况。

7.4.1　Nock 模拟服务器响应

前面已经介绍过发起请求测试工具 SuperTest。SuperTest 可以对 Node.js 服务进行测试，但在实际开发中，Node.js 服务往往会承担一些渲染和简单业务逻辑的处理，一些复杂的逻辑会以服务化的形式由其他的 API 服务提供。但是在单元测试过程中，一方面不一定能够调用这些 API 服务，另一方面单元测试并不需要承担对第三方服务的测试。假设 API 服务可以提供需要的结果，最后也可以通过模拟 API 服务错误来测试代码是否能够处理异常，但这在常规请求中不一定能够触发。

Nock 就是一个模拟服务器响应的工具。Nock 会覆盖 Node.js 的 http.request 方法，来伪造一个结果，示例如下：

```
nock('http://test.com')
.get('/test1')
.delay(200)
.reply(200, { foo: 'bar'});
```

这样就仿造了一个名为 test.com 的服务器，这个服务器提供了一个 url 为/test 的 API 服务。因为这个过程是同步的，所以设置了一个 200ms 的延迟来模拟实际接口表现，reply 的第 1 个参数是 HTTP 的返回码，第 2 个参数则是返回的 body。

之后将 Nock 配合 Mocha 执行，假设开发了一个类似 superagent 的请求库，Nock 代码可以放在 Mocha 的 beforeEach 阶段，就能在这个测试集中注入响应服务器环境，代码如下：

```
01    const nock = require('nock');
02    describe('request', () => {
03        beforeEach(() => {
04            // Nock 代码如上
05        },
06        it('core', (done) => {
07            request.post('test.com/test1').end((err, res) => {
08                res.text.should.equal('{"foo": "bar"}');
09                res.body.foo.should.equal('bar');
10                done();
11            })
12        })
13    });;
```

- **Header 支持**

除一般请求外，Nock 还可以对请求头和响应头进行操作。一般后端服务可能会利用请求头做一些校验，Nock 也可以提供支持，代码如下：

```
01  nock('http://www.example.com', {
02      reqheaders: {
03          'X-My-Headers': function (headerValue) {      // 如果请求头有该 Header 则继续
04              if (headerValue) return true;
05              return false;
06          },
07          'X-My-Awesome-Header': /Awesome/i             // 该请求头需要包含 Awesome
08      }
09  })
10  .get('/')
11  .reply(200);
```

响应头一般会被用来设置 Cookie，并作为 reply 的第 3 个参数传递，示例代码如下：

```
nock('http://www.example..com')
.get('/cookie')
.reply(200, 'some data', {'set-cookie': ['foo:bar', 'a:b']});
```

这样就可以通过 Koa 的 ctx.cookies.get 取得模拟的 Cookie 数据了。

提示：Nock 还提供了很多丰富的功能，本节只提及几个最常使用的功能，具体可以参考 Nock 的 GitHub 说明，地址为 https://github.com/node-nock/nock。

7.4.2　Nyc 测试覆盖率

Nyc 是一个用来检查测试覆盖率的工具。当完成所有单元测试后，也不能确保所开发的代码十全十美，因为测试代码也是开发出来的，也可能存在测试用例不够完整或不能测试到所有的应测试代码的情况。另一种情况是被测试的代码中存在一些"死"代码，即逻辑上不能被执行到的代码。通过使用 Nyc，开发者可以逐步解决这两种问题，最终将测试覆盖率达到 100%。

Nyc 也是通过 NPM 进行管理的，安装执行命令如下：

```
npm install nyc -D
```

安装完后即可通过 nyc mocha test.js 命令用 Nyc 进行代码测试覆盖率检查。

假设有一个从数组找饮料的程序，代码如下：

```
01  const tea = ['chai', 'matcha', 'oolong'];
02  module.exports = (input) => {
03      if (input < 2) {
04          return tea[input];
05      } else {
06          return 'unknown';
07      }
08  }
```

测试代码如下：

```
01  const beverages = { tea: ['chai', 'matcha', 'oolong'] };
02  const getTea = require('../index.js');
03  describe('Array result', () => {
04      it('find a kind of tea in beverages', () => {
05          getTea(1).should.to.be.oneOf(beverages.tea);
06      })
07  })
```

执行 nyc mocha /test/index.js 命令，结果如图 7.6 所示。

```
-----------|----------|----------|----------|----------|----------------|
File       | % Stmts  | % Branch | % Funcs  | % Lines  | Uncovered Line #s
-----------|----------|----------|----------|----------|----------------|
All files  |   90.91  |    50    |   100    |   90.91  |
  7.4.2     |    80    |    50    |   100    |    80    |
   index.js |    80    |    50    |   100    |    80    |              7
  7.4.2/test|   100    |   100    |   100    |   100    |
   index.js |   100    |   100    |   100    |   100    |
-----------|----------|----------|----------|----------|----------------|
```

图 7.6　Nyc 命令执行结果

对这里的 4 个种类分别说明如下。

- 语句覆盖率（Stmts）：是否每条语句都执行了。

- 分支覆盖率（Branch）：是否每个 if 代码块都执行了。

- 函数覆盖率（Funcs）：是否每个函数都调用了。

- 行覆盖率（Lines）：是否每行都执行了。

可以看到，虽然测试通过了，但是被测试代码只覆盖了 80%的代码，其中第 7 行没有被测试到，说明测试代码覆盖不完整。

虽然示例代码比较简单，但已经展示了 Nyc 的能力。Nyc 还可以通过页面输出更为详细的报告，命令如下：

```
nyc -report=lcov -report=text-lcov mocha test/index.js
```

在项目根目录下会生成一个 coverage 目录，打开里面的 index.html 可以看到测试结果，测试结果包含每个 file，单击 file 就可以看到详细的结果。Nyc 代码报告如图 7.7 所示。

```
28
29  1x   module.exports = function request(ctx, param, options, callback = () => {}) {
30  12x     let reqType = options.headers['content-type'];
31  12x     let isPipeReq = param.needPipeReq && ctx.req && ctx.req.readable && ctx.method !== 'GET';
32            let form, body, json;
33
34  12x     E if (typeis(reqType, JSON_TYPES) || !reqType) {
35  12x         json = true;
36  12x         body = param.data;
37          } else {
38              json = !param.needPipeRes;
39              if (!isPipeReq) form = param.data;
40          }
41
```

图 7.7　Nyc 代码报告

虽然覆盖率的目标是 100%，但如果测试用例已经达到要求，是可以定义一个通过率标准的。假设项目达到 95% 就可以通过测试，需要执行的命令如下：

```
nyc -check-coverage -lines 95 mocha test/index.js
```

结果输出提示如下：

```
ERROR: Coverage for lines (90.91%) does not meet global threshold (95%)
```

可以看到测试覆盖率未通过。另外，可以通过添加 --per-file 参数要求每个文件都达到规定的覆盖率才算通过。

Nyc 的功能基本介绍到这里，开发者也可以在 package.json 文件中对 Nyc 进行配置，包括执行的脚本、是否需要排除文件等。

提示： 具体配置方法可以在 Nyc 的项目文档中查找，地址为 https://github.com/istanbuljs/nyc。

7.5　本章小结

单元测试是 Node.js 开发的必要环节，相比前端 UI 代码，Node.js 的代码更适合通过单元测试来检查是否正确。通过本章的学习，读者可以掌握用 Mocha 和 Chai 完成基本的测试代码，通过 SuperTest 和 Nock 则可以完成在 Web 服务中对服务器响应和服务器发起请求相关逻辑的测试，最后通过 Nyc 检查代码的测试覆盖率来确保所有的代码都经过了单元测试，这样就完成了一个单元测试体系。

单元测试不是测试的终点，最终还要通过集成测试来保证单元之间没有冲突，单元之间都给予了对方想要的结果。下一章介绍的 Travis CI 就是一款优秀的持续集成工具，可以用来完成开源软件的集成测试。除此之外，使用 Node.js 时也需要考虑性能，一些不好的代码可能会导致服务的性能很差，这时候可以考虑使用 Benchmark.js 来进行相关的性能测试。

8

第 8 章
优化与部署

前面的章节已经介绍了路由、MVC 分层、静态资源处理、视图模板、数据库连接和单元测试等内容。学习了这些内容后，就可以创建一个较完整的应用。但在实际项目中，通常需要更多的工作来保证项目的进展和服务的正常运行。这些工作包括访问日志记录、异常处理、项目工程化、部署及监控等。

本章将会分为服务优化、运维部署及服务监控 3 个小节，依次介绍这些项目开发之外的知识。

8.1 服务优化

在实际开发中，开发仅是整个开发流程的一小部分。当编写的程序运行在线上服务器时，可能会出现多种意想不到的问题。毕竟代码由开发者编写，而开发者难免会出现一些疏漏，导致出现 Bug。无论代码编写得多高明，始终无法保证不会产生 Bug。既然无法杜绝 Bug，还不如建立健全的排查机制和跟踪机制。就像"天眼"一样，疏而不漏，从而降低分析和解决 Bug 的成本。

8.1.1 使用 log4js 记录日志（视频演示）

在排查分析线上问题时，日志起着关键作用。通过完整的日志记录，能够快速地定位、还原问题现场。而日志记录相对来说成本较低。如同每天写日记一样，日志不仅能够记录项目每天都做了什么，便于日后回顾；也可以将做错的事情记录下来，进行自我反省。完善的日志记录不仅能够还原问题场景，还有助于统计访问数据，分析用户行为。

本节介绍的日志中间件基于 log4js 的 2.x 版本进行封装。log4js 是一个基于 Node.js 的第三方日志模块，本书通过在中间件中调用 log4js 来介绍一些 log4js 的使用方法。学好本节，读者就可以在项目中轻松地应用日志中间件了。

1. 日志的作用

在应用中，记录完善的日志可以带来如下好处。

- 显示程序运行状态。
- 帮助开发者排除故障。
- 结合专业的日志分析工具（如 ELK，ELK 是 3 个开源软件的缩写，分别表示 Elasticsearch、Logstash、Kibana）给出预警。

对 log4js 的基本调用，代码如下：

```
const log4js = require('log4js');              // 引入 log4js 组件
const logger = log4js.getLogger();             // 获取日志记录器，默认输出到 console 中
logger.level = 'debug';                        // 设置日志输出级别
logger.debug("Some debug messages");           // 记录 debug 级别的日志
```

上述代码调用了 logger 上的 debug 方法，通过 debug 级别记录了应用的调试信息。运行之后，可以在终端看到的输出信息如下：

```
[2018-04-01 12:15:30.770] [DEBUG] default - Some debug messages
```

在本示例中涉及"日志等级"，这个名词会在稍后详细介绍。

2. 基础知识准备

- **日志分类**

根据日志的用途，一般可以将日志分为访问日志和应用日志。访问日志一般记录客户端对应用的访问信息。例如，在 HTTP 服务中主要记录 HTTP 请求头中的重要数据。一般

来说，访问日志由应用统一记录。应用日志是开发者在应用中根据业务需要输出的调用跟踪、警告和异常等信息，方便开发人员查看项目的运行状态和分析、排查 Bug。应用日志包括 debug、info、warn 和 error 等不同级别。

- **日志等级**

在记录日志时，为了便于管理和控制日志文件输出大小，通常需要按照级别来记录日志。log4js 中的日志输出可以分为 7 个级别，日志级别由低到高排列如下。

- trace：记录应用调用的跟踪信息，标记方法被调用，级别最低。
- debug：记录调试信息，方便调试时使用。
- info：记录非调试和跟踪的信息，相对来说是较为重要的信息。
- warn：记录警告信息。
- error：记录错误信息，这些错误不会导致服务完全不可用。
- fatal：记录严重错误信息，这些错误导致整个服务不可用。

可以通过 logger 对象上的 trace、debug、info、error 等快捷方法，按照级别记录日志，代码如下：

```
01  const log4js = require('log4js');
02  log4js.configure({
03      appenders: {
04          cheese: {                           // 指定要记录的日志分类名为 cheese
05              type: 'file',                   // 指定日志的展示方式为文件类型 file
06              filename: 'cheese.log'          // 指定日志输出的文件名为 cheese.log
07          }
08      },
09      categories: {
10          default: {                          // 日志的默认配置项
11              appenders: ['cheese'],          // 如果 log4js.getLogger 中没有指定采用哪种分类
12                                              // 日志，则默认采用 cheese 日志的配置项
13              level: 'error'                  // 日志记录的信息级别为 error 及以上级别
14          }
15      }
16  });
17  const logger = log4js.getLogger('cheese');  // 指定采用 cheese 日志
18  logger.trace('Entering cheese testing');
19  logger.debug('Got cheese.');
20  logger.info('Cheese is Gouda.');
```

```
21    logger.warn('Cheese is quite smelly.');
22    logger.error('Cheese is too ripe!');
23    logger.fatal('Cheese was breeding ground for listeria.');
```

在配置日志记录器时，可以为记录器配置日志级别。设置级别之后，输出的日志将只包含大于或等于所设置级别的日志。运行上述代码后，会在当前的目录下生成一个名为 cheese.log 的日志文件，文件中只有两条日志，内容如下：

```
[2018-04-01 15:51:30.770] [ERROR] cheese - Cheese is too ripe!
[2018-04-01 15:51:30.774] [FATAL] cheese - Cheese was breeding ground for listeria.
```

- **日志切割**

在上述代码中，记录的日志都会存储在 cheese.log 文件中。随着应用的运行，这个文件会越来越大。日益增大的文件给查看和跟踪问题带来了诸多不便，同时，某些文件系统还对单个文件存在大小限制。为了控制单个日志文件的体积，log4js 提供了一些方法对日志进行分割。本节将按照日期对日志文件进行分割。例如，第 1 天将日志存储在 task-2018-04-01.log 文件中，第 2 天将会存储在 task-2018-04-02.log 文件中。这样不仅方便开发人员按照日期排查问题，还方便对日志文件进行迁移。

3. 编码实现

本小节将基于 5.4.1 节中的实战代码进行讲述。

- **简单搭建日志代码结构**

首先在项目中安装 log4js 模块，命令如下：

```
npm install log4js -save
```

安装完成后，在项目中创建文件/middleware/mi-log/logger.js，并增加如下代码：

```
01    const log4js = require('log4js');
02    module.exports = (options) => {
03        return async (ctx, next) => {
04            const start = Date.now();
05            log4js.configure({
06                appenders: {cheese: {type: 'file', filename: 'cheese.log'}},
07                categories: {default: {appenders: ['cheese'], level: 'info'}}
08            });
09            const logger = log4js.getLogger('cheese');
10            await next();
11            const end = Date.now();
```

```
12              const responseTime = end - start;
13              logger.info('响应时间为${responseTime/1000}s');
14          }
15      };
```

提示：不存在的目录或文件，需要读者自行创建。

上述代码实现了记录 HTTP 响应时间的功能。创建文件/middleware/mi-log/index.js 调用上述文件，代码如下：

```
const logger = require("./logger");
module.exports = () => {
    return logger();
};
```

由于后面还需要在 index.js 中扩展其他功能，所以代码中通过匿名函数返回了 logger 的调用结果，而不是直接导出 logger 函数。

修改文件 middleware/index.js，在代码中引入日志中间件，代码如下：

```
const miLog = require('./mi-log');
module.exports = (app) => {
    app.use(miLog());
    // 后面代码省略
}
```

当用户访问应用时，便会在 cheese.log 文件中打印 1 条日志级别为 info 的日志。在这条日志中记录了请求的响应时间。

- **通过上下文对象调用日志**

应用日志需要开发者自行按照级别记录。一般可以将记录日志的方法挂载到上下文中，以便开发者在其他的中间件或应用处理代码中调用。修改文件/mi-log/logger.js，代码如下：

```
01  const log4js = require('log4js');
02  const methods = ["trace", "debug", "info", "warn", "error", "fatal", "mark"];
03  module.exports = () => {
04      const contextLogger = {};
05      log4js.configure(/* 此处配置代码同上 */);
06      const logger = log4js.getLogger('cheese');
07      return async (ctx, next) => {
08          const start = Date.now();
09          methods.forEach((method, i) => {  // 循环 methods 将所有方法都挂载到 ctx 上
10              contextLogger[method] = (message) => {
```

```
11              logger[method](message);
12          };
13      });
14      ctx.log = contextLogger;
15      await next();
16      const responseTime = Date.now() - start;
17      logger.info(`响应时间为${responseTime/1000}s`);
18    }
19 }
```

上述代码将按照级别记录日志的快捷方法挂载到请求上下文的 log 对象中。这样，在需要记录日志时，只需通过上下文就可以直接调用，代码如下：

```
ctx.log.error('ikcamp');
```

- **日志切割**

log4js.configure(config)函数支持通过配置项来进行日志切割，配置代码如下：

```
01 {
02      appenders: {
03          cheese: {
04              type: 'dateFile',                    // 日志类型
05              filename: 'logs/task',               // 输出的文件名
06              pattern: '-yyyy-MM-dd.log',          // 文件名增加后缀
07              alwaysIncludePattern: true           // 是否总是有后缀名
08          }
09      }
10 }
```

log4js 同样提供了以小时为单位或按其他粒度进行日志划分的方式，感兴趣的读者可自行查阅 log4js 的相关文档。

在项目开发中，一般会分为开发、测试、验证、线上等环境。在不同的环境中，记录日志的方式可能会不一样。例如，在进行开发时，希望记录 debug 级别的日志，方便调试；而在线上环境中则希望记录 info 级别的日志，可以减少日志量。为了便于代码维护，一般将这些日志的配置信息抽取出来，存储在配置文件中集中配置，如下所示：

```
01 const baseInfo = {                           // 提取默认公用参数对象
02      appLogLevel: 'debug',                   // 指定记录的日志级别
03      dir: 'logs',                            // 指定日志存放的目录名
04      env: 'dev',                             // 指定当前环境
05      projectName: 'koa2-tutorial',           // 项目名，记录在日志中的项目信息
```

```
06          serverIp: '0.0.0.0'                    // 默认情况下服务器 IP 地址
07      };
08      const { env, appLogLevel, dir } = baseInfo;
```

在导出的匿名函数中引入配置变量，同时，在开发环境中不需要输出日志文件，只需在控制台输出日志信息即可，代码如下：

```
01      module.exports = (options) => {
02          const contextLogger = {};
03          const appenders = {};
04          const opts = Object.assign({}, baseInfo, options || {});
05          const { env, appLogLevel, dir, serverIp, projectName } = opts;
06          const commonInfo = { projectName, serverIp };
07          appenders.cheese = {
08              type: 'dateFile',
09              filename: `${dir}/task`,
10              pattern: '-yyyy-MM-dd.log',
11              alwaysIncludePattern: true
12          };
13          if (env === "dev" || env === "development") {    // 开发环境
14              appenders.out = {
15                  type: "console"
16              };
17          };
18          let config = {
19              appenders,
20              categories: {
21                  default: {
22                      appenders: Object.keys(appenders),
23                      level: appLogLevel
24                  }
25              }
26          };
27          const logger = log4js.getLogger('cheese');
28          log4js.configure(config);
29                                                      // 后面代码省略
30      }
```

记录应用日志的内容就介绍到这里，接下来介绍如何记录访问日志。在项目中增加名为 mi-log/access.js 的文件，在 access.js 文件中记录应用在被访问时由客户端发起的 HTTP 请求的关键信息，代码如下：

```
01      module.exports = (ctx, message, commonInfo) => {
```

```
02        const { method, url, host, headers} = ctx.request;
03        const client = {
04            method,
05            url,
06            host,
07            message,
08            referer: headers['referer'],           // 请求的源地址
09            userAgent: headers['user-agent']       // 客户端信息，设备及浏览器信息
10        }
11        return JSON.stringify(Object.assign(commonInfo, client));
12    }
```

注意： *最终返回的是字符串。*

修改 mi-log/logger.js 文件，在该文件中引入 mi-log/access.js，并修改代码记录访问日志，
代码如下：

```
01  const access = require("./access.js");                    // 引入文件
02  methods.forEach((method, i) => {
03      contextLogger[method] = (message) => {
04          logger[method](access(ctx, message, commonInfo));// 修改 logger 记录的内容
05      };
06  });
07  logger.info(access(ctx, {                                 // 修改 logger.info 记录的内容
08      responseTime: '响应时间为${responseTime/1000}s'
09  }, commonInfo));
```

至此，用户可以在应用中引用封装好的日志中间件来自动记录访问日志和调用应用
日志。

本节在线视频地址为 https://camp.qianduan.group/koa2/2/2/2，二维码：

8.1.2　自定义错误页（视频演示）

当用户访问页面时，如果因为各种原因无法正常显示页面，则按照 HTTP 规范，服务
器端会输出特定的状态码。但如果在用户查看时，仅仅显示状态码会显得不够友好。在这
种情况下，通常服务器端会渲染出一个个性化的错误提示页面。例如，页面不存在时，服
务器端渲染出图 8.1 所示的某网站 404 页面。

图 8.1　某网站 404 页面

Koa 可以通过中间件来实现这一功能，该中间件需要具备如下功能。

- 在页面响应 400、500 等异常的状态码时，引导用户跳转至错误提示页面。
- 提供默认错误提示页面。
- 允许用户自定义错误提示页面。

基于 8.1.1 节示例的项目结构，创建名为 middleware/mi-http-error/index.js 的文件，用来存放中间件代码，目录结构如下：

```
middleware/
├── mi-http-error/
│   └── index.js
└── index.js
```

提示： 不存在的目录或文件，需要读者自行创建。

当 HTTP 请求出现异常时，该异常会被 mi-http-error 中间件捕捉到，然后通过中间件对异常进行处理，并根据 HTTP 请求的状态码调用相应的页面渲染。

1．捕捉异常

修改 mi-http-error/index.js，在中间件内部对内层的其他中间件进行监听，并对捕获（catch）到的异常进行处理，代码如下：

```
01   module.exports = () => {
02       return async (ctx, next) => {
03           try {
```

```
04                        await next();
05                        /*如果没有更改过 response 的 status，则 Koa 默认的 status 是 404*/
06                        if (ctx.response.status === 404 && !ctx.response.body) ctx.throw(404);
07                    } catch (e) {
08                        /*此处进行异常处理，下面会讲解具体实现*/
09                    }
10                }
11            }
```

如果返回的响应体状态值为 404 且响应体为空，则会直接抛出异常 404。

修改 middleware/index.js，引入 mi-http-error 中间件，并将它放到"洋葱模型"的最外层，代码如下：

```
const miHttpError = require('./mi-http-error');
module.exports = (app) => {
    app.use(miHttpError());
    // 后面省略其他中间件的注册代码
}
```

由于 mi-http-error 中间件是在所有中间件的最前面注册的，基于前面介绍中间件时的"洋葱模型"，它会捕获后续中间件中的错误，即如果在 mi-http-error 之后注册的中间件中有错误抛出且没有自行拦截处理，则该错误情况会被传递给 mi-http-error 中间件，并被捕获处理。

2．异常处理逻辑

异常处理逻辑主要是对 HTTP 错误码进行判断，并根据不同的错误情况渲染不同的文件，代码如下：

```
01    let fileName = 'other';
02    let status = parseInt(e.status);
03    const message = e.message;              // 默认错误信息为 error 对象上携带的 message
04    if (status >= 400) {                    // 对 status 进行处理，指定错误页面文件名
05        switch (status) {
06            case 400:
07            case 404:
08            case 500:
09                fileName = status;
10                break;
11            default:                        // 其他错误指定渲染 other 文件
12                fileName = 'other';
```

```
13          }
14      }
```

在项目中，增加如下页面来呈现这些错误信息：

```
├── 400.html
├── 404.html
├── 500.html
├── other.html
```

提示：页面文件在本章节对应的代码中可以找到。

一般来说，在开发时，当程序出现了异常，开发者其实希望这个异常直接显示在错误页面上，以便排查问题。

3. 渲染错误页面

创建用于渲染错误页面的模板文件 mi-http-error/error.html，该页面采用 Nunjucks 模板，代码如下：

```
01  <head>
02      <title>Error - {{ status }}</title>
03  </head>
04  <body>
05      <div id="error">
06          <h1>Error - {{ status }}</h1>
07          <p>Looks like something broke!</p>
08          {% if (env === 'development') %}
09          <h2>Message:</h2>
10          <pre>
11              <code>
12                  {{ error }}
13              </code>
14          </pre>
15          <h2>Stack:</h2>
16          <pre>
17              <code>
18                  {{ stack }}
19              </code>
20          </pre> {% endif %}
21      </div>
22  </body>
```

提示：读者需要在项目中安装 Nunjucks 模块，命令为 npm install nunjucks –save。

为了便于维护，一般会将错误页面保存在同一个目录中，并在应用项目中维护这些错误页面，而错误页面的中间件一般单独发布到 NPM 上，以便在多个项目中复用。因此，在初始化时，需要通过参数将存储页面的路径传递给中间件。这里通过 errorPageFolder 参数来传递错误页存储路径。修改 middleware/index.js 文件，代码如下：

```
01  app.use(miHttpError({
02      errorPageFolder: path.resolve(__dirname, '../errorPage');
03  }));
```

通过对错误状态的分析来调用相应的模板渲染文件，生成此文件的路径，代码如下：

```
01  const path = require('path');
02  const nunjucks = require('nunjucks');
03  module.exports = (opts = {}) => {
04      const env = opts.env || process.env.NODE_ENV || 'development';
05      const folder = opts.errorPageFolder;
06      const templatePath = path.resolve(__dirname, './error.html');
07      let fileName = 'other';
08      return async (ctx, next) => {
09          try {
10              // 省略代码
11          } catch (e) {
12              // 省略代码
13              if (status >= 400) {
14                  // 省略代码
15              } else {
16                  status = 500;
17                  fileName = status;
18              }
19              const filePath = folder ? path.join(folder, '${fileName}.html') : templatePath;
20              // 处理完成后渲染对应的模板文件
21          }
22      }
23  }
```

在上述代码中，对状态码进行分析后确认了需要渲染的模板，接下来就需要渲染这些模板，代码如下：

```
01  const filePath = folder ? path.join(folder, '${fileName}.html') : templatePath;
02  try {
03      nunjucks.configure(folder ? folder : __dirname);      // 指定视图目录
04      const data = await nunjucks.render(filePath, {
```

```
05          env: env,                          // 指定当前环境参数
06          status: e.status || e.message,
07          error: e.message,
08          stack: e.stack                     // 错误的堆栈信息
09      });
10      ctx.status = status;
11      ctx.body = data;
12  } catch (e) {
13      ctx.throw(500, '错误页渲染失败:${e.message}');// 出现异常时直接抛出，让最外层捕获
14  }
```

提示：在社区中有一个功能和该中间件相似的中间件——koa-error，感兴趣的读者可以到 GitHub 上查看该中间件的源码。

在上述代码的尾部，有一个异常抛出了 ctx.throw()，也就是说，中间件处理异常时也会存在异常，因此开发者需要在最外层做一个错误监听处理，具体实现将会在下一小节详细讲述。

本节在线视频地址为 https://camp.qianduan.group/koa2/2/2/3，二维码：

8.1.3　异常捕获处理

在上一节讲述的自定义错误页面中提到了错误 stack，当某个中间件或业务代码中出现异常情况时，如常见的 TypeError 等，应用程序需要及时处理以防止程序崩溃，同时也需要实时地记录到日志系统，方便开发者排查系统故障，然而 Node.js 没有处理错误的默认方法。下面是一个简单的示例，代码中的异常情况将会导致应用程序崩溃退出，代码如下：

```
01  const http = require('http');
02  const app = http.createServer(function (req, res) {
03      let username = req.params.ikcamp;
04      res.writeHead(200, { 'Content-Type': 'text/plain' });
05      res.end('Hello World');
06  });
07  app.listen(3000);
```

运行代码并通过浏览器访问 http://localhost:3000，将会发现应用程序直接崩溃退出，并

在控制台打印出如下错误信息：

```
/Users/ikcamp/koa2-tutorial/app.js:3
    let username = req.params.ikcamp;
    …
TypeError: Cannot read property 'ikcamp' of undefined
    at Server.<anonymous> (/Users/ikcamp/koa2-tutorial/app.js:3:31)
    at emitTwo (events.js:126:13)
    at Server.emit (events.js:214:7)
    at parserOnIncoming (_http_server.js:602:12)
    at HTTPParser.parserOnHeadersComplete (_http_common.js:117:23)
```

这是因为第 3 行代码中的 req.params 为 undefined，所以调用 ikcmap 字段时发生错误。为了保证应用程序的健壮性和稳定性，开发者必须对代码中有可能出现异常情况的部分进行错误处理。

1. 异常情况处理

在实战项目中，try/catch 是开发者最常用的异常处理方式，通过 try/catch 可以保证线程安全。当 try 块中的代码出现异常情况时，会执行 catch 中的语句，并传递 Error 实例到 catch 语句中。如果在 try 块中没有异常抛出，则会跳过 catch 语句。将上述代码中可能出现错误的部分放置在 try 块中，代码如下：

```
try {
    let username = req.params.ikcamp;
} catch(e) {
    // 省略，执行错误处理逻辑
}
```

重新运行代码并再次访问服务器，将会发现应用程序正常运行，并没有崩溃。

通过 async/await 方式编写异步代码带来的另外一个好处就是处理异常非常自然，在编写的中间件中使用 try/catch 就可以将其他中间件或业务代码中的所有错误都捕获到，代码如下：

```
try {
    await next();
} catch (err) {
    // do something
}
```

除 try/catch 之外，也可以用另外一种方法解决：使用 uncaughtException。通过

uncaughtException 全局处理未捕获的 Error，捕获之后可以有效防止 Node.js 进程退出，部分代码如下：

```
process.on('uncaughtException', function (err) {
    console.log(err);
    console.log(err.stack);
});
```

uncaughtException 是挂在 process 上的一个事件，可以在事件轮询之后来处理一些事情。但经过无数次的事件循环之后，uncaughtException 已经无法获取到 Response 对象，也就不能将一些友好的提示返回给客户端。

2．异常情况传递

基本上每个应用中都会存在不可预知的异常情况，所以无法全部采用 try/catch 块进行处理，这时就需要将异常情况进行传递。例如，某个中间件出现了异常情况，则可以传递给最外层或专门处理异常情况的中间件。传递异常情况，常见的方式有 3 种，包括 throw 抛出、callback 回调传递和通过 EventEmitter 触发 error。

- **throw 抛出**

throw 以同步的方式传递异常。如果相关联的代码中使用了 try/catch，则异常可以被捕获；如果没有，则通常情况下应用程序会崩溃。代码如下：

```
throw new Error('some error');
```

- **callback 回调传递**

callback 回调传递是最常见的事件传递方式之一。调用方传进来一个回调函数（callback），之后当某个操作执行结束后调用这个 callback。通常，callback 会以 callback(err,result) 的形式被调用，代码如下：

```
callback(new Error('some error'));
```

- **通过 EventEmitter 触发 error**

Node.js 中的 events 模块实现了事件注册、通知等功能，设计上采用了观察者模式。分析 Koa 的源码可以看到，Koa 类是从 Node.js 中的 events 模块继承过来的，所以 Koa 能够执行监听和触发等操作。Koa 部分源码如下：

```
const Emitter = require('events');
module.exports = class Application extends Emitter {/*…*/}
```

在 Koa 项目中处理抛出的异常错误，只需在最外层对 error 事件进行监听并处理即可。基于 8.1.2 节中的项目代码，实现对错误事件的监听功能，当出现异常情况时，如果此异常情况没有经过处理且返回的错误码在 500 以下，则统一记录为 500，并将错误栈记录到日志中。修改 app.js 文件，增加代码如下：

```
01  app.on("error", (err, ctx) => {
02      if (ctx && !ctx.headerSent && ctx.status < 500) {
03          ctx.status = 500;
04      };
05      if (ctx && ctx.log && ctx.log.error) {
06          if (!ctx.state.logged) {
07              ctx.log.error(err.stack);
08          };
09      };
10  });
```

8.1.4 实战演练：优化 Web 开发项目结构（视频演示）

在 8.1.3 节中，示例项目已经具备了发布上线的大部分功能，此时项目结构如下所示：

```
├── controller     // 用于解析用户的输入，处理后返回相应的结果
├── service         // 用于编写业务逻辑层，如连接数据库、调用第三方接口等
├── errorPage       // HTTP 请求错误时，对应的错误响应页面
├── logs            // 项目运行中产生的日志数据
├── middleware/     // 中间件集中地，用于编写中间件，并集中调用
│   ├── mi-http-error/
│   ├── mi-log/
│   ├── mi-send/
│   └── index.js
├── public/         // 用于放置静态资源
├── views/          // 用于放置模板文件，返回客户端的视图层
├── router.js       // 配置 URL 路由规则
└── app.js          // 用于自定义启动时的初始化工作，如启动 HTTPS、调用中间件、启动路由等
```

当团队的架构师准备好项目结构后，开发人员只需修改业务层面的代码即可。例如，当项目需要增加某个业务场景时，开发人员大概需要修改 3 个地方。

- router.js 文件：增加路由对应的处理器。
- controller 目录：新建文件，简单处理请求数据并传递给 service 处理。
- service 目录：新建文件，处理逻辑层业务代码，并将结果返回给 controller 层。

随着业务量的不断增加，开发人员将会不断地重复操作——不断地 require 文件，不断地解析文件中的函数。当业务量达到一定程度时，可能一个文件里要额外引入十几个外部文件（虽然可以拆分成多个路由文件），代码如下：

```
const controller1 = require('...');
const controller2 = require('...');
const controller3 = require('...');
const controller4 = require('...');
…
app.get('/fn1', controller1.fn1() );
app.get('/fn2', controller2.fn2() );
app.get('/fn3', controller3.fn3() );
app.get('/fn4', controller4.fn4() );
```

在上述情况中，仅是给变量命名就已经很复杂了。本节要做的事情是约定代码结构规范，简化开发复杂度。例如，router.js 新的展示形式如下：

```
01    const router = require('koa-router')();
02    module.exports = (app) => {
03        router.get('/', app.controller.home.index);
04        router.get('/home', app.controller.home.home);
05        router.get('/home/:id/:name', app.controller.home.homeParams);
06        router.get('/user', app.controller.home.login);
07        router.post('/user/register', app.controller.home.register);
08        app.use(router.routes()).use(router.allowedMethods());
09    };
```

细心的读者可能已经发现，app.controller.home.index 其实就是 cotroller/home.js 中的 index 函数。

- **设计思路**

设计思路很简单，当应用程序启动时，读取指定目录下的 JavaScript 文件，以文件名作为属性名，挂载到实例对象 app 上，然后把文件中的接口函数扩展到文件对象上。一般有两种方式实现，一种是程序启动时执行，另一种是请求处理阶段再去读取。

鉴于在传统书写方式中，项目启动时会根据 require 加载指定目录文件，然后缓存起来，其思路与第 1 种方式一致。如果以中间件的方式在请求时读取，则第 1 次读取肯定会相对慢一些。因此，这里采用第 1 种方式：程序启动时读取。

- **代码实现**

新建目录文件 middleware/mi-rule/index.js，实现代码如下：

```
01  const path = require("path");
02  const fs = require('fs');
03  module.exports = function (opts) {
04      let {app, rules = []} = opts;
05      // 如果参数缺少实例 app，则抛出错误
06      if (!app) {
07          throw new Error("the app params is necessary!");
08      }
09      // 提取出 app 实例对象中的属性名
10      const appKeys = Object.keys(app);
11      rules.forEach((item) => {
12          let {folder, name} = item;
13          // 如果 app 实例中已经存在传入的属性名，则抛出错误
14          if (appKeys.includes(name)) {
15              throw new Error(`the name of ${name} already exists!`);
16          }
17          let content = {};
18          //读取指定文件夹 dir 下的所有文件并遍历
19          fs.readdirSync(folder).forEach(filename => {
20              let extname = path.extname(filename);          // 取出文件的后缀
21              if (extname === '.js') {                        // 只处理.js 文件
22                  let name = path.basename(filename, extname);  // 从文件名中去掉后缀
23                  //读取文件中的内容并赋值绑定
24                  content[name] = require(path.join(folder, filename));
25              }
26          });
27          app[name] = content;
28      })
29  }
```

形参 opts 中包含 Koa 实例对象 app，app 用来挂载指定的目录文件，而 rules 是需要明确的目录规则。修改 middleware/index.js 文件，引入 mi-rule 并应用，代码如下：

```
01  const miRule = require('./mi-rule');
02  module.exports = (app) => {
03      miRule({
04          app,
05          rules: [
06              {    //指定 controller 文件夹下的 js 文件，挂载到 app.controller 属性上
07                  folder: path.join(__dirname, '../controller'),
08                  name: 'controller'
09              },
10              {    // 指定 service 文件夹下的 js 文件，挂载到 app.service 属性上
```

```
11                         folder: path.join(__dirname, '../service'),
12                         name: 'service'
13                     }
14                 ]
15         });
16     // 以下代码省略
17     };
```

提示：mi-rule 并非中间件，而是正常函数调用，因为中间件在每个 HTTP 请求中都会触发运行，而 mi-rule 只需要运行一次即可。

引入成功后，在项目中编码时就可以省略掉 require 加载文件的代码了，代码如下：

```
// 在 router.js 中调用处理函数
router.post('/user/register', app.controller.home.register);
// controller/home.js 调用 service 进行逻辑处理
let res = await app.service.home.register(name,password);
```

注意：本章引入的这个结构规范并非项目所必需，仅供读者参考。

本节在线视频地址为 https://camp.qianduan.group/koa2/2/2/4，二维码：

8.2　部署

部署是 Node.js 应用上线的重要环节。虽然可以直接通过 Node.js 命令来执行脚本完成服务器的启动，但是这种方式存在很多问题。本章会介绍常用的 Node.js 流程部署工具，通过对这些工程化工具的使用，可以保证 Node.js 的部署更加简单、高效、安全。

8.2.1　Node.js 进程管理器 PM2

进程管理器用于对应用状态进行管理，可以启动、暂停、重启或删除应用进程，也可以对进程进行监控，包括对进程错误的记录。一般情况下应用都需要一个进程管理器来守护运行的进程。Node.js 进程会因为各种意外崩溃，而守护进程会立即重启该进程，保证服务的可用性。但也正因为此，开发者应当关心进程管理器的情况，来判断 Node.js 进程是否在健康运行。

需要注意的是，PM2 用 JavaScript 编写且可以用 NPM 安装，是 Node.js 最好的进程管理器之一。但 PM2 其实不仅仅可以管理 Node.js 进程，也可以管理使用 Python、Ruby 等语言开发的应用。

一般情况下，利用 NPM 将 PM2 安装在全局中，命令如下：

```
npm install pm2@lastst -g
```

通过 start 命令可以启动守护和监控的应用，命令如下：

```
pm2 start app.js
```

执行后，命令行出现图 8.2 所示的 PM2 应用列表。

App name	id	mode	pid	status	restart	uptime	cpu	mem	user	watching
app	0	**fork**	47443	online	0	0s	0%	11.3 MB	**smithjohn**	disabled

图 8.2　PM2 应用列表

启动应用后，可以看到应用的基本信息，包括应用名、id、模式、系统 pid、状态、重启次数、当前状态运行时间、CPU 占用率、内存占用、启动用户和是否热重启等信息。

PM2 会默认用执行的脚本名给应用命名，通常情况下，这并不适合管理和区分应用。可以使用命令"pm2 start app.js --name xxx"来启动并命名应用。

PM2 也可以接受很多命令行参数，但是在部署中执行一个复杂的命令并不方便维护。在一些复杂的环境配置需求中，可以使用独立的 YAML 或 JSON 格式的配置文件，一个基本的配置文件示例如下：

```
01  {
02      "apps": [{
03          "script": "./app.js",          // 需要执行的脚本
04          "instances": -1,               // 启动的实例数量
05          "exec_mode": "cluster",        // 执行模式为 cluster
06          "watch": true,                 // 热重启
07              "env": {                   // 环境变量
08              "NODE_ENV": "prod"
09          }
10      }]
11  }
```

上面这个配置涉及 cluster、instances、watch 和 env 等参数。Node.js 是一个单进程异步模型，在目前主流的多核 CPU 环境下，不能很好地利用 CPU 资源。在不修改任何代码的情况下，cluster 模式可以让 Node.js 开发的 Web 服务动态分配请求给多个 CPU 内核，从而提

升服务的性能。这里配置为-1，意味着会启动 CPU 的所有核数量减 1 的 cluster，一般都需要留至少一个内核保证在高负载下 CPU 也能处理其他工作。

> **注意：** 在 cluster 模式下，由于多个进程运行了相同的代码，可能会存在多个进程同时操作同一文件和数据库的情况，进而引起文件锁或数据库锁。

watch 则是保证在修改代码后应用会立即重启，适合配置在开发测试环境中。一般线上环境应当另外执行"pm2 restart"命令。环境变量可以通过 PM2 传递给 Node.js 程序来根据环境做一些区别处理。

开发者可以通过 pm2 list 命令观察应用的运行状况，如果发现应用出现重启、CPU 占用过高或内存占用过高的情况，应当检查并修复问题。使用命令"pm2 stop name/id"可以暂停应用，暂停应用时需要注意如果有资源需要释放或事务需要结束（例如数据库连接），可以监听并拦截 SIGINT 信号，清理完毕后手动结束进程来关闭应用，示例如下：

```
process.on('SIGINT', () => {
    db.stop(function(err) {
        process.exit(err ? 1 : 0);
    });
});
```

PM2 提供的另外一个强大功能是日志，虽然开发者应当在应用中记录很多日志，但是对于一些受环境影响导致的意外崩溃，可以通过 PM2 查询。另外一些程序问题导致的意外错误，如果在应用日志中缺少记录，PM2 日志也是最后一个寻找问题的关键。开发者只需执行命令"pm2 logs"即可，也可以通过命令"pm2 logs /reg/"来做内容过滤。

PM2 也提供了强大的监控应用的功能，通过执行命令"pm2 monit"可以看到应用执行的状况，PM2 监控信息如图 8.3 所示。

PM2 官方还提供了更加强大的在线监控报表系统 PM2 Plus，地址为 https://app.pm2.io/#/。但是开发者不可能一直观察监控界面。如果出现内存泄漏的情况，内存占用量会一直增加。为了防止内存泄漏导致服务不可用，在 PM2 中可以设置阈值，达到阈值后会自动重启服务。PM2 配置文件添加如下：

```
{
    "max_memory_restart" : "200M"
}
```

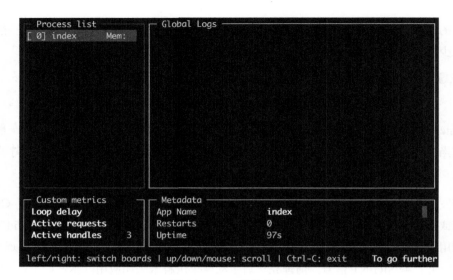

图 8.3 PM2 监控信息

8.2.2 应用容器引擎 Docker

Docker 是一个开源的应用容器引擎，能够让应用程序部署在软件容器下，这个容器是在 Linux 操作系统上的一个软件抽象层。和传统的采用虚拟机部署相比，Docker 所创建的多个独立容器环境是可以在单一 Linux 实体下运行的，这些容器都共享一个宿主内核。而不像在虚拟机中需要一个完整的操作系统来运行应用。因此 Docker 可以更快地启动并占用更少的资源。

Docker 是一个更适合"云"时代的开发部署方式。传统的部署中都需要对宿主机（或虚拟机）进行大量的环境配置，有时候需要开发人员和运维人员配合才能完成部署；而在 Docker 部署中，开发人员可以直接打包一个 Docker 环境的镜像，所有的配置都在镜像中完成；运维人员只需将镜像加载到 Docker 中即可。通过容器，还可以隔离不同容器中的应用环境，从而能在宿主机中运行大量应用，而这些应用不会相互影响。

Docker 官方提供了免费的社区版和收费的商业版，下面将展示如何安装社区版 Docker。Docker 的最佳安装环境是 Linux，因为其依赖于 Linux 内核，在其他系统中需要执行在虚拟机环境下。开发时，可以在各种系统中尝试 Docker，但是在线上环境中，推荐使用各种 Linux 发行版来运行 Docker。

1. 在 Windows 和 macOS 系统下安装

在 Windows 和 macOS 系统下需要安装对应的安装包，安装完毕单击图标可以看到图 8.4 所示的 Docker 菜单。

图 8.4　Docker 菜单

因为在 Windows 和 macOS 环境下需要使用虚拟机，可以通过 Preferences 调整虚拟机配置。

2. 在 CentOS 下安装

在 CentOS 环境下可以使用 yum 进行安装，安装命令如下：

```
yum install docker
```

然后执行如下命令：

```
service docker start            // 启动 Docker 服务
```

在项目根目录下，添加 Dockerfile 文件，在该文件中描述了应用的执行环境、安装应用所需要的依赖，以及启动应用等配置信息，代码如下：

```
FROM node:8.11.1              // 指定 Node.js 的版本
ADD . /app/                   // 将根目录下的文件都复制到该镜像文件系统的 app 目录下
WORKDIR /app                  // cd 到 app 目录下
RUN npm install              // 安装依赖包
EXPOSE 4123                   // 容器对外暴露的端口号
CMD ["npm", "run", "prod"]   // 容器启动时执行的命令，类似于 npm run prod
```

然后执行以下命令进行构建：

```
docker build -t <imageName>
```

解释几个常用的关键词。

- **FROM**：设置基础镜像，FROM 必须是第 1 个指令，如果指定镜像不存在则会自动从 Docker Hub 上下载。
- **ADD**：从指定路径复制文件到容器路径。
- **WORKDIR**：执行的默认目录。
- **RUN**：在容器中执行指令，然后将执行后的改变提交到镜像中，RUN 中的命令会顺序执行。
- **EXPOSE**：此指令用来告诉 Docker 这个容器在运行时会监听哪些端口。Docker 在连接不同的容器（使用-link 参数）时会使用这些信息。
- **CMD**：在此指令中指定的命令会在镜像运行时执行。在 Dockerfile 中只能存在一个CMD 指令：如果使用了多个，则只有最后一个指令有效。

另外，Docker 也提供了类似.gitignore 的.dockerignore 文件，可以忽略添加到镜像中的文件。

构建完毕后，执行命令 docker images 列出镜像列表，检查镜像是否创建成功，然后就可以启动镜像了，启动命令如下：

```
docker run -d -p 4123:4412 <imageName>
```

这里的"-d"是指容器在后台模式下执行；"-p"用于设置端口，格式为"[主机端口：容器端口]"。

需要注意的是，容器对宿主机的使用是没有限制的，可以通过参数对容器本身的内存或 CPU 使用进行一定的限制，参数配置在 RUN 的执行中，超过上限，进程就会被 kill：

```
--cpus 4              // 设置最大使用 CPU 核数为 4
-m 512M               // 设置最大内存上限为 512MB
```

如果构建的镜像服务器和生产服务器不是同一个，则需要将镜像分享出去。Docker 提供了以下两种方式。

- **save 命令**

开发者可以使用 save 命令将镜像打成一个 tar 包，命令如下：

```
docker save imageName:1.0 > <imageName>.tar
```

将此文件复制到线上服务器，然后使用 load 命令，如下：

```
docker load < <imageName>.tar
```

- **push 命令**

push 命令可以将镜像发布到一个仓库中。Docker 的公开仓库是 DockerHub，另外也可以搭建企业内部的 Docker 私库。如果要发布到公开仓库，第 1 步是到 DockerHub 上注册一个账号，然后在命令行模式下通过 docker login 登录，再执行以下命令：

```
// namespace 为用户名，name 为镜像名，tag 为版本（默认为 lastest）
docker tag <name: tag> <namespace>/<name:tag>
```

给镜像打上 tag，使用命令 docker push <namespace>/<name:tag>进行发布，发布完后就可以在 DokcerHub 上查到这个镜像，通过 pull 命令获取镜像，如下：

```
docker pull <namespace>/<name:tag>
```

如果发布的是私库，需要在<namespace>前增加<hostname:port>，即 IP 地址加端口号，tag 命令改造为：

```
docker tag <name: tag> <hostname:port>/<namespace>/<name:tag>
```

push 命令和 pull 命令使用方法相同。

Docker 其实有很多复杂的功能，包括 Swarm 集群部署、应用栈简化容器编排等。本章旨在引导读者学会使用 Docker 进行服务部署，如果对 Docker 有深入学习的兴趣，可以查阅 Docker 官方文档（https://docs.docker.com）进行学习。

8.2.3 在线免费开源集成 Travis CI

Travis CI 是一个免费的持续集成服务。持续集成是指在代码开发过程中经常性地集成（通常在某个特定分支修改后就触发）。每次集成不应包含太多的代码，以避免多重冲突可能带来的风险和失败。通过持续集成，可以尽早发现开发中的问题并及时修复这些问题，从而降低修复问题的成本，提升开发效率。

通常，企业会选择 Jenkins 这样的企业级 CI（Continuous Integration）产品来提供持续集成服务。这些企业级 CI 产品通常需要额外部署和付费才能使用。个人开发者大多选择 Travis CI 这样免费的 CI 服务，它提供的是云服务，并不需要复杂的部署就能直接使用。但 Travis CI 的免费服务只能处理开源项目，私有项目仍需购买付费服务。

Travis CI 可以用 GitHub 账户授权登录。登录之后就可以看到账号上拥有的 Github 开源项目了，Travis CI 界面如图 8.5 所示，上面已经有一个项目配置了 Travis CI。

图 8.5　Travis CI 界面

单击图 8.5 中"My Reponsitories"旁边的"＋"按钮可以添加一个项目，图 8.6 展示了 Travis CI 项目的配置步骤。

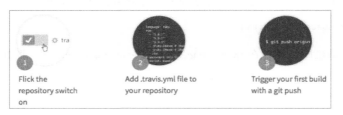

图 8.6　Travis CI 项目的配置步骤

然后，在项目根目录下创建 travis.yml 文件，在文件中配置构建任务。下面是一个 Travis CI 配置文件示例：

```
language: node_js                    // Node 环境设置
install: npm install                 // 安装阶段，如果失败，构建停止
before_script: npm run build         // 执行脚本前的 Hook
script: npm test                     // 执行相关脚本
os:                                  // 集成服务器系统
-    Linux
-    osx
node_js:                             // 需要构建的 Node.js 版本
-    "8"
-    "7"
-    "6"
branches:                            // 触发 push 构建的分支
  only:
-    master
notifications:                       // 构建结果通知
  email:
-    xxx
```

然后可以看到，项目会在不同的 Node.js 环境下构建，Travis CI 构建结果如图 8.7 所示。

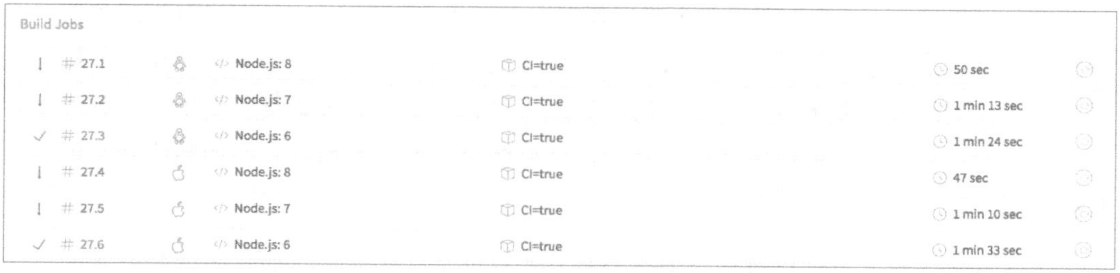

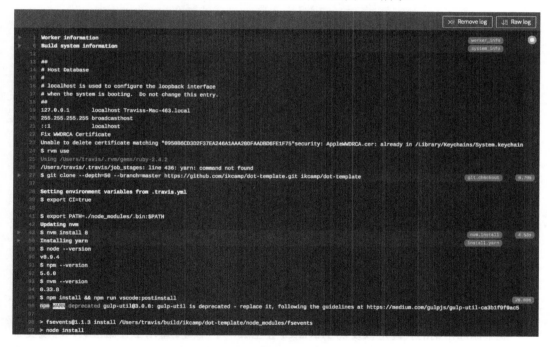

图 8.7　Travis CI 构建结果

单击每个构建 Job 可以查看持续集成的具体内容，如图 8.8 所示。

图 8.8　持续集成的具体内容

上面介绍了一个前端项目的持续集成过程，但是在 Koa 开发中，不一定存在编译过程，可以利用 Travis CI 完成自动化单元测试，但更多的时候需要做的是自动部署。在持续集成环境中有两种自动部署方法：一种是使用脚本登录对应的线上服务器，在已经设置好 Git 环境的服务器上获取代码，然后启动；另一种是在构建服务器上生成代码压缩包，利用 scp

传输到线上服务器上，解压后启动。

在持续集成中，一般会期望整个流程都实现自动化，但通过 scp 部署到远端服务器一般需要鉴权，这需要输入密码，会打破流程的自动化。如果使用公私钥方式，首次将持续集成的公钥传输给线上服务器也需要密码。这里可以将开发机的公钥复制到生产服务器上，将开发机的私钥复制到持续集成服务器上，让持续集成服务器通过私钥伪装成开发机登录到线上服务器上。

上述方案实现了自动化过程，但需要将私钥存储在代码库中。而代码库是开源的，任何人都可以获得该私钥来操作生产服务器，直接将私钥存储在开源的代码库是不安全的。Travis CI 提供了加密方法，加密后的私钥只在当前代码库有效，流程如下：

安装 travis 工具并登录，命令如下：

```
gem install travis
travis login
```

这里，travis 是通过 ruby 的包管理工具 gem 安装的，如果没有 gem 工具，需要自行安装。另外，使用 gem 在国内环境下下载包可能会比较慢，可以通过 gem sources -add 添加第三方源，然后执行如下命令：

```
travis encrypt-file ~/.ssh/id_rsa -add
```

执行完后会自动添加一段代码到配置文件中，然后复制加密后的 id_rsa.enc 文件并 push 到代码库中。

最后，在 travis.yaml 配置文件中的 after_success 阶段进行上传：

```
after_success:
 tar -jcf server.tar.bz2 *                                              // 压缩
 scp server.tar.bz2 username@host                                       // scp 传输
 ssh username@host 'mkdir -p server && tar -jxf server.tar.bz2 -C server' // 建立目录解压
 ssh username@host 'cd server && pm2 xxx'                                // PM2 启动或重启
```

观察添加密钥的代码可以发现 Travis CI 会生成一个环境变量用于存储密钥。环境变量可以通过 env 设置。如果想把上面的用户名和服务器 IP 地址等隐藏，可以在设置页中配置环境变量。这样，环境变量的值只有管理员可以查看，而在脚本中可以使用环境变量来掩藏真实值，以增强远端服务器的安全性。配置环境变量的界面如图 8.9 所示。

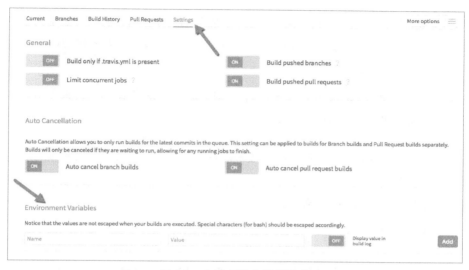

图 8.9　配置环境变量的界面

8.2.4　利用 Nginx 部署 HTTPS

HTTPS（Hypertext Transfer Protocol Secure，超文本传输安全协议）是一种通过计算机网络进行安全通信的传输协议，其主要目的是提供对网站服务器的身份认证，保护交换数据的隐私与完整性。对现代网站来说，支持 HTTPS 或强制使用 HTTPS 访问是非常必要的，这不仅可以防止人为攻击、运营商劫持，也是使用很多新特性（WebRTC、Service Wroker 等）的前提要素。

Node.js 本身提供了 HTTPS 模块配合 Koa 使用，示例代码如下：

```
01  const fs = require('fs');
02  const https = require('https');
03  const Koa = require('koa');
04  const app = new Koa();
05  const options = {
06      key: fs.readFileSync('./cert/server.key'),
07      cert: fs.readFileSync('./cert/server.crt')
08  }
09  https.createServer(options, app.callback()).listen(443);
```

但是在真实的线上环境中，Node.js 服务会部署在访问层服务器之后，访问层服务器的作用包括但不限于负载均衡、缓存、提供 HTTPS 配置、端口映射等。这里选择将 HTTPS

服务放在 Nginx 上，一方面是为了减少 Node.js 服务的运算压力，另一方面是为了 HTTPS 证书的安全性。Nginx 服务器一般不由开发者部署，这样可以减少开发者接触证书的机会（一般由专人负责证书的配置）。

线上服务器一般为 Linux 操作系统，这里选择以 CentOS 系统为代表来介绍如何安装。一般通过 yum 包管理安装，命令如下：

```
yum -y update
yum install epel-release      // 从 epel 仓库安装 Nginx
yum install nginx
```

安装完毕后，启动 Nginx，命令如下：

```
systemctl start nginx
systemctl enable nginx        // 设置系统自启动
```

默认情况下 CentOS 防火墙会拦截 Nginx，需要配置防火墙允许 Nginx 被访问，命令如下：

```
firewall-cmd --zone=public --permanent --add-service=http
firewall-cmd --zone=public --permanent --add-service=https
firewall-cmd -reload
```

首先，配置 Nginx 服务器反向代理 Node.js 应用，打开 nginx.conf 文件并修改（如果不知道 conf 文件的位置，可使用命令 nginx –t 来查询），修改的配置文件如下：

```
01   server {
02       listen 80;
03       server_name your_domain.com;
04       location / {
05           proxy_pass http://private_ip_address:8080;
06           proxy_http_version 1.1;
07           proxy_set_header Upgrade $http_upgrade;
08           proxy_set_header Connection 'upgrade';
09           proxy_set_header Host $host;
10           proxy_cache_bypass $http_upgrade;
11       }
12   }
```

配置完成后，重启 Nginx 服务，命令如下：

```
systemctl reload nginx
```

然后，把 Node.js 服务器在 8080 端口上启动，就可以通过 Nginx 服务器上的 80 端口（默认端口，不需要输入）来访问了。

配置 HTTPS 要用到私钥 key 文件和 crt 证书文件，申请证书文件时要用到 csr 文件，使用 OpenSSL 命令可以生成 key 和 csr 文件。

- csr：即 Cerificate Signing Request——证书签署请求文件，里面包含申请者的 DN（Distinguished Name，标识名）和公钥信息，在第三方证书颁发机构签署证书时需要提供。证书颁发机构拿到 csr 文件后使用其根证书私钥对证书进行加密并生成 crt（即 certificate 的缩写）证书文件。
- key：证书申请者私钥文件，和证书里面的公钥配对使用，在 HTTPS 握手通信过程中需要使用私钥去解密客户端发来的经过证书公钥加密的随机数信息。

使用 OpenSSL 生成 key 文件，命令如下：

```
openssl genrsa -des3 -out server.key 1024
```

使用 key 文件生成 csr 文件，命令如下：

```
openssl req -new -key server.key -out server.csr -config openssl.cnf
```

到这一步，就可以将 csr 文件提交给 CA（Certification Authority）机构，来获得认证的 crt 证书了，如果只是为了开发使用，可以私签证书（私签证书会被浏览器拒绝，需要本地 CA 管理认证）。

生成自己的 CA 签名，命令如下：

```
openssl req -new -x509 -keyout ca.key -out ca.crt -config openssl.cnf
```

用上一步生成的 ca.key 和 ca.crt 生成 crt 文件，命令如下：

```
openssl ca -in server.csr -out server.crt -cert ca.crt -keyfile ca.key -config openssl.cnf
```

配置 HTTPS 内容如下：

```
01  server {
02      listen              443 ssl;
03      server_name         example.com
04      ssl_certificate     example.com.crt
05      ssl_certificate_key example.com.key
06      ssl_protocols       TLSv1 TLSv1.1 TLSv1.2;
07      ssl_ciphers         HIGH:!aNULL:!MD5;
```

```
08          … // 省略相同配置
09    }
```

到这里，HTTPS 已经配置完成了，但是 HTTPS 的 SSL 操作会消耗额外的 CPU 资源，可以通过延长 ssl_session_timeout 进行代码优化：

```
01  worker_processes auto;
02  http {
03        ssl_session_cache          shared:SSL:10m;
04        ssl_session_timeout        10m;
05        server {
06              listen               443 ssl;
07              server_name          www.example.com;
08              keepalive_timeout    70;
09        … // 省略相同配置
```

至此，完成了在 Nginx 上对 HTTPS 的相关配置。

8.3　服务监控

在传统浏览器中进行开发，由于页面部分是由服务器端渲染的，就算出现脚本错误，一般情况下也只是造成部分功能受损。而在服务器端，一旦脚本出错，将导致整个页面，乃至整个服务都不可用。一般情况下，开发者不会经常去服务器上查看 Node.js 的进程情况。因此，非常有必要对运行的 Node.js 服务进行监控。本章将介绍一些常规的监控方式。

8.3.1　Node.js 服务性能指标及采集

一般来说，服务的性能分为两部分：服务的吞吐量和服务对资源的占用量。本节将分别介绍这些数据的指标和采集方式。

服务器的资源主要包括 CPU、内存、磁盘和网络等，其中 CPU 和内存的信息可以直接通过 process 对象来获取，代码如下：

```
01  let previousCpuUsage = process.cpuUsage();                        // 记录上一次的 usage
02  let previousHrTime = process.hrtime();                            // 记录上一次的 hrtime
03  setInterval(() => {                                               // 定时采集
04        const currentCpuUsage = process.cpuUsage(previousCpuUsage); // 根据上次信息采集本次
05        const currentHrTime = process.hrtime(previousHrTime) ;      // 得到本次的 hrtime
06  const duration = currentHrTime[0]* 1e6 + currentHrTime[1] / 1e3; // 根据 hrtime 计算时间
```

```
07        previousTime = currentHrTime;                    // 保存本次 hrtime
08        previousCpuUsage = currentCpuUsage;              // 保存本次 usage
09        const cpuPercent = {
10            user: currentCpuUsage.user / duration,       // CPU 用户资源占比
11            system: currentCpuUsage.system / duration    // CPU 系统资源占比
12        };
13        console.log(cpuPercent) ;
14    }, 1000)
```

上述代码通过每秒定时采集 CPU 的使用时间来计算在这个时间区间内的 CPU 占比。process.cpuUsage()方法可以获取当前进程的 CPU 时间，然后定时计算。由于得到的 CPU 时间是 "us"（即 user CPU time），因此需要更精确的时间，在 process 对象中，提供了 process.hrtime()方法来获取更高精度的时间。

提示：由于 JavaScript 中的定时器是基于回调队列实现的，回调函数并非准确地每秒执行一次，因此在计算时需要记录开始时间，以便计算出执行时间。

实际上，开发者也可以根据操作系统提供的 shell 命令来获取进程的 CPU 使用情况，可以得到更准确的 CPU 性能数据。在 GitHub 社区，有一个开源组件——pidusage，安装命令如下：

```
npm install pidusage -save
```

采用该组件的代码如下：

```
01   const pidusage = require('pidusage')  ;              // 引用组件
02   setInterval(() => {                                   // 定时统计
03       pidusage(process.pid, (err, stats) => {          // 调用组件获取性能数据
04           console.log(stats) ;
05       });
06   }, 1000)
```

在上述组件中，也可以拿到内存占用的数据。Node.js 的 process 对象可以拿到内存的使用情况，也可以通过 Node.js 的 v8 对象获取堆的详细信息，代码如下：

```
01   const v8 = require('v8');                            // 引入 v8 对象
02   function getMemoryUsage () {
03       const usage = process.memoryUsage();            // 获取内存信息
04       const heapStatistics = v8.getHeapSpaceStatistics();  // 获取内存堆详细信息
05       console.log(usage, heapStatistics) ;
06   }
```

> 提示：Node.js 是基于 v8 引擎的，在 JavaScript 中，内存采用堆的方式来分配，因此，可以根据堆的统计信息查看 Node.js 服务的内存使用情况。对内存和堆进行数据监控，可以看出是否存在内存泄漏。甚至根据堆的信息，也可以知道 GC（Garbage Collection）的情况。因为 GC 会导致性能下降，可以通过调整 Node.js 运行的参数来调整 GC 策略。

至于磁盘和网络信息，可以通过系统提供的 shell 命令获取，由于需要考虑系统对应的平台，受限于篇幅，本节就不一一介绍了。

一般来说，统计 Node.js 进程的性能数据，可以采用定时采样。采样频率一般为每秒一次。采样频率太高，会影响服务的性能，太低则数据不太准确。可以根据实际情况，调整采样频率。

本书中的 Node.js 服务大多是以网站或 RESTful 接口的方式提供的，都是基于 HTTP 的。一般情况下，HTTP 服务采用 QPS 和 TPS 来衡量服务的性能，其区别如下。

- **QPS**：查询量/秒，是对一个特定的查询服务在规定时间内所处理流量多少的衡量标准。
- **TPS**：事务/秒，一个事务是指客户端向服务器发起请求后服务器做出反应的过程。

如果以 QPS 为采集依据，具体的做法是定时统计处理的"请求数/处理时间"，代码如下：

```
01   let count = 0;
02   let previousTime = Date.now();                      // 初始化前一次的时间
03   function inc () {
04       count++;                                        // 增加计数
05   }
06   function qps () {                                    // 计算 QPS
07       const now = Date.now();
08       const duration = now - previousTime;
09       previousTime = now;
10       const qps = count * 1000 / duration;            // 请求数/时长
11       count = 0;
12       return qps;
13   }
```

在处理请求的时候，执行上述代码中的 inc 方法计数。定时执行 qps 方法统计 QPS，代码如下：

```
01    const http = require('http') ;
02    const server = http.createServer((req, res)=>{
03        // do something                                    // 处理请求逻辑
04        inc();                                             // 执行计数
05    })
06    server.listen(8080) ;
07    setInterval(qps, 1000);                                // 定时统计 QPS
```

统计平均执行时间的代码如下：

```
01    const http = require('http');
02    let duration = 0;
03    let count = 0;
04    http.createServer((req, res) => {
05        const start = Date.now();                          // 在开始处理请求时，记录起始时间
06        // do something                                    // 处理请求
07        count++;                                           // 请求计数
08        duration += (Date.now() - start) ;                 // 计算单个请求耗时，并累加到总耗时上
09    }).listen(4001)
10    setInterval(() => {
11        let averageResponseTime = count === 0 ? 0 : duration / count;    // 计算平均耗时
12        duration = 0;                                      // 初始化状态
13        count = 0;
14        return averageResponseTime;
15    }, 1000)
```

在实际业务中，直接在请求的处理过程中注入统计代码不太现实，可以采用事件的方式来处理，代码如下：

```
01    const Koa = require('koa') ;
02    const app = new Koa();
03    app.use(async (context, next) => {
04        const { protocol, href, headers } = context;
05        const startTime = Date.now();
06        app.emit('beginRequest', {                         // 直接通过 Koa 的事件触发事件
07            protocol, href, headers
08        });
09        await next();
10        const { status } = context;
11        const responseTime = Date.now() - startTime;
12        app.emit('endRequest', {                           // 直接通过 Koa 的事件触发事件
13            status,
14            responseTime
```

```
15          });
16      })
```

这样，只需要在统计的时候监听对应的事件就可以了，例如统计平均响应时间的代码如下：

```
01  function averageResponseTime() {
02      const count = 0;
03      const duration = 0;
04      app.on('endRequest', ({ responseTime }) => {
05        // 直接监听事件，获取相应时长
06          count++
07          duration += responseTime
08      });
09      setInterval(() => {
10          const averageResponseTime = duration / count;
11          duration = 0;
12          count = 0;
13      }, 1000)
14  }
```

在实际项目中，仅仅计算平均值是不够的。例如服务 99%的请求都很快，但由于 1%的请求非常慢，从而拉低了平均值。所以一般会统计 P99（99%）、P999（99.9%）的请求响应时间。这里一般会使用统计学的方式处理。受限于篇幅，本节抛砖引玉，感兴趣的读者可以自行查阅相关统计代码的实现。

前面已经介绍了如何收集性能数据，但在实际业务中，还需要对这些性能数据做分析报表。性能数据是随时间线性收集的。一般数据通过 Kafka（消息队列）上报到 Influxdb（分布式时序数据库）中存储，最后通过 Grafana（可视化图表）展示出来。

8.3.2　日志分析系统 ELK

前面的章节介绍了如何记录日志。一般情况下，日志会记录在磁盘上，可以通过服务器的 shell 命令检索日志。但在现实业务中，一般情况下服务器资源由运维人员负责，而发现问题后，由开发人员来排查，开发人员并没有使用线上服务器的权限。另外，直接通过 shell 命令检索日志的效率也很低。因此，就需要日志管理系统来管理这些日志。本节将介绍一个强大的开源日志管理系统——ELK（即 Elasticsearch Logstash Kibana）。

ELK 系统其实分为 3 个部分，这个名字也来自这 3 个组成部分的名字的首字母，3 部

分分别如下。

- Elasticsearch：开源分布式搜索引擎，为存储的日志制作索引，提供查询的接口，大幅提升了查询效率。

- Logstash：主要用来处理日志的搜索、分析、过滤。一般的工作方式为 C/S（Client/Server，即客户机/服务器）架构。例如在前面的章节中，将日志存储在磁盘中，然后通过 Logstash 的 Agent 将日志从应用服务器中收集过来，并发送到 Elasticsearch 系统中。

- Kibana：提供了一个 Web 界面给用户使用。用户查询日志时，由 Kibana 底层调用 Elasticsearch 的查询接口。

提示：目前也有一些团队采用 Filebeat 来收集日志。相比 Logstash 来说，Filebbeat 对服务器的资源占用量更低。

Kibana 提供了一些统计图表的功能，图 8.10 所示为 Kibana Dashboard 界面。

在 Kibana 中，用户可以自定义一些图表，并且可以用这些图表创建 Dashboard，以便查询、展示。

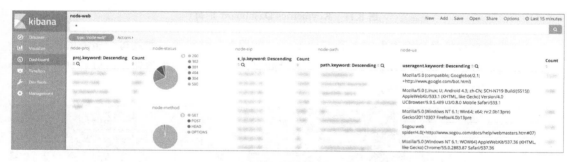

图 8.10　Kibana Dashboard 界面

在 ELK 系统中，可以很方便地查询日志。由于基于分布式检索系统，其查询的效率远远高于直接在磁盘中查找。ELK 系统也可以对特定的字段进行统计分析，方便了解系统的运行情况和排查各种问题。

8.3.3　Keymetrics 监控云服务

之前的章节介绍过，可以通过 PM2 来管理 Node.js 应用，也介绍了 Node.js 的性能指标和如何采集性能数据。采集到这些数据之后，需要将其输入到特定的系统中进行分析，而搭建这样的系统需要一定的成本。PM2 官方也提供了一个服务——Keymetrics 来进行性能数据的分析和展示。

进入系统之后，会看到图 8.11 所示的 Keymetrics Dashboard 界面。

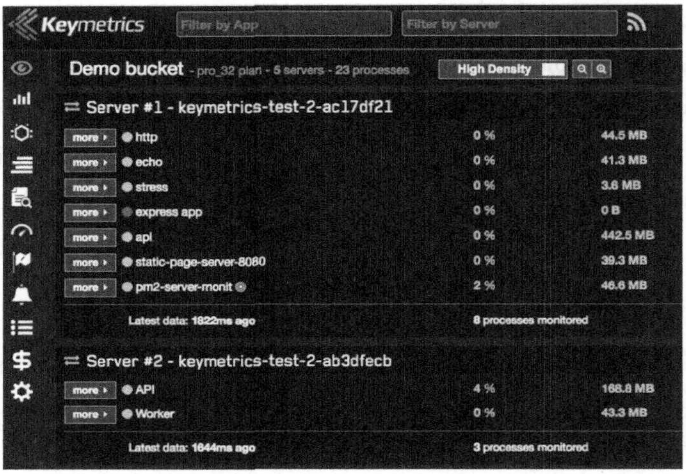

图 8.11　Keymetrics Dashboard 界面

该界面会按机器分组列出接入了 Keymetrics 的服务，并且可以看到每个服务的健康状态，包含 CPU、内存、错误数和 HTTP 平均时间等。单击"more"按钮，可以看到服务的详细健康信息，如图 8.12 所示。

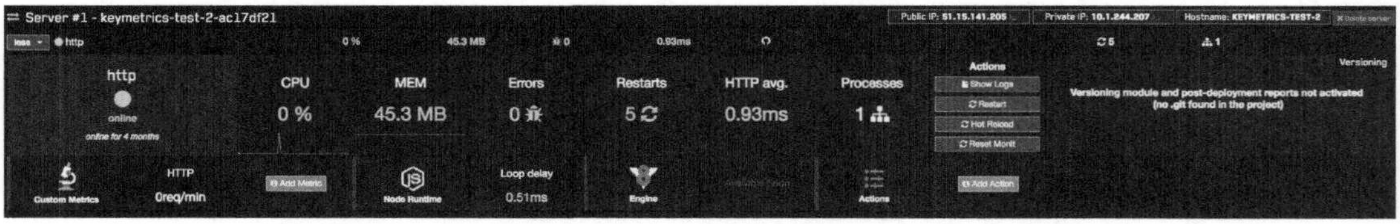

图 8.12　服务的详细健康信息

服务运行的更详细信息，包含服务运行时长、重启次数、服务操作，以及自定义的 metrics 和 actions 等信息。在此也可以查看服务的日志和进行重启服务等操作。

要接入该系统，首先需要访问 https://www.keymetrics.io/，然后单击"TRY KEYMETRICS FOR FREE"按钮，创建一个用户。注册成功后，登录进入 Dashboard，可以看到图 8.13 所示的管理主界面。

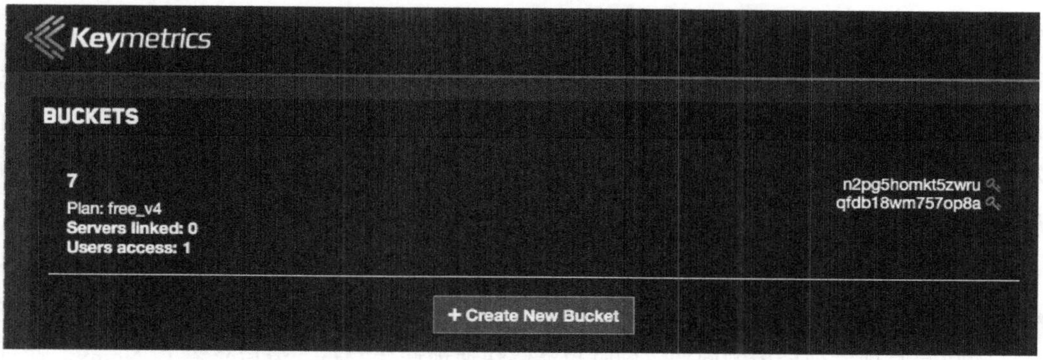

图 8.13　管理主界面

　　Keymetrics 会默认为免费用户创建一个 Bucket，如果想要创建更多的 Bucket，需要升级为付费用户。在图 8.13 中，可以看到已经创建的名为 "7" 的 Bucket，在图的右侧，展示了这个 Bucket 的密钥对，后续接入时，需要通过此密钥对接入。

　　针对 Node 应用启动的方式有以下两种。

　　• 　直接通过 PM2 启动，接入命令如下：

```
pm2 link <私钥> <公钥>
```

　　提示：在界面中，公钥为绿色密钥图标前的内容，私钥为红色图标前的内容。

　　• 　Docker 启动时，可以通过指定公钥和私钥参数来接入，示例命令如下：

```
Docker run -p 80:80 -v my_app:/app keymetrics/pm2 -e "KEYMETRICS_PUBLIC=n2pg5homkt5zwru" -e
"KEYMETRICS_SECRET=qfdb18wm757op8a"
```

　　完成接入后，可以看到本文开头图 8.11 所示的界面。

　　Keymetrics 默认提供了一些监控项，用户也可以自定义一些监控项，具体可以参考 Keymetrics 官方文档。

8.4　本章小结

　　之前的章节已经介绍了如何开发 Node.js 应用，但实际线上应用的运行环境会比较复杂，并且很多时候，开发人员并没有直接操作线上服务器的权限，这样就需要有一套方案来保障服务的稳定运行。

本章分为 3 节。在第 1 节中，首先介绍了如何在 Koa 中捕获异常；然后介绍使用日志记录应用的行为，借助日志，可以在排查问题时发现问题的蛛丝马迹；最后介绍了通过自定义错误页，可以避免将程序的敏感错误信息抛给用户，同时也展示给用户一个友好的错误提示页面。

在第 2 节中，首先介绍了 Node.js 的进程管理器 PM2 和应用容器引擎 Docker，然后介绍了一个开源的 CI 工具——Travis CI。通过 Traris CI 结合前面介绍的单元测试部署测试任务，可以尽早地发现应用的问题，同时也能够快速地迭代发布。最后介绍了 Nginx，通过 Nginx 实现反向代理，提供 HTTPS 的支持。

在第 3 节中，介绍了 Node.js 的性能指标和如何采集这些指标数据并进行分析；然后介绍了 ELK 系，通过 ELK 系统能快速便捷地分析日志，提升查询日志的效率；最后介绍了 PM2 官方提供的 Keymetrics 监控服务，开发者可以通过这个平台快速部署监控。

第 3 篇

项目实战：从零开始搭建
微信小程序后台

通过第 1~8 章的学习，相信读者已经对基于 Koa 的 Node.js Web 应用有了全面的认识。接下来将通过一个完整的案例介绍当下非常热门的小程序开发。小程序作为当红的开放平台，开发者可以通过微信提供的配套开发工具，轻松地在微信内部实现类似于原生 App 的功能。小程序的特点是能够便捷地获取和传播，同时具有出色的使用体验。

在搭建一款面向用户的应用时，光使用 Node.js 技术显然不够。本篇汇集前面章节的知识，并基于真实的线上示例项目"iKcamp 简易相册"，全方位地讲述如何开发一款功能完善的 App，主要分为 5 章：

- 第 9 章讲述开发小程序前的准备工作，包括小程序 ID 账号的申请流程和域名、服务器的购买流程，以及 DNS（Domain Name System，域名系统）的解析。

- 第 10 章讲述如何基于 Koa 与 Node.js 开发后台服务接口，整合了前面章节中讲述的技术知识点，并将其成功引入实战项目中。

- 第 11 章讲述小程序的开发工作，包括引入 Redux 解决页面间的通信问题，以及小程序开发完成后如何提交审核和发布。

- 第 12 章讲述后台管理系统的开发过程，包括如何处理 HTTP 请求、视图展示，以及如何调用第 10 章提供的后台服务接口数据。

- 第 13 章讲述如何在真实的服务器上搭建环境、将数据导入数据库、将开发好的代码部署到服务器及如何搭建 Nginx 服务并应用 HTTPS。

读者通过学习本部分内容和动手操作，将能够真正了解从无到有开发小程序的过程。建议读者在阅读本篇前，先获取示例项目的源码，GitHub 地址为 https://github.com/ikcamp/koa-miniprogram。其中包含 4 个部分，目录如下。

- koa-admin-web：照片后台管理系统。
- koa-index-web：主 Web 站。
- koa-service：业务接口服务。
- miniprogram：微信小程序。

第 9 章
云相册功能介绍和准备工作

笔者专门为本项目提供了配套站点主页，网址为 https://www.ikcamp.cn。站点主页如图 9.1 所示。

图 9.1　站点主页

项目场景包含一款微信小程序应用，该应用提供了简单的个人相册管理服务，用户可以使用小程序上传图片、进行相册分类。除支持外部用户使用的小程序外，应用还提供了系统管理员使用的后台管理系统。系统管理员可以在后台对已上传的图片进行管理，同时，还可以管理注册用户的行为，例如禁止某用户登录等。

为了更加真实地还原现实操作，本章的案例介绍从零开始，涉及云服务器的选择、域名的准备、DNS 的配置等。对于入门者来说，极具参考和借鉴价值，建议读者从头到尾跟着操作一遍，相信会收获颇丰。

9.1 应用介绍

首先介绍云相册应用的小程序部分。本案例申请的在线小程序名称为"iKcamp 简易相册"。读者可以打开微信，切换到"发现"选项卡，然后单击底部的"小程序"选项，搜索"iKcamp 简易相册"，如图 9.2 所示。

"iKcamp 简易相册"提供了基本的相册创建、照片上传等功能。该小程序主界面如图 9.3 所示。

图 9.2　iKcamp 简易相册　　　　　图 9.3　"iKcamp 简易相册"小程序主界面

在小程序底部单击"相册"选项卡打开相册界面，如图 9.4 所示。

图 9.4　相册界面

对于用户使用"iKcamp 简易相册"小程序上传的照片，管理员可在后台管理系统进行审核，可以对照片进行"通过"和"不通过"的操作，也可以对登录的用户进行授权操作。本案例配套部署的线上照片后台管理系统地址为 https://admin.ikcamp.cn。打开网址，首先会要求用户扫码登录，图 9.5 所示即为照片后台管理系统登录页面。

图 9.5　照片后台管理系统登录页面

在 "iKcamp 简易相册" 小程序中，单击图 9.3 所示的 "扫码登录后台系统" 按钮，扫描页面上的二维码进行登录即可进入后台管理系统。

提示：只有 "管理员" 账号才能进入后台管理系统，初次部署项目时建议直接修改数据库账号，赋予指定账号管理员权限。

扫码登录后，默认打开的是 "照片管理" 页面，如图 9.6 所示。

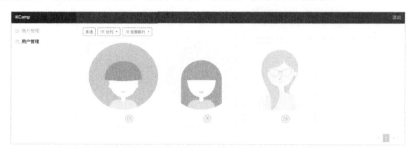

图 9.6 "照片管理" 页面

后台管理系统提供了管理用户的功能，同时，还提供了对用户上传的照片进行审核的功能。

9.2 小程序开发账户申请

小程序，全称微信小程序，依托于微信 App，是一种不需要下载安装即可使用的应用，用户扫一扫或搜一下即可打开。

提示：2016 年 12 月，腾讯公司高级副总裁、微信事业群总裁张小龙在 2017 微信公开课 Pro 版上就微信小程序的设计理念和产品情况进行了分享，并宣布小程序于 2017 年 1 月 9 日上线。有兴趣的读者可以前往观看录播视频，地址为 http://daxue.qq.com/wechat/content/id/3109。

本章的示例——云端相册的功能将部署在微信小程序端。接下来将介绍小程序的开发账号申请，拥有了小程序账号，就可以开发和管理自己的小程序应用了。打开微信公众平台首页（如图 9.7 所示），地址为 https://mp.weixin.qq.com/，单击 "立即注册" 链接。

进入注册页面，选择注册的账号类型（如图 9.8 所示），单击 "小程序" 选项卡。

图 9.7　微信公众平台首页　　　　　　　图 9.8　选择注册的账号类型

　　填写注册小程序的账号信息时需要注意：作为登录账号，需要填写未被微信公众平台、微信开放平台、个人微信号绑定的邮箱，且每个邮箱仅能申请一个小程序账号。填写完账号信息，单击"注册"按钮。图 9.9 所示为填写账号信息页面。

图 9.9　填写账号信息页面

　　之后，微信平台会发送激活邮件至注册邮箱。单击邮箱中的激活链接，进入账号主体类型选择页面，如图 9.10 所示。

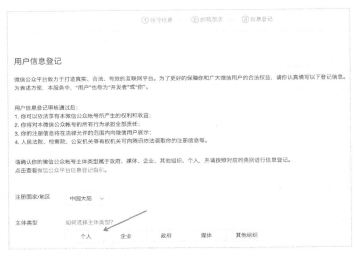

图 9.10　账号主体类型选择页面

选择主体类型为"个人"（18 岁以上有国内身份信息的微信实名用户），填写相关的信息，完成注册。

提示： 关于小程序平台的更多功能介绍，读者可以查看官方文档，地址为 https:// developers.weixin.qq.com/miniprogram/introduction/。

完成账号的注册后，下载小程序开发工具，地址为 https://developers.weixin.qq.com/ miniprogram/dev/devtools/download.html。安装后，打开微信开发者工具，如图 9.11 所示。

图 9.11　微信开发者工具

小程序开发的准备工作已经完成，小程序的开发与传统的浏览器 Web 端开发非常相近。

提示：关于小程序开发的工具使用和开发技巧，读者可以去学习 iKcamp 在线视频，地址为 https://camp.qianduan.group/xcx/1/0/0，也可以扫描下面的二维码，打开"大前端课堂"学习小程序开发技巧。

9.3　准备域名

域名（Domain Name），简单理解就是给难记的 IP 地址起一个别名，方便记忆，同时具备唯一性，好比家中的门牌号码，方便别人找到你。接下来演示申请的 ikcamp.cn 就是一个以".cn"为后缀结尾的域名。表 9.1 列举了常见的域名后缀。

表 9.1　常见的域名后缀

域名后缀	说明
.com	国际通用顶级域名，最常见的顶级域名，任何人都可注册
.cn	中国国家级顶级域名，国内广泛使用的域名，任何人都可注册
.net	国际通用域名，常用于网络服务机构，任何人都可注册
.org	用于各类组织（包括非盈利组织），公益性用途，任何人都可注册
.gov	用于政府部门
.edu	用于教育机构

除表 9.1 所列的常用域名后缀外，还有中文国内域名、中文国际域名及其他新国际域名等。

9.3.1　注册域名

接下来将使用腾讯云完成域名的注册，打开网址 https://dnspod.cloud.tencent.com/，搜索想要注册的域名"ikcamp"，如图 9.12 所示。

图 9.12　搜索想要注册的域名"ikcamp"

可以看到"ikcamp.cn"还没有被注册，单击图 9.12 所示页面右下角的"立即抢注"链接，进入核对信息页面，如图 9.13 所示。

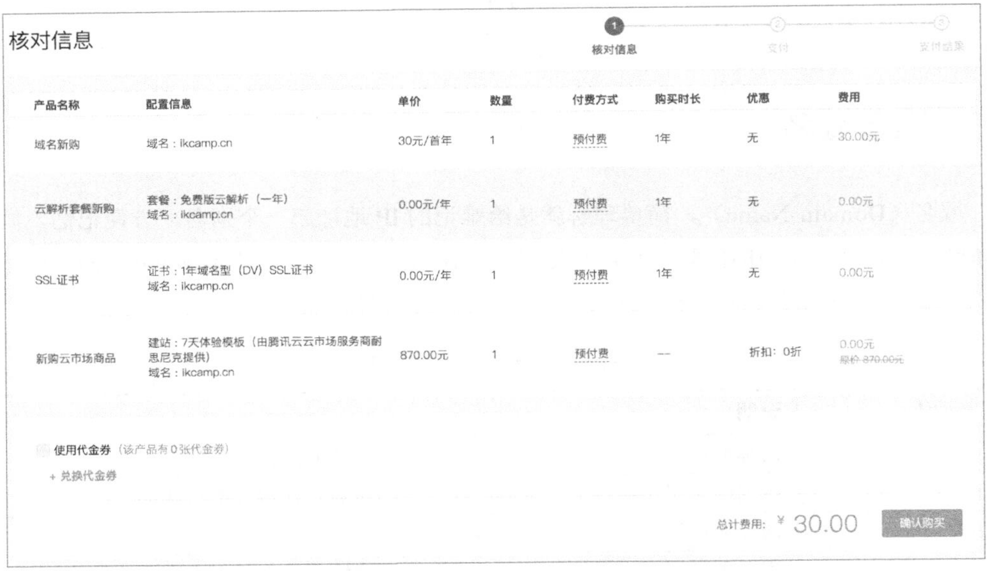

图 9.13　核对信息页面

核对信息，本次购买的域名为"ikcamp.cn"，单击图 9.13 所示页面右下角的"确认购买"按钮，完成域名购买。之后可以在"我的域名"页面中看到刚刚购买的域名，如图 9.14所示。

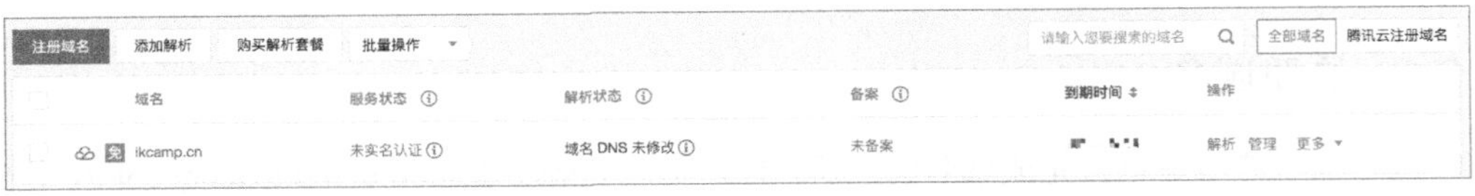

图 9.14　"我的域名"页面

9.3.2　实名认证

在进行域名备案前，需要完成实名认证，图 9.15 所示是未实名认证的提示。

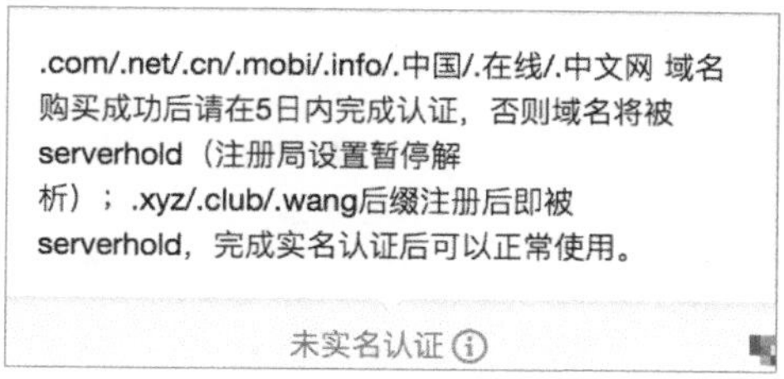

.com/.net/.cn/.mobi/.info/.中国/.在线/.中文网 域名
购买成功后请在5日内完成认证，否则域名将被
serverhold（注册局设置暂停解
析）；.xyz/.club/.wang后缀注册后即被
serverhold，完成实名认证后可以正常使用。

未实名认证 ⓘ

图 9.15　未实名认证的提示

单击"未实名认证"链接，进入实名认证页面，如图 9.16 所示。

图 9.16　实名认证页面

根据页面提示，在实名认证前需要先完成注册人的域名信息补充，单击图 9.16 上箭头指向的"立即修改"链接，在域名信息修改页面（如图 9.17 所示）按要求填写信息并提交，将资料上传到平台。

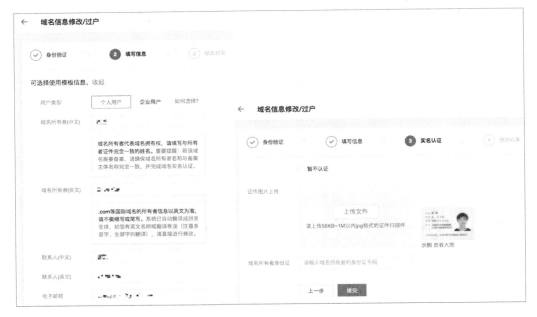

图 9.17　域名信息修改页面

预计等待 3～5 个工作日，平台会完成信息审核，实名认证通过则如图 9.18 所示，此时"服务状态"变为"正常"。

图 9.18　实名认证通过

9.3.3　域名备案

在正式对外开放使用前，域名需要在国家工信部系统中进行登记备案，可以理解为给网站做实名认证。备案的目的是防止非法的网站经营活动，打击不良网络信息传播。因此域名备案必不可少。单击图 9.18 中箭头所指的"未备案"链接，进入网站备案页面，如图 9.19 所示。

图 9.19　网站备案页面

　　详细阅读页面上关于备案的流程介绍后，单击"开始备案"按钮，进入验证备案信息页面，如图 9.20 所示。

图 9.20　验证备案信息页面

　　按要求填写相关信息，并选择备案的云服务器，也可以使用平台生成的"备案授权码"。单击"验证"按钮，提交验证内容，平台会在 1 个工作日内完成备案信息的审核，如图 9.21 所示。

　　提示： 腾讯云规定每个云服务器最多可申请 5 个备案授权码，且只有购买天数不少于 28 天的包年或包月的云服务器可申请，按量计费的云服务器不支持生成备案授权码。

图 9.21　备案信息审核中

待平台备案信息审核通过后，需要办理幕布拍照，同样需要提交相关资料，此处省略相关介绍，读者可以参考平台的流程指引，直至云平台代提交至管局审核通过，如图 9.22 所示。

主体信息			查看 | 变更备案 | 注销主体
ICP主体备案号	ICP主体状态	主办单位名称	主办单位负责人
沪ICP备17041059号	正常		

图 9.22　管局审核通过

此时，备案负责人会收到信息（短信或邮件）提示：备案完成后的 30 日内登录全国公安机关互联网安全管理服务平台办理公安备案，网址为 www.beian.gov.cn。打开网站，进入互联网安全管理服务平台，如图 9.23 所示。

图 9.23　互联网安全管理服务平台

单击图 9.23 上箭头所指的"新办网站申请"按钮，完成一系列的信息填写后，进入审核流程，直至最终审核通过。公安机关备案通过后，可在图 9.23 所示页面的"已备案网站"选项卡中查找备案网站的信息并获取公安机关备案号。可以将备案号添加到如下格式的域名中获取网站信息：

`http://www.beian.gov.cn/portal/registerSystemInfo?recordcode=[公安机关备案号]`

本案例的互联网站备案信息如图 9.24 所示。

图 9.24　互联网站备案信息

将网站备案信息链接放置于站点首页底部，如图 9.25 所示。

图 9.25　在站点首页底部放置备案信息链接

至此，域名备案和站点部署流程全部完毕，可以放心地部署服务器并对外提供服务了。

9.4　准备云服务器

云服务经过多年的发展，已经相当成熟，使用云服务可以非常方便地部署拥有弹性计算、网络防护等功能的安全、可靠、稳定的计算服务。国外较为出名的有亚马逊的 AWS（Amazon Web Service），国内有阿里云、腾讯云、七牛云等。本案例使用的云服务由腾讯云提供，读者可以依据自身喜好选择不同的云产品。

接下来将在腾讯云上申请云服务器，服务器用于部署案例中的相册后台管理系统、相册应用服务和数据库服务。

打开云服务选购页面（如图 9.26 所示），地址为 https://buy.cloud.tencent.com/cvm，这里选择入门配置用于案例演示。机型选择"入门配置（1 核 1GB）"，操作系统选择"CentOS 7.2 64 位"，公网带宽选择"1Mbps"，购买数量为 1 台。

图 9.26　云服务选购页面

选择完配置后，根据提示信息完成支付操作。恭喜，你已经拥有了一台独立的、公网

IP 地址可访问的云服务器。打开自己的云服务器列表页面（https://console.cloud.tencent.com/cvm/index），查看刚刚购买的个人云服务器信息，如图 9.27 所示。

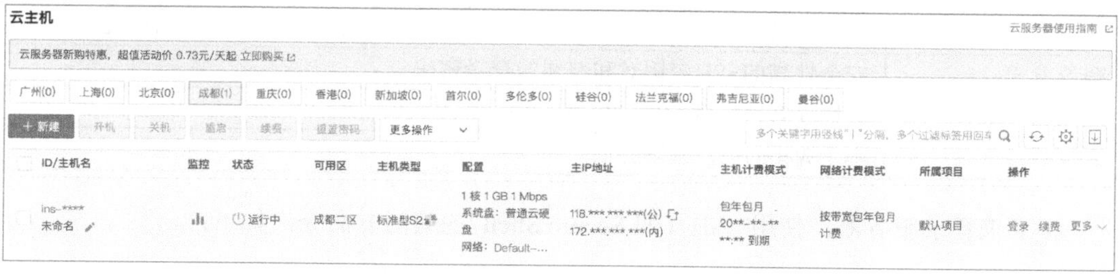

图 9.27　个人云服务器信息

使用 PING 命令检测云服务器的公网 IP 地址（如图 9.28 所示）是否联通。

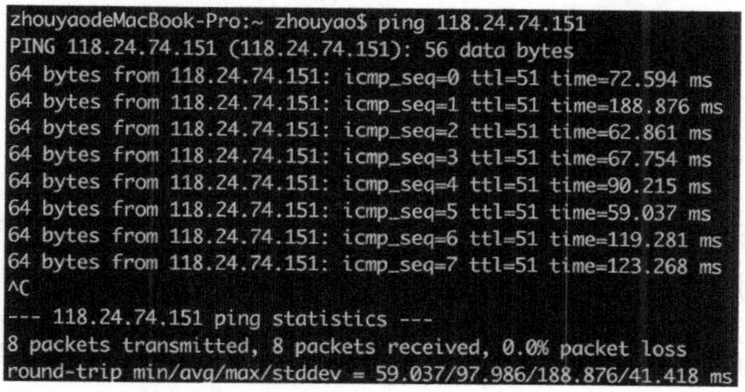

图 9.28　检测云服务器的公网 IP 地址

在使用云服务器时，经常会涉及一些概念性关键词，见表 9.2。

表 9.2　云服务器概念性关键词

关键词	说明
实例	云上虚拟计算资源
实例类型	实例在CPU、内存、存储和网络等配置上的不同搭配
镜像	实例预置模板，包含服务器的预配置环境（操作系统和其他已安装的软件）
本地盘	与实例处于同一台物理服务器上的可被实例用作持久存储的设备
云硬盘	提供的分布式持久块存储设备，可以当作实例的系统盘或可扩展数据盘使用
私有网络	自定义的虚拟网络空间，与其他资源逻辑隔离
IP地址	实例对内和对外的服务地址，即内网IP地址和公网IP地址
弹性IP地址	专为动态网络设计的静态公网IP地址，满足快速排障需求

关键词	说明
安全组	对实例进行安全的访问控制，指定进出实例的IP地址、协议及端口规则
登录方式	安全性高的SSH密钥对和普通的登录密码
地域和可用区	实例和其他资源的启动位置
云控制台	基于Web的用户管理界面

接下来登录服务器，使用 SSH（即 Secure Shell 的缩写）命令，如下：

```
ssh root@118.24.74.151                    // 回车后，提示输入密码登录
// root@118.24.74.151's password:
uname -a                                  // 查看内核/操作系统/CPU 信息
// Linux VM_0_11_centos 3.10.0-693.el7.x86_64 #1 SMP Tue Aug 22 21:09:27 UTC 2017 x86_64 x86_64
x86_64 GNU/Linux
```

9.5 配置 DNS 解析

DNS 全称为 Domain Name System，即域名系统，用于处理域名和 IP 地址的相互映射，使用户能够方便地访问互联网。

首先，在云服务上部署 Nginx。Nginx 是一个高性能的 HTTP 和反向代理服务器，也是一个 IMAP/POP3/SMTP 服务器。本节略去部署的过程，Nginx 监听服务器 80 端口。

使用 lsof 命令检查 80 端口监听情况，如图 9.29 所示。

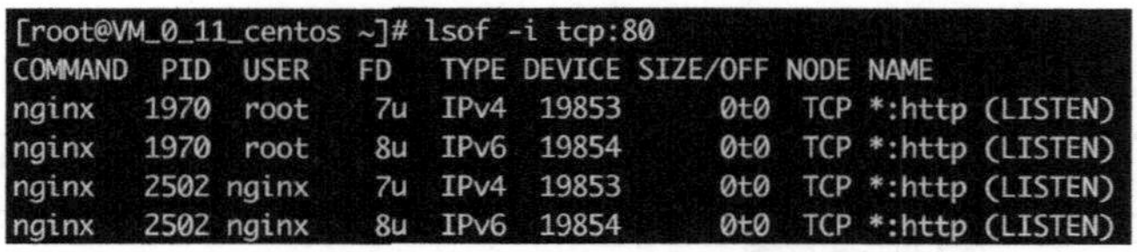

```
[root@VM_0_11_centos ~]# lsof -i tcp:80
COMMAND  PID   USER   FD   TYPE DEVICE SIZE/OFF NODE NAME
nginx    1970  root   7u   IPv4 19853      0t0  TCP *:http (LISTEN)
nginx    1970  root   8u   IPv6 19854      0t0  TCP *:http (LISTEN)
nginx    2502  nginx  7u   IPv4 19853      0t0  TCP *:http (LISTEN)
nginx    2502  nginx  8u   IPv6 19854      0t0  TCP *:http (LISTEN)
```

图 9.29 检查 80 端口监听情况

使用浏览器直接访问服务器，地址为 http://118.24.74.151/，可以看到 Nginx 欢迎页面，如图 9.30 所示。

看到 Nginx 欢迎页面，表示已经可以通过公网 IP 地址直接使用 HTTP 访问云服务器上部署的 Nginx 服务了，Nginx 部署成功。

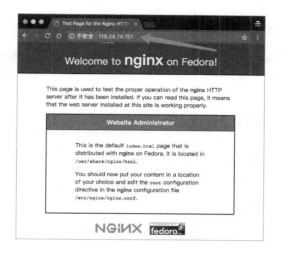

图 9.30　Nginx 欢迎页面

接下来，前往云平台配置第 9.3 节准备好的域名"ikcamp.cn"。打开"我的域名"页面，网址为 https://console.cloud.tencent.com/domain/cns。单击图 9.31 所示"我的域名"页面上箭头所指的"解析"链接，进入"域名解析"页面（如图 9.32 所示）。

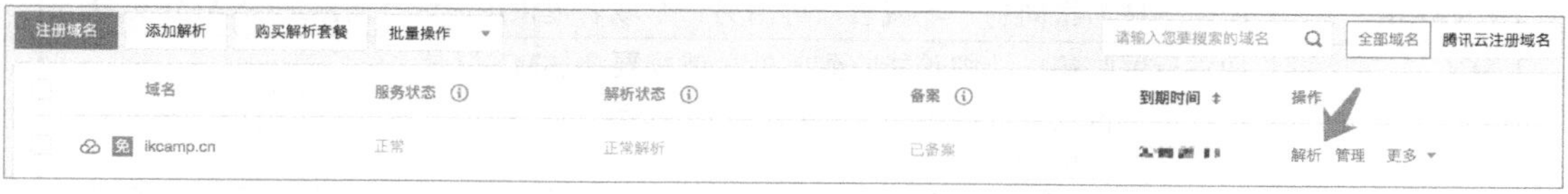

图 9.31　"我的域名"页面

在"域名解析"页面（如图 9.32 所示）中添加域名记录。

记录管理	负载均衡	解析量统计	域名设置	自定义线路	线路分组			
添加记录	新手快速添加	暂停	开启	删除	分配至项目			请输入您要搜索的记录
主机记录	记录类型 ▼	线路类型	记录值	MX优先级	TTL（秒）	最后操作时间	操作	

图 9.32　"域名解析"页面

添加一条域名记录涉及 5 类信息："主机记录""记录类型""线路类型""记录值""TTL（秒）"。

在本示例中，希望用户打开地址 http://www.ikcamp.cn 和 http://ikcamp.cn 均能访问主站点信息，所以需要配置两条记录，"主机记录"配置为"www"和"@"。"主机记录"

的常见用法见表9.3。

表9.3 "主机记录"的常见用法（以域名ikcamp.cn为例）

主机记录	说明
www	解析后的域名为www.ikcamp.cn
@	直接解析主域名ikcamp.cn
*	泛解析，匹配其他所有域名，即*.ikcamp.cn
mail	将域名解析为mail.ikcamp.cn，通常用于解析邮箱服务器
二级域名	如ikcamp的博客网站blog.ikcamp.cn，填写blog
手机网站	如m.ikcamp.cn，填写m

"记录类型"配置值为"A"，表示将域名指向云服务器的公网 IP 地址。"记录类型"的常见用法见表9.4。

表9.4 "记录类型"的常见用法

记录类型	说明
A	用来指定域名的IPv4地址（如8.8.8.8），如本例中将ikcamp.cn指向公网服务地址
CNAME	如需将域名指向另一个域名，再由另一个域名提供IP地址，需添加CNAME记录
MX	如需设置邮箱，让邮箱能收到邮件，就需要添加MX记录
TXT	在这里可以填写任何内容，长度限制为255个字符。绝大多数的TXT记录用来做SPF记录（反垃圾邮件）
NS	域名服务器记录，如果需要把子域名交给其他DNS服务商解析，需添加NS记录
AAAA	用来指定主机名（或域名）对应的IPv6地址（例如ff06:0:0:0:0:0:0:c3）
SRV	记录某台计算机所提供的服务。格式为：服务的名字、点、协议的类型。例如_xmpp-server._tcp
显性URL	从一个地址301重定向到另一个地址时，需添加显性URL记录
隐性URL	类似于显性URL，区别在于隐性URL不会改变地址栏中的域名

"线路类型"可配置为"默认""国内""国外""电信""联通"或"移动"。本示例中选择"默认"。

由于"记录类型"选择了"A"，所以"记录值"处对应填写准备好的服务器 IPv4 地址，本示例为 118.24.74.151。

"TTL（秒）"，代表缓存的生存时间，默认为 600s，指 DNS 缓存域名记录信息的时间，缓存失效后会再次到云平台获取记录值。

"www"和"@"的域名解析配置完毕，ikcamp.cn 域名解析配置信息如图 9.33 所示。

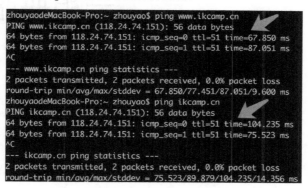

	主机记录	记录类型 T	线路类型	记录值	MX优先级	TTL（秒）	最后操作时间	操作
	@	A	默认	118.24.74.151	-	600	2018-05-24 15:35:10	修改 暂停 删除
	www	A	默认	118.24.74.151	-	600	2018-05-24 15:33:53	修改 暂停 删除

图 9.33 ikcamp.cn 域名解析配置信息

等待一小段时间后，使用 PING 命令验证解析是否成功（如图 9.34 所示），分别访问 "www.ikcamp.cn"和 ikcamp.cn 验证是否解析正确。

```
zhouyaodeMacBook-Pro:~ zhouyao$ ping www.ikcamp.cn
PING www.ikcamp.cn (118.24.74.151): 56 data bytes
64 bytes from 118.24.74.151: icmp_seq=0 ttl=51 time=67.850 ms
64 bytes from 118.24.74.151: icmp_seq=1 ttl=51 time=87.051 ms
^C
--- www.ikcamp.cn ping statistics ---
2 packets transmitted, 2 packets received, 0.0% packet loss
round-trip min/avg/max/stddev = 67.850/77.451/87.051/9.600 ms
zhouyaodeMacBook-Pro:~ zhouyao$ ping ikcamp.cn
PING ikcamp.cn (118.24.74.151): 56 data bytes
64 bytes from 118.24.74.151: icmp_seq=0 ttl=51 time=104.235 ms
64 bytes from 118.24.74.151: icmp_seq=1 ttl=51 time=75.523 ms
^C
--- ikcamp.cn ping statistics ---
2 packets transmitted, 2 packets received, 0.0% packet loss
round-trip min/avg/max/stddev = 75.523/89.879/104.235/14.356 ms
```

图 9.34 验证解析是否成功

访问 www.ikcamp.cn 和 ikcamp.cn 均指向了云服务器公网的 IP 地址，解析正确，可以正常访问，配置完成。

> **提示：** 依照上面的介绍，配置 admin.ikcamp.cn 用于后台管理系统、api.ikcamp.cn 用于提供 Web API 服务、static.ikcamp.cn 用于照片静态资源访问，读者可以自行尝试相关操作。

9.6 本章小结

本章介绍了项目实战——从零开始搭建微信小程序后台的整体业务端功能，并且介绍了小程序账号申请，域名、服务器和 DNS 等相关事项的准备工作，让读者对整块业务开发有了全局性的认识，对以后想独立建站和上线应用的读者会有很大帮助。

10

第 10 章

云相册服务开发

在开发中，为了降低系统之间的耦合度，以及将业务和展现分离开来，一般会将软件系统按照业务拆分成多个子服务。这样，在业务迭代时，只需维护和发布独立的服务，而不会影响整个系统。同时，服务也可以根据负载横向扩展，并且服务和服务之间一般会独立部署，不会出现多个服务争抢资源的情况。本章将小程序的后端接口封装成服务，供小程序和后端管理系统调用。

本章将按照业务功能分别介绍开发相册小程序需要的后端服务，主要包括小程序登录、微信扫码登录、小程序相册接口和相册管理接口。

10.1　小程序登录

在介绍小程序登录之前，先介绍一下 OAuth（开放授权）。OAuth 是一个开放标准，允许第三方应用访问用户在某一网站上存储的私密资源，而无须将用户名和密码提供给第三方应用。简单来说，就是可以利用开放的 OAuth 服务，使用微信、QQ、微博等系统的账号实现不注册而直接登录其他网站的功能。这样使用户可以不必注册、不必记住不同系统的密码，降低了用户的介入成本。

在微信的 OAuth 中，对于用户的账户，会为应用分配一个唯一的 OpenID 来进行标记。同一用户在不同应用中的 OpenID 也不相同，在应用的登录过程中采用 OpenID 来标记用户。从而保障了用户账户的安全。

微信官方推荐的小程序登录时序图如图 10.1 所示。

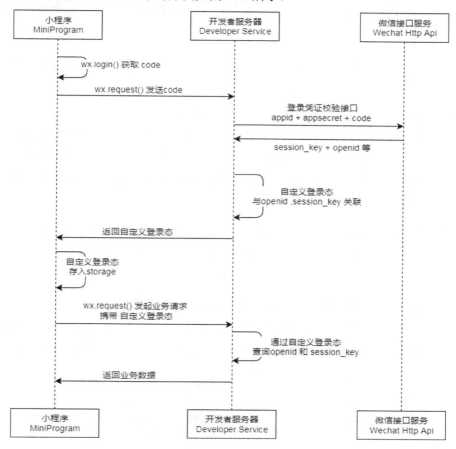

图 10.1　小程序登录时序图

官方推荐的登录流程分步说明如下。

（1）从小程序中调用 login 接口，获取登录的 code。

（2）小程序将登录的 code 传递给后端服务，在后端服务中，调用微信的相关接口根据 AppID、AppSecret 和 code 来获取 session_key 和 OpenID。

（3）后端服务根据 session_key 和 OpenID 生成自定义的登录凭证，并将登录凭证返回给小程序。

（4）小程序将登录凭证存储在 storage 中。

（5）小程序通过 request 方法调用服务接口时，将存储的登录凭证随请求发送到服务器端。

（6）服务器端根据校验自定义登录凭证，完成对当前用户的识别，结合业务情况返回接口数据给小程序。

通过上述步骤即可完成小程序的登录校验。但直接将 OpenID 作为用户标识存在一些局限，用户的账号只支持微信账号登录。通常情况下，应用系统需要支持微博、QQ 等第三方账号登录，也支持直接注册自己的账号登录。在这样的情况下，一般应用会创建自己的账号体系，在第三方登录的时候将第三方账号的唯一标识和自有的用户进行绑定。本示例也将采用这种方式。

一般来说，在自建的账户中，期望能获取微信中的用户名和头像。这里可以在小程序登录后，在小程序中获取用户的信息（如用户名、头像），然后将这些信息通过接口传递给后端服务。

在本示例中，我们采用 MongoDB 作为应用的数据库，通过前面章节介绍的 Mongoose 类库来操作数据。首先建立数据模型，在服务的项目中创建路径为 lib/db/model.js 的文件，该文件用来存储服务需要的数据模型。在文件中，添加账户的数据模型，代码如下：

```
01  const userSchema = new mongoose.Schema({
02      openId: {                          // 存储微信的 OpenID
03          type: String,
04          index: true,                   // 因为需要按照 OpenID 查询用户，所以建立索引
05          unique: true                   // OpenID 唯一约束
06      },
07      created: {                         // 账户创建时间
08          type: Date,
09          default: Date.now
```

```
10        },
11        lastLogin: {                          // 最近登录时间
12            type: Date
13        },
14        name: {                               // 用户名
15            type: String,
16            index: true
17        },
18        avatar: {                             // 用户头像
19            type: String
20        },
21        userType: {                           // 用户类型，标记管理员、普通用户、禁用用户
22            type: Number
23        }
24    })
```

根据前面介绍的登录流程，首先需要根据小程序传来的 code，结合 AppID 和 AppSecret 调用微信的 OAuth 接口换取 OpenID 和 SessionKey。在项目中建立路径为 lib/wx.js 的文件，代码如下：

```
01    const { appKey, appSecret } = require('../config')        // 获取存储在config文件中的信息
02    const request = require('request')                        // 采用request组件调用微信接口
03    module.exports = {
04        async getSession (code) {                             // 根据code换取OpenID等信息
05            const url = 'https://api.weixin.qq.com/sns/jscode2session
06            ?appid=${appKey}&secret=${appSecret}&js_code
07            =${code}&grant_type=authorization_code'
08            return new Promise((resolve, reject) => {
09                request(url, {
10                    method: 'GET',
11                    json: true
12                }, (error, res, body) => {
13                    if (error) {                              // 处理HTTP异常
14                        reject(error)
15                    } else {
16                        if (body.errcode) {                   // 处理微信接口返回的异常
17                            reject(new Error(body.errmsg))
18                        } else {
19                            resolve(body)
20                        }
21                    }
22                })
23            })
```

```
24        }
25    }
```

按照流程，在登录的时候，首先需要获取 OpenID，如果未获取到，则登录失败。在登录的主入口中加入这些判断，代码如下：

```
01   const { getSession } = require('../lib/wx')
02   async login (code) {
03       const session = await getSession(code)
04       if (session) {                          // 如果未从微信接口获取到数据，则登录失败
05           const { openid } = session
06           return login(openid)
07       } else {
08           throw new Error('登录失败')
09       }
10   }
```

获取 OpenID 数据后，在系统的用户表中查询该 OpenID 是否已经存在，也就是说该用户是否登录过，如果该 OpenID 对应的用户不存在，则在系统中创建一个与这个 OpenID 关联的用户。在此之后，更新该 OpenID 对应的用户的最后登录时间，同时生成登录凭证返回给调用方。这部分的代码如下：

```
01   async login (openId) {
02       let user = await getByOpenId(openId)      // 根据 OpenID 查用户
03       if (!user) {                              // 如果用户不存在，创建用户
04           user = await User.create({
05               openId: openId
06           })
07       }
08       const id = user._id
09       const sessionKey = encode(id)             // 根据用户 ID 生成登录凭证
10       await User.update({                       // 更新最后登录时间
11           _id: id
12       }, {
13           lastLogin: Date.now()
14       })
15       return {                                  // 返回登录凭证
16           sessionKey
17       }
18   }
```

在小程序登录的标准流程中，是采用 OpenID 和 SessionKey 来生成登录凭证的，在这

里我们采用用户 ID 来生成登录凭证。这样做的好处是我们的用户校验系统和微信的用户系统实现了解耦。采用自己的登录系统，后续接入第三方的 OAuth 也很方便，不需要微信的 OpenID 和 SessionKey。

在本示例中，生成登录凭证采用的是对称加密算法，将用户 ID、时间戳及一些额外的信息加密得到登录凭证，在后面通过登录凭证校验用户的时候，可以解密得到用户 ID 和时间戳，此时可以通过计算时间戳来校验登录凭证是否已过期。生成登录凭证的代码如下：

```
01  const crypto = require('crypto')
02  const secret = 'ikcamp_2018_06'                              // 加密密钥
03  const algorithm = 'aes-256-cbc'                              // 加密算法
04  function encode (id) {                                       // 加密
05      const encoder = crypto.createCipher(algorithm, secret)   // 创建加密器
06      const str = [id, Date.now(), 'ikcamp2018'].join('|')     // 构建加密字符串
07      let encrypted = encoder.update(str, 'utf8', 'hex')
08      encrypted += encoder.final('hex')
09      return encrypted
10  }
```

解密时，采用相同的加密算法和密钥就可以完成，代码如下：

```
01  function decode (str) {                                      // 解密算法
02      const decoder = crypto.createDecipher(algorithm, secret) // 创建解密器
03      let decoded = decoder.update(str, 'hex', 'utf8')
04      decoded += decoder.final('utf8')
05      const arr = decoded.split('|')                           // 将解密后的字符串按照自定义规则解密成对象
06      return {
07          id: arr[0],
08          timespan: parseInt(arr[1])
09      }
10  }
```

提示： 加解密算法依赖 OpenSSL，一般可以分为对称加密算法、摘要算法和非对称加密算法。所谓对称加密算法，就是加密和解密使用同一个密钥，就像在本示例中，通过相同的密钥完成加解密。而非对称加密算法就是加密和解密使用的不是同一个密钥，通常有两个密钥，称为"公钥"和"私钥"。它们必须配对使用，"公钥"可以对外公布，而"私钥"则必须保密。在网上传递加密信息时，如果通过对称加密算法，则很难避免将密钥暴露出去，而非对称加密算法很好地解决了这一问题。另外，我们经常讲的 MD5 就是 Hash 算法的一种，通常被用来做数据的校验。

生成加密凭证后，将登录凭证传递给小程序。后续接口再访问此服务，需要在传递数据时，带上登录凭证。服务器端获取到登录凭证之后，就可以进行校验了。这里通过 HTTP 请求中的 Header 自定义字段来传递登录凭证。根据中间件原理，请求都会经过中间件，可以在中间件中校验登录凭证，代码如下：

```
01  module.exports = async function (context, next) {
02      const sessionKey = context.get('x-session')          // 获取登录凭证
03      if (!sessionKey) {                                    // 如果无登录凭证，则登录失败
04          context.throw(401, '请求头中未包含 x-session')
05      }
06      const user = await findBySessionKey(sessionKey)       // 根据登录凭证获取用户
07      if (user) {                                           // 获取到用户信息
08          context.state.user = {                            // 将用户信息存储到上下文中，便于后续使用
09              id: user._id,
10              name: user.name,
11              avatar: user.avatar,
12              isAdmin: user.userType === 1
13          }
14      } else {                                              // 未找到用户，则登录失败
15          context.throw(401, 'session 过期')
16      }
17      await next()
18  }
```

根据登录凭证获取用户，首先需要解密从登录凭证中获取的用户 ID 和凭证产生的时间，然后校验凭证是否过期。对于合法的凭证，根据获取的用户 ID 从数据库中查询用户信息，代码如下：

```
01  async findBySessionKey (sessionKey) {
02      const { id, timespan } = decode(sessionKey)           // 解密凭证，得到用户 ID 和时间戳
03      if (Date.now() - timespan > 1000 * 60 * 60 * 24 * 3) {    // 默认超时时间为 3 天
04          return null                                        // 凭证超时，返回"空"
05      }
06      const users = await User.find({                        // 根据用户 ID 查询用户
07          _id: id
08      })
09      if (users.length) {                                    // 如果查询到用户，则返回用户
10          return users[0]
11      }
```

```
12        return null                                              // 否则返回 "空"
13    }
```

这样，每次调用服务时，都在请求头中通过 x-session 自定义 Header 头带上登录凭证。后续接口都将通过这个登录凭证来确定当前登录的用户，并获取到更多的用户特征，如判断是否为管理员、是否有数据接口的权限（如某接口要求只有资源的所有者才能操作资源）等。

普通的登录比小程序的登录要简单一些，但也会在登录成功后生成登录凭证。一般的登录流程如下：

（1）用户输入用户名、密码进行登录。

（2）服务器端校验输入的用户名和密码，如果校验未通过，登录失败。

（3）如果校验通过，根据用户 ID、时间戳等信息生成登录凭证，将登录凭证传递到客户端。

（4）后续接口携带登录凭证，服务器端解析登录凭证，获取用户信息。

在 Web 系统中，通常采用 Cookie 来存储登录凭证，因为后续的接口都可以通过浏览器自动提交到服务器端。在某些 App 环境中，可能无法使用 Cookie，此时才会通过自定义 Header 头来传递登录凭证。

提示：为了安全，在采用 Cookie 存储登录凭证时，一般都采用 HTTP Only 模式。这样，该 Cookie 信息只对浏览器可见，用户无法通过 JavaScript 脚本访问到这部分 Cookie 信息。

通过登录凭证，就可以不必每次校验都要用户提供用户名和密码。对用户而言，省去了重复输入密码的烦琐操作；在服务器端，也不必每次都去检索用户密码，节省了服务器的资源。但登录凭证毕竟不是用户的原始登录验证，必须降低被伪造的风险。通常采用如下几种方式加以保护。

- 将登录凭证存储在安全的地方，例如受信任的 App 内，或者浏览器的 HTTP Only 的 Cookie 中，避免被网页脚本访问到。
- 传输层采用 HTTPS 加密传输，降低请求数据被篡改的风险。
- 对登录凭证采取合理的过期时间，降低暴力破解的风险。
- 定期更换加密密钥。

在项目开发中，登录鉴权是用户权限的第 1 关，只有合理的安全策略才能保证系统的安全。否则，可能导致系统被人攻破，造成严重的损失。本节通过解读微信小程序的登录介绍了用户鉴权的步骤和需要注意的地方。本节多次提到了 OAuth 规范，感兴趣的读者可以自行参阅相关文档。

10.2　扫码登录

上一节介绍了如何处理小程序登录，也简要介绍了传统登录的方式。在微信、支付宝等系统中，相信读者都体验过通过 App 扫码登录，与传统的输入用户名、密码登录相比，是不是觉得扫码登录更加方便快捷呢？在这个相册的后台管理系统中，也采用了扫码的方式登录。本节将介绍如何实现扫码登录。

大家对二维码应该并不陌生，扫码支付、扫码乘车等都让大家感受到了二维码的便捷。但二维码到底是什么呢？

在二维码出现之前，一般通过条形码来编码信息，至今条形码还常见于各大购物场所。从本质上来说，二维码和条形码都是信息编码的方式。通俗来讲，就是将文本信息采用图像的方式呈现出来，然后通过特殊的解码机器来扫描、读取信息。这样，在信息的输出方，按照标准的格式将信息编码为条形码或二维码，然后在信息的接收侧通过设备扫描读取信息，实现信息的快速离线传递。例如，某些商品，在出厂的包装上印刷了条形码或二维码；在卖场系统中，只需扫描登记商品即可；顾客购买商品时，通过扫描条码就能快速得到商品的价格等信息。条形码或二维码技术极大地提升了卖场的工作效率。与条形码相比，二维码的扫描识别速度更快，因此逐渐有了替代条形码的趋势。

通过前面的介绍，我们知道扫描二维码时，识别出的是一段文本。换句话说，在扫码系统中，将特定的参数编码成二维码，然后由应用程序扫描读取这些参数，接收到这些参数之后，传递给应用后台进行相应的处理，从而实现了扫码支付、扫码登录等业务。

在本示例中，扫码登录也是基于这样的逻辑来实现的。扫码流程如图 10.2 所示。

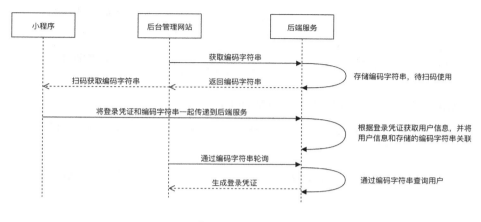

图 10.2　扫码流程

上面的流程图，大致可分为如下步骤：

（1）访问管理后台，当检测到未登录时，跳转到扫码登录页面。

（2）扫码登录页面请求后端服务接口，获取待生成二维码的编码字符串，同时后端服务存储该编码字符串。

（3）扫码登录页面根据后端接口返回的字符串生成二维码。

（4）用户通过小程序扫描生成的二维码。

（5）小程序将扫描得到的字符串发送到后端服务接口，同时带着当前的小程序登录凭证。

（6）后端服务接收到小程序传递来的字符串和登录凭证，根据扫描到的字符串查询之前的存储记录，将当前小程序的登录凭证和之前存储的字符串关联。

（7）扫码登录页面在生成二维码之后，会不停地轮询请求后端服务来检测当前的二维码是否已经被扫码验证。

（8）在轮询请求中，发送扫描的二维码并查询之前存储的二维码信息，查询是否存在关联的用户。如果查询到关联用户，表示扫码登录成功，此时生成登录凭证给后端管理网站。

下面主要介绍后端接口部分。首先，为了存储和用户关联的二维码信息，需要通过 Mongoose 定义数据模型。定义模型的代码如下：

```
01    const codeSchema = new mongoose.Schema({
```

```
02        code: {                                    // 存储二维码字符串
03            type: String
04        },
05        sessionKey: String                         // 存储小程序的登录凭证
06  })
```

在路由中新增生成二维码的接口，代码如下：

```
01  router.get('/login/ercode', async (context, next) => {    // 获取二维码接口
02      context.body = {
03          status: 0,
04          data: await account.getErCode()                   // 将生成的二维码返回
05      }
06  })
```

在获取二维码的接口中，首先生成二维码，将二维码信息存储到数据库中，然后定时清理二维码，避免数据库中存在过多冗余数据，最后返回二维码，代码如下：

```
01  async getErCode () {
02      const code = encodeErCode()             // 生成二维码信息
03      await add(code)                         // 将二维码信息存储到数据库中
04      setTimeout(() => {                      // 定时清除二维码信息
05          removeData(code)
06      }, 30000)                               // 默认时间为 30s
07      return code                             // 返回 code
08  }
```

二维码直接采用生成登录凭证的加密算法来生成，代码如下：

```
function encodeErCode () {
    return encode(Math.random())               // 直接调用生成登录凭证的方法生成二维码
}
```

新增、删除二维码和前面章节介绍的方式一样，采用 Mongoose 提供的 API 来处理，代码如下：

```
01  async add (code) {                          // 添加二维码
02      return Code.create({
03          code: code
04      })
05  }
06  async removeData (code) {                    // 删除二维码信息
07      return Code.deleteMany({
08          code: code
```

```
09        })
10    }
```

在添加二维码时，只需添加当前生成的二维码就行。等扫码登录时，获取到小程序的登录凭证，再将登录凭证更新到数据库中即可。

至此，生成二维码的逻辑就已经介绍完毕。接下来，小程序扫码后，要将扫到的二维码信息附带登录凭证传递到后端接口中，需提供一个后端接口，接口代码如下：

```
01  router.get('/login/ercode/:code', auth, async (context, next) => {
02      const code = context.params.code                // 获取参数中的二维码字符串
03      const sessionKey = context.get('x-session')     // 获取登录凭证
04      await account.setSessionKeyForCode(code, sessionKey) // 将登录凭证更新到二维码信息中
05      await next()
06  }, responseOK)                                      // 统一输出接口
```

经过多次数据操作后，只需返回操作状态的信息到客户端即可。因此可以将这个逻辑封装成中间件，直接在中间件中处理并输出结果，代码如下：

```
01  async function responseOK (ctx, next) {
02      ctx.body = {                                    // 统一输出操作状态
03          status: 0
04      }
05      await next()
06  }
```

将登录凭证更新到二维码信息中，代码如下：

```
01  async setSessionKeyForCode (code, sessionKey) {
02      const {timespan} = decode(code)                 // 将二维码解密出来，得到二维码的时间戳
03      // 30s 过期
04      if (Date.now() - timespan > 30000) {            // 检查二维码是否已过期
05          throw new Error('time out')                 // 如果过期，则设置为失败
06      }
07      await updateSessionKey(code, sessionKey)        // 更新二维码信息中的登录凭证
08  }
```

一般情况下，二维码存在过期时间。通过控制过期时间，可以有效地减少数据库中存储的二维码的记录体积，有利于提升二维码扫描的性能。

在更新登录凭证的方法中，采用 Mongoose 提供的相关接口处理，代码如下：

```
01  async updateSessionKey (code, sessionKey) {
```

```
02      return Code.update({
03          code: code
04      }, {
05          sessionKey: sessionKey
06      })
07  }
```

扫码登录页面在生成二维码之后，就会开启轮询，查询当前生成的二维码是否被扫描过。为了提升轮询效率，这里采用了长轮询的方式，可以有一定的实时性，代码如下：

```
01  router.get('/login/errcode/check/:code', async (context, next) => {      // 轮询接口
02      const startTime = Date.now()                                          // 获取请求起始时间
03      async function login () {                                             // 定义登录方法
04          const code = context.params.code                                 // 获取二维码信息
05          const sessionKey = await account.getSessionKeyByCode(code)        // 获取登录凭证
06          if (sessionKey) {
07              context.body = {                                             // 登录成功
08                  status: 0,
09                  data: {
10                      sessionKey: sessionKey
11                  }
12              }
13          } else {
14              if (Date.now() - startTime < 10000) {                        // 在10s内
15                  await new Promise((resolve) => {                         // 等待下一个tick执行完成
16                      process.nextTick(() => {
17                          resolve()
18                      })
19                  })
20                  await login()                                            // 继续递归查询
21              } else {                                                     // 如果超时，则直接返回
22                  context.body = { status: -1 }
23              }
24          }
25      }
26      await login()                                                        // 启动递归查询
27  })
```

由于客户端轮询请求需要消耗 HTTP 连接资源，过于频繁的轮询会带来两大弊端：

- HTTP 方式不够高效，客户端为了轮询需要频繁向服务器端发送数据。为了实现准实时的查询，一般只能降低两次查询的间隔时间。
- 客户端高密集的请求会消耗大量的服务器资源，对服务器连接也是很大的浪费。

当然，有些读者可能会说，可以采用 WebSocket 来建立实时连接。但一是 WebSocket 有一定的兼容性要求；二是此处只是做登录检查，用 WebSocket 有些不必要。

所以这里采用了长轮询的方式，主要原理如下：

- 客户端发起请求，如果此时未查询到需要的数据，服务器端并不立即返回请求，而是在服务器端继续不停地进行查询，直到请求超过限定时间，才将请求响应返回给客户端。
- 如果在服务器端不停查询时，查到了数据，则立即返回请求响应。
- 客户端在轮询时，根据接口返回的结果，确定是否获取到了数据，如果没有则继续发送请求。

这样，将轮询状态放在服务器端处理而不是客户端，可以大幅度降低对网络资源的消耗。在上述代码中，通过递归实现了不停执行轮询的操作。上述代码的主要逻辑如下：

- 当请求传入后，首先记录请求开始的时间。
- 在请求内部执行查询操作，查询到数据后立即返回给客户端；若未查询到数据，则等待一个执行周期后，继续通过递归的方式进行查询。
- 在递归中，通过当前时间和请求的起始时间来计算递归查询消耗的时间。当消耗的时间超出 10s 时，直接返回给客户端，告诉客户端没有查到结果，让客户端再次发起请求。

这样就可以实现在客户端没有查询到数据之前，每隔 10s 查询一次，一旦查询到数据，则直接返回。

在上述代码中，通过 code 获取登录凭证就是通过数据库查询小程序设置的登录凭证，代码如下：

```
01  async getSessionKeyByCode (code) {
02      const sessionKey = await getSessionKey(code)    // 根据 code 从数据库中查询凭证
03      if (sessionKey) {                                // 查询到登录凭证后
04          await removeData(code)                       // 在数据库中清除当前数据
05      }
06      return sessionKey
07  }
```

根据 code 查询登录凭证采用 Mongoose 提供的方式，代码如下：

```
01   async getSessionKey (code) {
02       const data = await Code.findOne({          // 根据 code 查询记录
03           code: code
04       })
05       if (data) {                                // 获取到数据
06           return data.sessionKey                 // 返回登录凭证
07       } else {
08           return null
09       }
10   }
```

至此，扫码登录介绍完毕。

在本节中，重点介绍了如何在 Node.js 服务器端实现长轮询查询。在不采用 WebSocket 实现实时通信时，长轮询是非常常见的处理方式。扫码登录从本质来说，就是通过登录页面从后端服务获取到登录令牌，将登录令牌从页面传递到小程序，通过小程序在令牌上关联到登录信息，然后再将登录凭证随令牌传递到登录页面完成登录。

10.3　小程序接口

在前面的章节中，介绍了小程序登录的业务流程和实现，以及后台管理系统的扫码登录实现。下面将分两节来分别介绍小程序接口和后台管理系统接口的实现。

10.3.1　建立数据模型

首先根据相册的需要将业务功能拆解为两个数据模型：

- 相册模型，存储相册的数据。
- 照片模型，存储照片的数据。

首先，通过 Mongoose 建立相册数据模型，代码如下：

```
01   const albumSchema = new mongoose.Schema({
02       userId: {                                  // 根据此字段关联相册的拥有者
03           type: String
04       },
05       name: {                                    // 相册名称
06           type: String
07       }
```

```
08    }, {                                              // 对数据模型的描述
09        versionKey: false,
10        timestamps: { createdAt: 'created', updatedAt: 'updated' }
11    })
```

提示：在介绍 Mongoose 时，提到过创建数据模型的第 3 个参数。可以在第 3 个参数中快捷地创建 "createdAt" 和 "updatedAt" 字段，在插入和更新数据时，将自动更新这些字段。

照片的数据一般不会存储在数据库中，而会存储在专门的图片服务器上。在本示例中，简化为存储在应用的目录下。照片的数据模型如下：

```
01    const photoSchema = new mongoose.Schema({
02        userId: {                                      // 通过此字段将照片和用户关联起来
03            type: String
04        },
05        url: {                                         // 存储照片的可访问地址
06            type: String
07        },
08        isApproved: {                                  // 照片审核字段
09            type: Boolean,
10            default: null,                             // 默认值为 null，用于标记未审核状态
11            index: true
12        },
13        albumId: {                                     // 相册 ID
14            type: mongoose.Schema.Types.ObjectId
15        },
16        created: {                                     // 创建时间
17            type: Date,
18            default: Date.now
19        },
20        isDelete: {                                    // 标记照片是否删除
21            type: Boolean,
22            default: false
23        }
24    })
```

提示：在对资源进行删除时，后续还希望能查询到删除的数据，一般定义一个字段来标记是否删除，而不是直接将数据删除。此处定义的 isDelete 就是这一目的。

10.3.2 定义相册接口

相册接口需要实现如下功能：

- 创建、修改、删除相册。
- 获取相册列表。
- 获取某一相册的照片列表。

首先，实现创建相册的功能，在路由中定义创建相册的路由，代码如下：

```
01  router.post('/album', auth, async (context, next) => {        // 定义创建相册的路由
02      const { name } = context.request.body
03      await photo.addAlbum(context.state.user.id, name)          // 调用创建相册的逻辑
04      await next()
05  }, responseOK)
```

基于 RESTful 规范，创建相册时，采用 POST 方法提交数据。在处理相册的业务中定义创建相册的逻辑，代码如下：

```
async addAlbum (userId, name) {
    return album.add(userId, name)
}
```

调用定义在相册数据接口中的操作来操作相册，通过 Mongoose 提供的接口实现，代码如下：

```
01  async add (userId, name) {
02      return Album.create({
03          userId,
04          name
05      })
06  }
```

> **提示**：在这里采用了三层架构来设计相册的接口。在路由层，调用 action 目录中定义的业务操作，而不是直接将复杂的业务写在路由中。在 action 目录中，业务操作层封装了业务操作，通过业务需求调用数据库操作，在业务中可能会存在一些条件判断、权限判断等操作。在数据库操作层中，则只负责将数据存储到数据库中。通过分层设计，可以使业务结构更加清晰，降低彼此之间的耦合度，便于维护。

修改相册的逻辑和创建相册类似，首先还是定义修改相册的路由，代码如下：

```
01  router.put('/album/:id', auth, async (context, next) => {
02      await photo.updateAlbum(context.params.id, context.body.name, ctx.user)
03      await next()
04  }, responseOK)
```

然后在 action 中定义调用数据库中数据的操作方法来修改数据，代码如下：

```
01  async updateAlbum (id, name, user) {
02      const _album = await album.findById(id)        // 根据相册 ID 查询相册
03      if (!_album) {                                 // 如果没有查到相册，直接抛出异常
04          throw new Error('修改的相册不存在')
05      }
06      if (!user.isAdmin && user.id !== _album.userId) {   // 如果当前用户不是管理员、所有者
07          throw new Error('你没有权限修改此相册')             // 则抛出无权限
08      }
09      return album.update(id, name)
10  }
```

在修改相册之前，先查询需要修改的相册是否存在，如果不存在，则抛出异常，告知用户不存在此相册。同时，还要对用户的访问权限进行判断，如果当前用户既不是管理员，也不是相册的所有者，则不允许修改相册，抛出无权限的异常。

注意：在后端数据接口中，通常需要对具体的业务进行判断。一般前端可能不提供操作入口。但由于 RESTful 接口是开放的，外部用户依旧可以对接口进行调用，因此在后端接口中都需要对权限进行限制，就像这里限制只有用户本人才能修改自己的相册。

更新数据库中相册数据的接口如下：

```
01  async update (id, name) {
02      return Album.update({
03          _id: id
04      }, {
05          name: name
06      })
07  }
```

在上述示例中，也使用了通过相册 ID 来获取相册的接口，该方法的代码如下：

```
01  async findById(id){
02      return Album.findById(id)           // 直接采用 Mongoose 提供的接口获取数据
03  }
```

对于删除相册，采用 DELETE 方法来定义 RESTful 接口，定义的路由规则代码如下：

```
01  router.del('/album/:id', auth, async (context, next) => {
02      await photo.deleteAlbum(context.params.id)
03      await next()
04  }, responseOK)
```

上述方法调用了 action 中定义的删除相册的方法。由于相册和照片存在关联关系，在删除相册时，需要判断相册下是否还存在照片，如果存在，则不允许删除相册，代码如下：

```
01  async deleteAlbum (id) {
02      const photos = await photo.getPhotosByAlbumIdCount (id)   // 获取相册下的照片数
03      if (photos.length) {                                      // 如果相册下还存在照片
04
05          throw new Error('相册还存在照片，不允许删除')
06      }
07      return album.delete(id)                                   // 删除相册
08  }
```

> 提示：在实际的业务中，可能存在强制删除的需求，就是不论相册下是否存在照片，都希望将相册删除。这个时候，可以在删除时，提供额外的参数，通过这个参数来区分是否需要强制删除。如果强制删除，则同步删除照片表中对应的数据。

在上述方法中，调用了获取相册下的照片列表的接口，该接口读取了照片表的数据，代码如下：

```
01  async getPhotosByAlbumIdCount (albumId) {
02      return Phopto.count({
03          albumId,
04          isApproved: true,
05          isDelete: false
06      })
07  }
```

通过 Mongoose 提供的 count 方法可以直接获取数据记录数，这里查询了通过审核且没被删除的照片数据。

> 提示：在这个相册小程序中，用户上传的相册需要审核之后才能展示出来（为了规避一些风险）。因此在小程序中，看到的照片都是经过审核的。另外，在前面介绍模型的时候提到过，在删除照片表中的数据时，并不会真正删除，而是将 isDelete 标记为 true。

在小程序中，希望相册列表展示每个相册中照片的数量，并通过卡片的形式展示出来。对于获取相册列表的接口，首先还是定义路由，代码如下：

```
01  router.get('/xcx/album', auth, async (context, next) => {
02      const albums = await photo.getAlbums(context.state.user.id)
03      context.body = {
04          data: albums,
05          status: 0
06      }
07  })
```

提示： 由于该接口和相册管理系统的后台逻辑不一样，单独通过路径对这个接口进行了标注。

然后，查询出所有的相册列表，以及对应相册中的照片数，代码如下：

```
01  async getAlbums (userId, pageIndex, pageSize) {
02      const albums = await album.getAlbums(userId)                // 查询出相册
03      return Promise.all(albums.map(async function (item) {       // 同时查询出相册中的照片信息
04          const id = item._id                                      // 获取相册 ID
05          let ps = await photo.getPhotosByAlbumId(id)              // 根据相册 ID 读取照片列表
06      return Object.assign({
07              photoCount: ps.length,                               // 获取照片数
08              fm: ps[0] ? ps[0].url : null                         // 默认取最近的数据作为封面
09          }, item.toObject())                                      // item 为当前相册的数据
10      }))
11  }
```

提示： 在扩展相册信息时，获取到的每一个相册都是包装过的 Mongoose 数据实体对象，在这个对象上又添加了一些额外的数据。如果想得到干净的业务数据，需要采用 toObject 方法将其转换为 JSON 数据格式。

在小程序中，简化了封面的获取，使用了最近一张被审核通过的照片。在真实的业务中，一般需要提供用户自行设置封面的功能。感兴趣的读者可以自行实现这一功能。

在上述代码中，查询每一个相册中的照片信息时，为了提升性能，采用了 Promise.all 方法。通过这个方法，能够让多个获取相册中的照片列表的操作并行处理。在采用 async/await 模式写代码时，尤其需要注意并行执行的情况。如果每一个单步操作都采用 await 一步一步执行，将会显著地降低性能。

根据相册 ID 获取相册中的照片列表的代码如下：

```
01   async getPhotosByAlbumId (albumId, pageIndex, pageSize) {
02       return await Phopto.find({
03           albumId,
04           isApproved: true,
05           isDelete: false
06       }).sort({
07           'updated': -1                                // 按照更新时间倒序排列
08       })
09   }
```

至此，小程序相册的接口就开发完毕了，接下来需要开发上传和删除照片的接口。

10.3.3 定义照片接口

照片的上传，这里采用 Form 表单，通过 multipart 按 chunk 上传。为了简化操作，本示例将相册存储在当前项目的目录下。

在项目根目录中创建 uploads 目录，用于存储上传的照片。这里采用第三方插件 koa-multer 处理照片上传。首先，通过 NPM 命令安装该插件，命令如下：

```
npm i koa-multer -S
```

在路由中引入该组件，并初始化该组件，代码如下：

```
01   const multer = require('koa-multer')                    // 引入组件
02   const storage = multer.diskStorage({                    // 定义为采用磁盘存储
03       destination: path.join(__dirname, 'uploads'),       // 定义存储的目录为 uploads
04       filename (req, file, cb) {                           // 对写入的文件进行重命名，避免重名
05           const ext = path.extname(file.originalname)
06           cb(null, uuid.v4() + ext)                        // 存储的照片文件名随机
07       }
08   })
09   const uplader = multer({                                 // 得到上传的中间件
10       storage: storage
11   })
```

> **提示：** 由于用户上传的照片可能存在文件名相同的情况，因此在服务器端存储上传的文件时，都采用重新命名的方式，直接在磁盘中存储一个随机的文件名。同时，将文件的这些信息写入数据库。在用户查看照片/文件时，通过数据库中存储的信息渲染出照片/文件的路径。

通过上述代码，得到了上传文件的中间件，只需像正常的中间件那样直接处理照片的

上传即可，代码如下：

```
01  router.post('/photo', auth, uplader.single('file'), async (context, next) => {
02      const { file } = context.req              // 读取上传的文件对象，由上传中间件提供
03      const { id } = context.req.body           // 读取请求中传递的相册 ID
04  await photo.add(context.state.user.id,
05      'https://static.ikcamp.cn/${file.filename}', id)
06      await next()
07  }, responseOK)
```

在这个接口中，采用 auth 中间件对用户操作进行鉴权，然后调用上传中间件传来的照片。在上传中间件中，将 file 对象存储在当前请求的 req 对象中，然后调用数据库接口，将这条照片记录存储到数据库中。

上传照片之后，通过 koa-static 中间件对照片服务提供 HTTP 访问支持。另外，通过对这些静态资源设置合理的缓存（如强缓存），可以让用户后续在访问这个页面时，直接从本地缓存中读取；甚至可以对静态资源服务部署独立的域名，避免不必要的 Cookie 传输（在 HTTP/2 下无须此优化方案），可以对这个域名独立配置 CDN（Content Delivery Network，内容分发网络）服务，加速对图片这样需要消耗大流量的资源的访问。在本示例中，就对图片资源部署了独立的域名。

提示：现在大多数企业使用云服务存储图片，成熟的云服务商提供了友好的图片裁剪和压缩服务，并且大多会提供 CDN 服务，如国内的七牛云等。通过直接在原始图片的 URL 上增加特定规则的 URL 参数，可以实现图片裁剪、压缩等服务。这样，就可以在业务开发阶段，直接上传原图；在渲染页面时，根据页面的实际尺寸动态调整需加载的图片尺寸，从而优化客户端的页面加载体验。

现在处理删除照片的功能，首先定义路由，代码如下：

```
01  router.delete('/photo/:id', auth, async (context, next) => {
02      const p = await photo.getPhotoById(context.params.id)        // 获取需要删除的照片信息
03      if (p) {
04          if (p.userId === context.state.user.id || context.state.user.isAdmin) { // 判断权限
05              await photo.delete(context.params.id)                // 删除照片
06          } else {
07              context.throw(403, '该用户无权限')
08          }
09      }
10      await next()
```

```
11    }, responseOK)
```

和前面介绍的相册示例相似，在删除照片时，需要校验当前用户是否拥有删除权限。

至此，小程序需要的接口已经开发完毕，接下来为相册管理后台提供接口，具体参见下节内容。

10.4 后台管理系统接口

前面已经介绍了通过小程序扫码登录管理后台的相关内容。后台管理系统的用户和小程序的用户相同，只是这些用户被授予了管理员权限。只有管理员才能访问后台管理系统，这里主要提供如下接口：

- 用户列表。
- 设置管理员、取消管理员、禁用用户。
- 获取待审核的照片列表，获取已审核的照片列表，获取审核被拒绝的照片列表。
- 审核照片、取消审核照片。

我们要求访问后台管理系统的用户都必须是管理员，为了便于处理，在路径中为后台管理系统特有的接口统一加上"/admin"前缀。这样可以集中在中间件中对访问后台的这些路由进行鉴权，拦截非管理员用户。调整前面介绍的 auth 中间件，在获取用户的代码后加入如下代码：

```
if (/^\/admin/i.test(context.url) && !context.state.user.isAdmin) {          // 鉴权判断
    context.throw(401, '当前资源仅支持管理员访问')
}
```

这样，以"/admin"开头的请求都要求具有管理员权限。否则直接返回 401 状态码，提示用户无权限访问。

10.4.1 定义用户列表接口

在用户列表接口中，先定义路由，代码如下：

```
01    router.get('/admin/user', async (context, next) => {
02        const pageParams = getPageParams(context)
03        context.body = {
04            status: 0,
```

```
05          data: await account.getUsers(pageParams.pageIndex, pageParams.pageSize)
06      }
07      await next()
08  })
```

对于获取列表的接口，为了提升性能，通常需要分页获取数据，每次仅仅获取 1 页数据，而不是全部数据。这样做有两大好处：首先，前端页面展示时，不需要将全部数据都展示出来，可以大幅降低页面的体积，提升客户端的操作体验；其次，数据不用一次全部输出到页面上，减少了接口传输的数据量，以及服务需要处理的数据量。并且在大多数时候，用户也只关注前几页的数据，后面的数据被查看的概率非常低。

提示：在小程序相册中未采用分页，是因为小程序开发时，未考虑分页时的交互。一般来说，移动端采用下拉方式加载更多页数据。

在本示例中，分页的参数从请求的 query 属性中获取，由于需要对这些参数设置默认值和修改数据类型，这里统一定义方法来获取分页参数，代码如下：

```
01  function getPageParams (context) {
02      return {
03          pageIndex: parseInt(context.query.pageIndex) || 1,
04          pageSize: parseInt(context.query.pageSize) || 10
05      }
06  }
```

在 action 中调用数据库中定义的方法来获取用户数据，代码如下：

```
01  async getUsers (pageIndex, pageSize) {
02      const [count, users] = await Promise.all([getUsersCount(),
        getusers(pageIndex, pageSize)])
03      return {
04          count,
05          data: users
06      }
07  }
```

对于分页展示，客户端需要知道当前总共有多少条记录，并计算分页的页数。因此在查询结果中，需要返回记录总数。这里调用两个接口，一个用来获取当前页的数据，另一个用来获取总用户数。并行调用这两个接口，获取到数据之后，统一返回给路由，然后由路由返回给客户端。

在获取总用户数的接口中，调用 Mongoose 提供的 count 方法获取总记录数，代码如下：

```
async getUsersCount () {
    return User.count()                    // 获取用户数
}
```

获取当前页数据的接口同样采用 Mongoose 提供的 skip 和 limit 方法来实现，代码如下：

```
async getUsers (pageIndex, pageSize) {
    return User.find().skip((pageIndex - 1) * pageSize).limit(pageSize)
}
```

这里简要介绍一下 skip 和 limit 的作用：

- limit，就是输出的记录数，如 limit(10)表示只输出 10 条记录。
- skip，意思是跳过多少条记录，如 skip(10)表示跳过前面的 10 条记录，从第 11 条记录开始输出。

借助这两个接口，可以比较轻松地实现分页。

10.4.2　定义权限管理接口

在定义用户模型时，定义了 type 字段来区分用户类型。这里约定 type 的值如下：

- type 等于 1 标记管理员。
- type 等于-1 标记禁用用户。
- type 等于 0 标记普通用户。默认 type 值是 0。

因此，对于设置管理员、取消设置管理员、禁用用户、取消禁用用户来说，都可以通过修改用户的 type 来实现。修改用户类型接口的代码如下：

```
01  router.get('/admin/user/:id/userType/:type', async (context, next) => {
02      const body = {
03          status: 0,
04          data: await account.setUserType(context.params.id, context.params.type)
05      }
06      context.body = body
07      await next()
08  })
```

上述代码中设置用户类型的方法直接调用了数据库中定义的修改用户类型的方法，也就是调用了数据库的更新操作，代码如下：

```
01  async updateUserType (id, type) {
02      return User.update({
03          _id: id
04      }, {
05          userType: type
06      })
07  }
```

10.4.3　定义获取照片接口

为了便于前端调用，在处理获取待审核照片列表、已审核照片列表和审核被拒绝的照片列表时，提供了相同的接口给前端，通过不同的参数来标记不同的业务。添加相关路由的代码如下：

```
01  router.get('/admin/photo/:type', auth, async (context, next) => {
02      const params = getPageParams(context)        // 获取分页参数
03      // 调用接口安装审核状态获取数据
04      const photos = await photo.getPhotosByApproveState(context.params.type,
05      params.pageIndex, params.pageSize)
06      context.body = {
07          status: 0,
08          data: photos
09      }
10  })
```

在上述代码中调用的 **getPhotosByApproveState** 方法可以根据不同的状态获取不同的数据，代码如下：

```
01  async getPhotosByApproveState (type, pageIndex, pageSize) {
02      switch (type) {
03          case 'pending':                          // 获取待审核照片列表
04          const [count, photos] = await
05              return {
06      Promise.all([photo.getApprovingPhotosCount(), photo.getApprovingPhotos(pageIndex,
07      pageSize)])
08              count,
09                  data: photos
10              }
11          case 'accepted':                         // 获取审核通过的照片列表
```

```
12              const [count, photos] = await
13               Promise.all([photo.getApprovedPhotosCount(),
14              photo.getApprovedPhotos(pageIndex, pageSize)])
15               return {
16                   count,
17                   data: photos
18               }
19          case 'reject':                          // 获取审核被拒绝的照片列表
20              const [count, photos] = await
21      Promise.all([photo.getUnApprovedPhotosCount(), photo.getUnApprovedPhotos(pageIndex,
22      pageSize)])
23              return {
24                  count,
25                  data: photos
26              }
27      }
28  }
```

在这个方法中，依次判断前端传递来的参数，根据参数调用不同的数据操作方法，返回不同的数据给前端使用，并且每一个接口都支持分页。也就是说在服务器端都请求两次数据库查询，查询出总记录数和当前页面的数据。在获取待审核列表的数据接口中，依据 isApproved 等于 null 进行查询，代码如下：

```
01  async getApprovingPhotos (pageIndex, pageSize) {        // 分页获取待审核照片列表
02      return Phopto.find({
03          isApproved: null,                              // 通过 isApproved 字段为 null 来获取
04          isDelete: false                                // 过滤掉删除掉的数据
05      }).skip((pageIndex - 1) * pageSize).limit(pageSize)
06  },
07  async getApprovingPhotosCount () {                     // 获取待审核照片的数量
08      return Phopto.count({                               // 此处的过滤条件和获取数据的相同
09          isApproved: null,
10          isDelete: false
11      })
12  }
```

获取已审核和审核被拒绝照片列表的接口和上述接口相似，都是对 isApproved 字段的值进行判断，不同的是，isApproved 字段的值为 true 表示已审核，isApproved 为 false 表示审核被拒绝。

10.4.4　定义审核照片接口

审核照片和取消审核照片其实是修改照片的 **isApproved** 字段，是一个数据更新操作。增加处理该操作的路由，代码如下：

```
01  router.put('/admin/photo/approve/:id/:state', auth, async (context, next) => {
02      await photo.approve(context.params.id, this.params.state)
03      await next()
04  }, responseOK)
```

通过参数中传递的 **State** 来标记是通过审核还是拒绝审核。该方法调用的数据库方法采用的是 **Mongoose** 提供的更新方法，代码如下：

```
01  async approve (id, state) {
02      return Phopto.update({
03          _id: id
04      }, {
05          isApproved: state || true        // 如果未获取到状态，默认视为审核操作
06      })
07  }
```

至此，相册管理后台的相关接口就开发完毕了。本示例通过中间件来统一授权，通过采用 **RESTful** 的方式提供一些业务接口来给相册管理后台调用。

10.5　记录日志

在 **Node.js** 系统中，通常需要记录日志来记录应用的行为，后期可以通过日志来分析、排查问题。在前面的章节中介绍了日志中间件，本节同样采用日志中间件来记录日志。

在安装好 **log4js** 组件之后，需要定义中间件来记录日志，该中间件的代码如下：

```
01  const log4js = require('log4js')
02  const env = process.env.NODE_ENV
03  log4js.configure({                          // 配置log4js
04      appenders: {                            // 配置日志记录器
05          everything: {                       // 采用文件记录
06          type: 'file',
07          filename: 'logs/app.log',
08          maxLogSize: 10485760,               // 按照日志体积进行分割
09          backups: 3,                         // 保留多少个备份文件
10          compress: true                      // 压缩备份的日志
```

```
11          },
12          dev: {
13              type: 'console'                              // 在开发的时候，输出日志到 console 中
14          }
15          },
16          categories: {                                    // 定义日志记录器的类别
17              default: {                                   // 默认记录，线上采用此配置
18                  appenders: ['everything'],               // 采用文件的方式存储日志
19                  level: 'info'                            // 记录 info 级别之上的日志
20              },
21              dev: {
22                  appenders: ['dev', 'everything'],        // 采用文件存储和控制台输出日志
23                  level: 'debug'                           // 记录 debug 级别之上的日志
24              }
25          }
26  })
27  let logger = log4js.getLogger()                          // 线上采用默认的日志配置（类别为 default）
28  if (env !== 'production') {                              // 如果是非线上环境
29      logger = log4js.getLogger('dev')                    // 采用 dev 的日志配置（类别为 dev）
30  }
31  module.exports = async function (ctx, next) {            // 定义中间件
32      ctx.logger = logger                                 // 将日志记录器挂载到上下文中，便于调用
33      ctx.logger.info(JSON.stringify({                    // 默认记录每个请求的数据
34          url: ctx.url,
35          query: ctx.query,
36          headers: ctx.request.headers,
37          ua: ctx.userAgent,
38          timespan: Date.now()                            // 记录访问的时间戳，便于排查问题
39      }))
40      await next()
41  }
```

在日志中间件中，默认记录了应用的访问日志，每一个请求进来都会被记录。在开发时，默认将日志输出到控制台上，便于调试和定位问题。在线上环境中，将日志存储在磁盘文件中，后续可以通过一些代理工具将日志采集到日志分析系统中（如 ELK）。

注意： 为了便于分析问题和采集日志，一般需要将日志拆解为多个文件存储。在本示例中，是采用限定日志文件的体积来切割日志的。另外，配置历史日志文件保留 3 个文件，同时将历史文件压缩。也可以按照日期来切割日志，具体方法可参考之前的章节。

在应用中增加统一处理错误的中间件，用来处理在业务中抛出的异常，同时也为这些错误记录日志，代码如下：

```
01  app.use(async (context, next) => {
02      try {
03          await next()                          // 执行下一个中间件
04      } catch (ex) {                            // 处理下一个中间件中的异常
05          ctx.logger.error(ex.stack || ex)      // 记录错误日志
06          context.body = {                      // 输出接口信息给前端
07              status: -1,
08              message: ex.message || ex,        // 输出错误信息
09              code: ex.status                   // 输出错误码
10          }
11      }
12  })
```

在记录错误日志时，为了便于排查问题，这里记录了 Exception 对象的 stack，这样能够在日志中很直观地看到报错位置。另外，这个服务是 RESTful 接口的，对于接口出错，统一封装了输出的响应体，便于前端调用。

在业务开发中，也需要记录对应的业务日志，以便于分析问题。例如在 auth 中间件中，需要对每个请求进行鉴权，除记录访问日志和错误日志外，也需要提供额外的信息来协助排查、分析问题。修改之前介绍的 auth 中间件，代码如下：

```
01  module.exports = async function (context, next) {
02      const sessionKey = context.get('x-session')
03      context.logger.debug('[auth] 获取到的 sessionKey 为${sessionKey}')
04      if (!sessionKey) {
05          context.throw(401, '请求头中未包含 x-session')
06      }
07      const user = await findBySessionKey(sessionKey)
08      if (user) {
09      context.logger.debug('[auth] 根据 sessionKey 查询到的用户为${JSON.stringify(user)}')
10          if (user.userType === -1) {
11              context.throw(401, '当前用户被禁用')
12          }
13          …
14      } else {
15          context.logger.info('[auth] 根据 sessionKey 未获取到用户')
16          context.throw(401, 'session 过期')
```

```
17          }
18          if (/^\/admin/i.test(context.url) && !context.state.user.isAdmin) {
19              context.logger.info('[auth] 当前的${context.url} 仅支持管理员访问.')
20              context.throw(401, '当前资源仅支持管理员访问')
21          }
22          await next()
23      }
```

在 auth 中间件中记录这些额外信息，就能够在发生异常时，快速定位和分析问题。业务接口也需要记录这些和业务相关的信息，限于篇幅就不在这里一一介绍了。

注意：在记录日志时，一定要采用合理的日志级别，这样便于后续管理。在应用不稳定时，可以多输出一些日志；在应用稳定之后，可以调整日志记录级别，降低日志文件的体积，减轻日志分析系统的压力。

10.6 本章小结

本章按照业务特性介绍了小程序登录、小程序扫码登录、小程序的业务接口和相册管理后台的业务接口，最后单独介绍了日志记录。

在小程序登录部分介绍了登录流程，读者在开发小程序时，可以参考本示例的实现方式，快速接入小程序登录。

在小程序扫码登录部分，介绍了扫码登录的逻辑，并且介绍了服务器端如何基于 HTTP接口实现一个准实时的轮询服务器系统，介绍了如何在 Koa 中实现一个长轮询服务。读者在开发轮询接口时，可以参考本示例。相比客户端通过 setInterval 的方式定时请求接口，长轮询可以显著降低服务器端网络端口的压力，在保障准实时的基础上，减少了客户端发起请求的次数。

在小程序相册接口中，除介绍小程序需要的业务接口之外，还介绍了如何在 Koa 中处理图片上传。另外，也介绍了常规的图片存储方式，推荐读者在业务系统中采用云存储服务，借助云存储服务可以较方便地通过裁剪、格式转换等服务来优化图片加载的性能。

在后台管理系统接口中，除介绍后台管理需要的接口之外，还提到了后端接口需要控制权限，并且介绍了如何通过中间件快捷地控制管理员权限。另外，在展示列表数据时，为了获得较好的性能，通常采用分页来展示列表数据。

　　最后，通过具体的实例介绍了如何使用 log4js 来记录日志。日志对于应用至关重要，希望读者在应用开发中重视对日志的记录。在应用出现异常时，日志可以协助开发者快速排查问题。另外，建议读者采用现代化的日志管理平台记录日志，如 ELK，这样能提升日志的查询和使用效率。在应用上线之后，也需要去关注记录的日志，如出现错误日志，应尽早修复相关错误。

11

第 11 章

云相册小程序开发

上一章讲述了"iKcamp 简易相册"的后台开发工作，本章将会讲述"iKcamp 简易相册"小程序的开发过程及发布流程。"iKcamp 简易相册"的 UI 主要由 4 部分组成：个人中心、新建相册、相册列表和照片列表。"个人中心""相册列表"和"照片列表"会以独立的页面（Page）形式呈现，而"新建相册"将会以组件（Component）的形式呈现。

"iKcamp 简易相册"将会采用 Promise 形式对小程序接口进行封装，并采用 Redux 技术解决页面间的通信问题。

11.1　项目介绍

为了更深入了解"iKcamp 简易相册"小程序的设计思路，在正式开始开发工作之前，可以先预览项目的完整结构，项目结构如下：

```
├─ assets/                        小程序中用到的素材图片
├─ components/
```

```
|   |── create/                        组件：新建相册
|   |── ...
|── pages/
|   |── pic/                           页面：照片列表
|   |   |── ...
|   |── pics/                          页面：相册列表
|   |   |── ...
|   |── self/                          首页：个人中心
|   |   |── ...
|── reducers/
|   |── index.js                       Reducers 集合
|   |── userInfo.js                     用户信息
|   |── redux.min.js                   第三方函数库
|── server/
|   |── index.js                       公用文件：封装调用后台接口
|── utils/
|   |── connect.js                     工具：将 State 状态机制融合到小程序生命周期
|   |── formatTime.js                  工具：格式化日期
|   |── shallowEqual.js                工具：Redux 库中的工具函数
|   |── toPromise.js                   工具：封装 wx 自带的接口，使其支持 Promise
|── app.js                            小程序入口文件
|── app.json                          小程序公用配置文件
|── app.wxss                          小程序全局样式文件
```

从项目代码的结构中，可以清晰地看到，页面主体分为 3 部分，而所有与服务器端相关的代码都集中在 server/index.js 文件中，所有的工具类代码都在 utils/ 文件夹下。下面着重介绍几个核心文件。

- **toPromise.js 介绍**

在撰写本书时，微信小程序尚不支持 Promise 形式的接口。读者可以查阅微信小程序的官方 API 文档，小程序框架提供的 JavaScript API 基本上都是异步的，如 wx.login()、wx.getUserInfo()、wx.getLocation()等。这些接口提供的回调处理方式比较传统：在参数中传入 success/fail/complete 回调函数，就可以对运行成功、运行失败、运行完成 3 种状态分别处理，示例代码如下：

```
01  wx.request({
02      url: 'test.php', //示例接口地址
03      data: {
04          x: '' ,
05          y: ''
06      },
```

```
07          header: {
08              'content-type': 'application/json'
09          },
10          success: function(res) {
11              console.log(res.data)
12          },
13          fail: function(){},
14          complete: function(){}
15      })
```

为了在项目中更方便地编写代码，避免"回调地狱"问题，toPromise.js 代码主要利用 ES5 的特性 Object.defineProperty，以及小程序对原生 Promise 的支持，重新定义了小程序的部分接口，部分核心代码如下：

```
01  Object.defineProperty(wx, key, {
02      get() {
03          return (option = {}) => {
04              return new Promise((resolve, reject) => {
05                  option.success = res => {
06                      resolve(res);
07                  }
08                  option.fail = res => {
09                      reject(res);
10                  }
11                  wxKeyFn(option);
12              });
13          }
14      }
15  });
```

上述代码中，key 为需要 Promise 化的微信小程序接口名，当开发者调用此接口时，会返回一个 Promise 实例对象，同时在函数内部调用原生的小程序接口。当原生接口调用 success 回调函数时，Promise 实例对象执行 resovle 函数；当原生接口调用 fail 回调函数时，Promise 实例对象执行 reject 函数。

- **server/index.js 介绍**

在整个项目中，"iKcamp 简易相册"小程序将会用到后台服务的多个接口。接口的调用、后台服务域名等，都已经封装在 server/index.js 文件中，并且调用接口的函数都将以 Promise 的形式返回，方便项目统一管理。另外，由于"iKcamp 简易相册"小程序要求用户登录后才能操作，所以在用户登录成功后，小程序将会缓存 sessionKey，同时在每个 HTTP

请求中，都会将 sessionKey 设置在请求头中，方便后台服务验证登录状态。如果接口返回的状态码为-1（与后端约定的接口规范），表示请求数据失败，需要给用户提示相关信息；如果返回的 code 字段为 401，则表示用户的登录状态失效或过期，需要用户重新登录。封装的 HTTP 函数代码如下：

```
01  const HTTP = (url, option = {}, fn = 'request') => {
02  let sessionKey = '';
03  try {
04      sessionKey = wx.getStorageSync(SESSION_KEY);
05  } catch (e) {
06      console.log(`[request 请求获取登录状态失败], ${JSON.stringify(e)}`);
07  }
08  return new Promise((resolve, reject) => {
09      wx[fn]({
10          ...option,
11          url: HOST + url,
12          header: {
13              'x-session': sessionKey
14          }
15      }).then(res => {
16          if (res.data.status == -1 && res.data.code == 401) {
17              wx.showToast({ title: '登录状态失效, 请重新登录', icon: 'none', mask: true,
18  duration: 2000 });
19              reject(res);
20          } else if (res.data.status == '-1') {
21              wx.showToast({ title: res.data.message || '网络接口错误', icon: 'none', mask: true,
22  duration: 2000 });
23              reject(res);
24          } else {
25              resolve(res);
26          }
27      }).catch(e => {
28          wx.showToast({ title: '错误提示：网络异常', icon: 'none', mask: true, duration:
29  2000 });
30          reject(e);
31      })
32  })
33  }
```

- **app.js 介绍**

app.js 是小程序的入口文件，需要在初始化阶段运行的代码都可以在 app.js 中引入。为

了 Promise 化小程序接口，需要在一开始就加载 toPromise.js 文件，另外还需要引入 Store
（Redux 维护的数据状态）到配置中。文件加载之后，小程序将会进入 onLoad 生命周期，
此时需要对用户的登录状态做逻辑处理：如果 sessionKey 不存在，要求用户直接登录；如
果 sessionKey 存在，则对 sessionKey 进行验证，部分代码如下：

```
01    import './utils/toPromise';
02    import Store from './reducers/index';
03    App({
04        Store,
05        onLaunch() {
06            wx.showLoading({ title: 'loading...', mask: true });
07            let session_key;
08            try {
09                session_key = wx.getStorageSync(SERVER.SESSION_KEY);
10            } catch (e) {
11                console.log('[获取登录 key-value 失败' + JSON.stringify(e));
12            }
13            if (!session_key) {
14                console.log('Token 为空，获取 Token 并登录');
15                this._login();                // 用户登录
16            } else {
17                console.log('Token 存在，进行验证 -> ' + session_key);
18                this.getUserInfo();           // 验证用户登录状态
19            }
20        }
21    })
```

验证用户登录状态时，如果用户信息获取成功，则通过 dispatch 触发 Action，同步用户
信息数据；如果用户信息获取失败，则清理本地缓存的 sessionKey，并再次发起"用户登录"
行为，部分代码如下：

```
01    getUserInfo() {              // 根据当前用户 Token 获取用户信息，若失败做重新登录处理
02        SERVER.getCurrentUserInfo().then(response => {
03            console.log('Token 验证成功，并获取用户信息 -> ' + JSON.stringify(response.data));
04            Store.dispatch({ type: "MODIFY_USER", data: response.data });
05            wx.hideLoading();
06        }, error => {
07    console.log('Token 验证出错，移除 Token 后重新登录 ->'
08            + wx.getStorageSync (SERVER.SESSION_KEY));
09        wx.removeStorage({ key: SERVER.SESSION_KEY });
10            this._login();
```

```
11        })
12    }
```

在用户登录函数中，逻辑相对简单，只需在微信小程序登录后调用服务器端接口生成 sessionKey 并保存在本地缓存中，然后获取用户信息即可，部分代码如下：

```
01   _login() {// 登录/注册，并获取当前用户信息
02       wx.login({
03           complete: (res) => {
04               if (res.code) {
05                   SERVER.login(res.code).then(response => {
06                       const { data } = response.data;
07                       console.log('登录成功，记录新 Token -> ' + data.sessionKey);
08                       wx.setStorageSync(SERVER.SESSION_KEY, data.sessionKey);
09                       this.getUserInfo();
10                   })
11               }
12           }
13       })
14   }
```

11.2　结合 Redux 实现小程序组件通信

随着 JavaScript 单页应用开发日趋复杂，JavaScript 需要管理比以前更多的 State（状态）。这些 State 可能包括服务器响应、缓存数据、本地生成尚未持久化到服务器的数据，也包括 UI 状态，如激活的路由、被选中的标签、是否显示加载动画效果或分页器等。

管理不断变化的 State 非常困难。如果一个 Model 变化会引起另一个 Model 变化，那么当 View 变化时，就可能引起对应 Model 及另一个 Model 的变化，进而可能会引起另一个 View 的变化，直至开发者都搞不清楚到底发生了什么。State 在什么时候，由于什么原因，如何变化已然不受控制。当系统变得错综复杂的时候，想重现问题或添加新功能就变得举步维艰。

Redux 可以帮开发者解决这个问题。跟随 Flux、CQRS（Command Query Responsibility Segregation，命令查询的责任分离）和 Event Sourcing 的脚步，通过限制更新发生的时间和方式，Redux 试图让 State 的变化变得可预测。这些限制条件反映在 Redux 的 3 个基本原则中。

注意：Redux 和 React 之间没有必然关系。Redux 支持 React、Angular、Ember、jQuery，甚至纯 JavaScript，同样也可以应用在微信小程序中。

Redux 的三大基本原则如下。

- **单一数据源**

整个应用的 State 被存储在一棵 Object Tree（状态树）中，并且这个 Object Tree 只存在于唯一的 Store 中。这让同构应用开发变得非常容易。来自服务器端的 State 可以在无须编写更多代码的情况下被序列化并注入客户端。由于是单一的 State Tree，调试也变得非常容易。在开发中，可以把应用的 State 保存在本地，从而加快开发速度。此外，得益于单一的 State Tree，以前难以实现的如撤销/重做这类功能也变得轻而易举。

- **State 是只读的**

唯一改变状态的方法就是触发 Action——dispatch。Action 是一个用于描述已发生事件的普通对象。这样确保了视图和网络请求都不能直接修改 State，它们只能表达想要修改的意图。因为所有的修改都被集中处理，且严格按照一个接一个的顺序执行，因此不用担心紊乱情况的出现。Action 只是普通对象而已，因此它们可以被日志打印、序列化、存储、后期调试或测试时回放出来。

- **使用纯函数修改状态**

为了描述 Action 如何改变状态树，开发者需要编写 Reducer 函数。Reducer 是纯函数，它接收先前的 State 和 Action，并返回新的 State。刚开始项目中可以只有一个 Reducer，随着应用变大，需要把它拆成多个小的 Reducer，分别独立地操作 State Tree 的不同部分。因为 Reducer 只是函数，开发者可以控制它们被调用的顺序，传入附加数据，甚至编写可复用的 Reducer 来处理一些通用任务。

严格的单向数据流是 Redux 架构的设计核心。Redux 应用中数据的生命周期遵循如下流程。

- 调用 store.dispatch(action)。开发者可以在任何地方调用 store.dispatch(action)，包括组件中、XMLHttpRequest 回调，甚至定时器中。Action 是一个描述"发生了什么"的普通对象，例如：

```
{
    type: 'ADD_TODO',
    text: 'ReadtheReduxdocs.'
```

　　　　}

- Redux Store 调用传入的 Reducer 函数。Store 会把两个参数传入 Reducer：当前的 State 树和 Action。根 Reducer 应该把多个子 Reducer 输出合并成一个单一的 State 树。Redux 原生提供 combineReducers()辅助函数，把根 Reducer 拆分成多个函数，分别用来处理 State 树的一个分支。

- Redux Store 保存根 Reducer 返回的完整 State 树。

- 用新的 State 更新 UI。如果开发者使用了 react-redux 这一类的绑定库，这时就应该调用 component.setState(newState)来更新。

　　在 React 类库的项目中，当 State 发生变化时，通过 props 接收参数的组件也会同时发生变化，最终触发 render 函数并完成视图更新。在小程序项目中，基于小程序的内部实现机制，通过 setData 改变 data 对象中的属性，同样可以达到更新视图的目的。

　　如果读者看过 Redux 的源码或阅读过相关文章就会发现，Redux 实现 State 状态管理及小程序自带实现视图更新的功能，可以简单概括如下：

- 订阅——监听状态，保存对应的回调。

- 发布——状态变化，执行回调函数。

- 同步视图——同步数据到视图。

　　实现小程序组件通信的思路是这样的，首先，通过 Redux 实现发布订阅模式，从 CDN 或官方网站获取 redux.min.js 文件，放在项目对应的目录下。然后创建相应的 Reducers 文件 userInfo.js。由于"云相册"小程序的用户信息数据需要提取到状态树中，其对应的 Reducer 代码如下：

```
01  const INITIAL_STATE = {
02      data: null
03  }
04  const User = (state = INITIAL_STATE, action) => {
05      switch (action.type) {
06          case "MODIFY_USER": return { state, ...action.data };
07          default: return state;
08      }
09  }
10  export default User
```

创建 reducers/index.js 文件，应用 Redux 的 combineReducers()辅助函数，用来整合所有的 Reducer，代码如下：

```
01    import { createStore, combineReducers } from './redux.min.js';
02    import userInfo from './userInfo;
03    export default createStore(combineReducers({
04        userInfo
05    }));
```

然后，通过 Object.defineProperty（Vue.js 的设计思路）方式更新视图，同时以"原型继承"的方式对小程序的生命周期进行包装。当 State （状态）发生变化时，如果状态值不一样，就同步执行 setData 函数以更新视图。

注意：Vue.js 采用"数据劫持"结合"发布—订阅模式"的方式，通过 Object.defineProperty()来"劫持"各个属性的 Setter 和 Getter，在数据变动时发布消息给订阅者，触发相应的监听回调。

对小程序的生命周期进行包装，是实现小程序通信的核心步骤，实现此步骤的代码详见本节的 connect.js 文件源码。connect.js 的主要功能是在继承配置项后，针对不同的生命周期函数加入对应的订阅、发布和销毁机制。当小程序页面展示时，会判断是否存在销毁记录，如果没有则重新监听 State。当小程序页面关闭或隐藏时，销毁之前的监听事件。部分核心代码如下：

```
01    onLoad() {
02        super.onLoad();                                            // 先继承上级函数
03        this.__destroy = this.__Store.subscribe(this.__observer);  // 生成监听事件
04        this.__observer();
05    },
06    onUnload() {
07        super.onUnload();
08        this.__destroy && this.__destroy() & delete this.__destroy;
09    },
10    onShow() {
11        super.onShow();
12        if (!this.__destroy) {
13            this.__destroy = this.__Store.subscribe(this.__observer);
14            this.__observer();
15        }
16    },
17    onHide() {
18        super.onHide();
```

```
19          this.__destroy && this.__destroy() & delete this.__destroy;
20      }
```

当小程序入口文件 app.js 运行时，需要先把整合后的 Store 作为 App 启动的参数，部分代码如下：

```
01  import Store from './reducers/index';
02  App({
03      Store,
04      onLoad(){}
05  })
```

在需要用到状态机制的文件中引入 connect.js 文件，对其生命周期进行包装，使用方法如下：

```
01  import connect from "../../utils/connect";
02  const mapStateToProps = (state) => {
03      return {
04          pics: state.pics
05      }
06  }
07  Page(connect(mapStateToProps)({
08      data: {},
09      onLoad(){}
10  });
```

此时的 this 对象中，已经内置了__Store、__dispatch、__destroy 和__observer 属性。

- __Store：状态管理中心。

- __dispatch：用来触发 Reducer 函数。

- __destroy：销毁者，取消监听事件。

- __observer：观察者，在 State 状态变化时执行对应的回调函数。

注：this 为上下文，如 this.setData()。

其用法也比较简单。如果页面通过 connect.js 进行包装，只需用 this.__dispatch 即可触发对应的 Reducer 函数。如果页面或组件没有通过 connect.js 进行包装，可以调用小程序实例对象的扩展属性 getApp().Store.dispatch 来触发。

11.3 "个人中心"页面

从这一节开始,将会进入小程序相关页面的制作过程。小程序加载进来后,首先要运行 app.js 初始化整个项目,然后根据 app.json 中的页面配置项,加载并运行第 1 个页面,配置项如下所示:

```
"pages": [
    "pages/self/self",
    "pages/pics/pics",
    "pages/pic/pic"
]
```

注意:小程序默认加载数组中的第 1 个页面,也就是上述配置中的 pages/self/self 路径下的视图。

在 app.js 文件中,已经对用户的登录状态进行了判断,并且在获取到用户信息后实时地同步到了 userInfo(用户数据),而 userInfo 将要展示的页面就是"个人中心"页面。所以,在"个人中心"页面的 self.js 代码中,首先需要引入 userInfo,这样就可以在获取到用户信息后自动同步并更新视图了。部分代码如下:

```
01    import connect from "../../utils/connect";
02    import SERVER from "../../server/index";
03    const mapStateToProps = (state) => {
04        return {
05            userInfo: state.userInfo
06        }
07    }
08    Page(connect(mapStateToProps)({
09        …
10    }))
```

connect.js 是项目中已经封装好的工具函数,用来连接小程序与 Redux Store。mapStateToProps 函数允许我们将 Store 中的数据作为 data 绑定到小程序上,以实现同步更新视图。所以在打开"个人中心"页面后,视图中已经存在小程序的 data,也就是 userInfo 对象,此对象将会直接在 WXML 文件中使用。

提示:根据微信小程序的官方文档,为了保护用户隐私,开发者是不能直接获取到用户信息的,也不能主动调用授权弹窗。详情可查阅官方文档,wx.getUserInfo 接口文档访问地址为 https://developers.weixin.qq.com/miniprogram/dev/api/open.html。

为了科学、安全地获取用户信息，"iKcamp 简易相册"严格按照官方文档的要求，以 Button 的形式来引导用户主动授权。部分视图代码如下：

```
<view>
    <button class="btn-userInfo" wx:if="{{userInfo.data && !userInfo.data.name}}"
open-type="getUserInfo" bindgetuserinfo="getUserInfoHandle"> 使用微信账号登录 </button>
    <block wx:elif="{{userInfo}}">
        <view class="userinfo">
        <image class="userinfo-avatar" src="{{userInfo.data.avatar}}"
mode="cover"></image>
            <text class="userinfo-nickname">Hello, {{userInfo.data.name}}</text>
        </view>
        <button class="btn-qcode" bindtap="scanQrcodeHandle">扫码登录后台系统</button>
    </block>
</view>
```

当用户信息获取成功后，会直接显示用户的头像和昵称；而当用户信息尚未获取时，则显示用于获取用户信息的 Button 组件。用户未登录时的界面如图 11.1 所示。

图 11.1　用户未登录时的界面

Button 组件对应的回调函数为 getUserInfoHandle，此回调函数需要在 Page 的参数对象中添加，部分代码如下：

```
01    getUserInfoHandle: function (e) {
02        let userInfo = e.detail.userInfo;
03        if (userInfo) {
```

```
04              wx.showLoading({ title: 'loading...', mask: true });
05              SERVER.updateUserInfo({
06                  avatar: userInfo.avatarUrl,
07                  name: userInfo.nickName
08              }).catch(e => {
09                  wx.hideLoading()
10                  console.log(e)
11              }).then(() => {
12                  getApp().getUserInfo()
13              })
14          } else {
15              wx.showToast({ title: '请允许 iKcamp 申请的微信授权操作', icon: 'none', mask: true,
16                      duration: 3000 })
17          }
18      }
```

当用户单击按钮且成功授权后，微信小程序会自动执行此按钮上绑定的回调函数，并在执行回调函数时传入对应的事件对象（内含对应的数据信息，其中就有 userInfo 对象）。获取到用户信息后，需要做两件事情：

- 更新数据库中对应的用户信息——SERVER.updateUserInfo()。
- 同步用户信息到 Store 中——getApp().getUserInfo()。

用户信息获取成功后，会显示用户已登录界面，如图 11.2 所示。

图 11.2　用户已登录界面

此时，在"个人中心"页面中，用户可以通过"扫码登录后台系统"按钮登录"iKcamp
简易相册"后台管理系统，部分代码如下：

```
01  scanQrcodeHandle(e) {
02      wx.scanCode({
03          onlyFromCamera: true
04      }).then(res => {
05          SERVER.scanCode(res.result).then(e => {
06              wx.showToast({ title: '扫码登录成功', icon: 'success', duration: 2000 })
07          }).catch(e => {
08              wx.showToast({ title: '二维码过期，请单击二维码刷新后重试', icon: 'none',
09                              mask: true, duration: 2000 })
10          )
11      }).catch(e => {
12          console.log(e)
13      })
14  }
```

当用户单击视图中的按钮后，将会触发此回调函数，函数将会调用微信小程序的官方
接口 wx.scanCode 唤起扫描二维码功能。扫码成功后将会在 then 函数中返回扫码结果。这
时需调用后台接口将扫码结果传递给服务器端进行处理，并在小程序上对不同的结果进行
提示。

11.4　"新建相册"页面

在"iKcamp 简易相册"的列表页面中，用户可以单击按钮实现"新建相册"功能。所
以在开发"相册列表"页面之前，我们需要先实现"新建相册"页面。

微信小程序支持简洁的组件化编程，将页面拆分成低耦合的模块，方便开发者将页面
内的功能模块抽象成自定义组件，以便在不同的页面中重复使用；也可以将复杂的页面拆
分成多个低耦合的模块，有助于代码维护。自定义组件在使用时与基础组件非常相似。本
节将以自定义组件的形式实现"新建相册"页面。

11.4.1　自定义组件用法介绍

与页面类似，一个自定义组件由 JSON、WXML、WXSS、JavaScript 文件组成。

> **注意**：在小程序开发编辑器中，可以通过单击鼠标右键在打开的快捷菜单中选择
> "创建 Component" 命令来快速生成必要的文件。

编写自定义组件，首先需要在 JSON 文件中进行自定义组件声明（将 component 字段设为 true）：

```
{
    "component": true
}
```

同时，还要在 WXML 文件中编写组件模板，在 WXSS 文件中加入组件的样式代码，写法与页面类似。具体细节和注意事项参见微信小程序官方文档。官方示例代码如下：

```
<view class="inner">
    {{innerText}}
</view>
<slot></slot>
```

在自定义组件的 JavaScript 文件中，需要使用 Component 来注册组件，并提供组件的属性定义、内部数据和自定义方法。使用 this.data 可以获取组件的内部数据和属性值，但不要直接修改这些数据，应使用 setData 修改。组件的属性值和内部数据将被用于视图渲染，其中属性值可从组件外部传入。通过 Component 构造器构造的组件不仅可以作为组件调用，也可以作为独立的页面使用。官方示例代码如下：

```
01  Component({
02      properties: {
03          // 这里定义了 innerText 属性，属性值可以在组件使用时指定
04          innerText: {
05              type: String,
06              value: 'default value',
07          }
08      },
09      data: {
10          // 这里是一些组件内部数据
11          someData: {}
12      },
13      methods: {
14          // 这里是一个自定义方法
15          customMethod: function(){}
16      }
17  })
```

innerText 属性可以在调用此组件时传递过来，而 data 对象为组件的内部数据，两者都可以在数据变化时更新视图。在使用已注册的自定义组件前，首先要在页面的 JSON 文件中进行引用声明。此时需要提供自定义组件的标签名和路径，配置项如下所示：

```
{
    "usingComponents": {
        "component-tag-name": "path/to/the/custom/component"
    }
}
```

这样，在页面的 WXML 中就可以像使用基础组件一样使用自定义组件了。节点名即自定义组件的标签名，节点属性即传递给组件的属性值。组件用法如下所示：

```
<component-tag-name inner-text="Hello World"></component-tag-name>
```

自定义组件的 WXML 节点结构在与数据结合之后，将被插入到引用的位置。

11.4.2　组件事件

事件系统是组件间交互的主要形式。自定义组件可以触发任意的事件，引用组件的页面可以监听这些事件。关于事件的基本概念和用法，参见小程序官方文档，地址为 https://developers.weixin.qq.com/miniprogram/dev/framework/view/wxml/event.html。

监听自定义组件事件的方法与监听基础组件事件的方法完全一致，示例代码如下：

```
<!-- 当自定义组件触发 myevent 事件时，调用 onMyEvent 方法 -->
<component-tag-name bindmyevent="onMyEvent" />
<!-- 或者可以写成 -->
<component-tag-name bind:myevent="onMyEvent" />
```

onMyEvent 即调用组件的视图代码中的方法：

```
Page({
    onMyEvent: function(e){
        e.detail                        // 自定义组件触发事件时提供的 detail 对象
    }
})
```

自定义组件触发事件时，需要使用 triggerEvent 方法，指定事件名、detail 对象和事件选项。自定义组件调用时代码如下所示：

```
<!-- 在自定义组件中 -->
```

```
<button bindtap="onTap">单击这个按钮将触发 myevent 事件</button>
```

自定义组件实现示例代码如下：

```
01  Component({
02      properties: {}
03      methods: {
04          onTap: function(){
05              let myEventDetail = {}          // detail 对象，提供给事件监听函数
06              let myEventOption = {}          // 触发事件的选项
07              this.triggerEvent('myevent', myEventDetail, myEventOption)
08          }
09      }
10  })
```

注意：onTap 事件触发的事件名为 myevent，该事件指向组件调用者的 onMyEvent 函数。

11.4.3 实现"新建相册"组件

"新建相册"组件的部分视图代码如下：

```
<view wx:if="{{!hidden}}" class="c-c-box">
    <view class="names">
        <input class="n-input" bindinput="eventInput" placeholder="添加相册名称" />
    </view>
    <view class="btn" bindtap="create" hover-class="active-btn">创建相册</view>
    <view class="btn gray" bindtap="goBack" hover-class="active-btn">返 回</view>
</view>
```

"新建相册"组件的展示效果如图 11.3 所示。

"新建相册"组件需要具备以下功能：控制显示和隐藏、返回到"相册列表"页面、输入相册信息并成功创建。

对外属性 hidden 可用来控制组件的显示与隐藏，默认值为 true，表示组件不显示，部分代码如下：

```
01  Component({
02      properties: {
03          hidden: {
04              type: Boolean,
05              value: true
```

```
06                }
07          }
08    })
```

图 11.3　"新建相册"组件的展示效果

当用户单击"创建相册"按钮或"返回"按钮时，需要调用组件中对应的回调函数。当用户触发输入框 input 事件时，需要同步 input 输入框的值到组件的内部数据 data 对象中。

"输入框 input 事件""创建相册"及"返回"等操作对应的回调函数，都需要声明在 methods 对象中，部分代码如下：

```
01    Component({
02        methods: {
03            eventInput(e) {
04                this.setData( picName: e.detail.value })
05            },
06            create(e) {
07                const name = (this.data.picName || "").trim();   // 过滤空格
08                if (name == '') return;
09                this.triggerEvent('addPics', {name});              // 触发调用方的函数
10            },
11            goBack(){
12                this.triggerEvent('goBack');                      // 触发调用方的函数
```

```
13            }
14        }
15  })
```

注：addPics 和 goBack 为调用"新建相册"组件时传递过来的回调函数。

11.5　"相册列表"页面

"相册列表"页面为"iKcamp 简易相册"的重要页面之一，包含"新建相册"和"照片列表"的入口。用户打开小程序后，通过底部的菜单导航进入"相册列表"页面，然后调用后台服务接口，将获取到的相册信息展示在视图中。

用户单击"创建相册"按钮将会进入"新建相册"页面，完成新建操作后返回"相册列表"页面并更新数据。用户单击进入某个指定相册后，将进入"照片列表"页面并展示该相册的照片列表。

"相册列表"页面的主要功能有：展示相册列表、进入指定的相册页面、调用"新建相册"组件。

"相册列表"页面视图效果如图 11.4 所示。

图 11.4　"相册列表"页面视图效果

11.5.1　展示相册列表

小程序初始化后，会获取用户的登录信息并缓存到本地存储中。当用户打开"相册列表"页面之后，会发起 HTTP 请求，同时将用户的登录状态设置在请求头中，才能通过后台服务接口获取到相册数据。相册数据的获取，需要封装在函数中，以方便其他代码调用，部分代码如下：

```
01  getPics() {
02      wx.showLoading({ title: 'loading...', mask: true });
03      SERVER.getPics().then(res => {
04          this.setData({ pics: res.data.data });
05          wx.hideLoading();
06      }).catch(e => {
07          wx.hideLoading();
08      })
09  }
```

"相册列表"页面主要会用到 3 个字段——pics、hidden、fm，都需要设置在 data 对象中，部分代码如下：

```
01  import SERVER from "../../server/index";
02  Page({
03      data: {
04          pics: [],                // 相册列表数据
05          hidden: true,            // 控制"新建相册"组件的显示与隐藏
06          fm: SERVER.FM            // 相册的封面图片，默认为公用封面
07      }
08  })
```

进入"相册列表"页面后，需要通过调用 getPics 函数来获取相册数据，并通过 setData 的方式同步到 pics 字段中，以方便更新视图层。考虑到用户上传的照片都需要在后台审核通过之后才能在小程序中查看，小程序的开发者需要在 onShow 生命周期里实现数据的更新，代码如下：

```
onShow(){
    this.getPics()
}
```

当相册数据获取成功后，同步到 data 中，将会触发视图更新。部分视图代码如下：

```
<block wx:if="{{pics.length>0}}">
```

```
    <view class="box-item" bindtap="toDetail" wx:for="{{pics}}" wx:key="{{item._id}}"
data-id="{{item._id}}" data-name="{{item.name}}">
        <image class="item-img" mode="aspectFill" src="{{item.fm?item.fm:fm}}"></image>
        <view class="item-name">{{item.name}}</view>
        <view class="item-num">{{item.photoCount}}张</view>
    </view>
</block>
```

注意：显示效果如图 11.4 所示。

11.5.2　进入指定相册页面

"相册列表"页面渲染完成后，如果用户单击某个相册，将会进入此相册的"照片列表"页面。所以需要在渲染相册列表时，给每个相册元素绑定相应的事件，并在元素上传递参数，部分视图代码如下：

```
<view   class="box-item" bindtap="toDetail"
wx:for="{{pics}}" wx:key="{{item._doc._id}}" data-id="{{item._doc._id}}" data-name=
"{{item._doc.name}}">...</view>
```

单击某个相册会触发对应的事件函数 toDetail，代码如下：

```
01    toDetail(evt) {
02        let { id, name } = evt.currentTarget.dataset;
03        wx.navigateTo({ url: `../pic/pic?id=${id}&name=${name}` });
04    }
```

其中，id 和 name 字段都是在生成列表时加上去的自定义属性 data-id 和 data-name。

11.5.3　调用"新建相册"组件

调用"新建相册"组件，需要如下 3 步。

1. 修改配置文件，引入自定义组件。

```
"usingComponents": {
    "component-create": "/components/create/create"
}
```

2. 在视图中引用组件。

```
<component-create hidden="{{hidden}}" bind:addPics="onAddPics" bind:goBack="onGoBack">
</component-create>
```

3．编写交互逻辑代码。

单击"创建相册"按钮，将会触发 onAddPics 函数并传入 input 的值。函数内部先是调用微信小程序 wx.showLoading 接口，显示加载 loading 之后，调用后台服务接口。如果相册创建成功，将会再次调用相册列表接口以更新数据，部分代码如下：

```
01  create() {
02      this.setData({ hidden: false });
03  },
04  onAddPics(e) {
05      wx.showLoading({ title: '提交中...', mask: true });
06      SERVER.addPics(e.detail.name).then(res => {
07          if (res.data.status == 0) this.getPics();
08      }).finally(() => {
09          wx.hideLoading();
10          his.setData({ hidden: true });
11      })
12  }
```

单击"返回"按钮，将会触发 onGoBack 函数。函数内部只需关闭 loading 加载，同时隐藏"新建相册"组件即可，代码如下：

```
01  onGoBack() {
02      wx.hideLoading();
03      this.setData({ hidden: true });
04  }
```

11.6 "照片列表"页面

当用户打开某个相册后将会进入"照片列表"页面。"照片列表"页面需要具备如下几个功能：

- 获取相册对应的照片列表数据。
- 将照片列表数据按日期分组展示。
- 支持上传照片到当前相册。
- 单击照片显示对应的大图。

本节将以此 4 个功能为核心进行开发实现。

11.6.1　获取照片列表数据

　　上一节在讲"相册列表"页面的开发过程中，已经实现了用户单击相册后跳转的功能。当用户单击相册后，将相册 ID 及相册名以参数的形式传递到"照片列表"页面，部分代码如下：

```
01  const {id, name} = evt.currentTarget.dataset;
02  wx.navigateTo({
03      url: `../pic/pic?id=${id}&name=${name}`
04  });
```

　　进入"照片列表"页面后，需要在生命周期函数 onLoad 中解析传递过来的参数，并调用后台服务接口，同时需要动态设置当前页面的标题，此功能需要调用小程序的 API 接口 wx.setNavigationBarTitle，部分代码如下：

```
01  const {id, name} = options;
02  this.setData({
03      id,
04      name
05  });
06  wx.setNavigationBarTitle({     // 设置页面标题
07      title: name
08  });
09  this.getPic();                          // 调用后台服务接口获取照片列表数据
```

　　　　注意： 由于字段 name 需要显示在视图中，而参数 id 会被多方调用，故将传递过来
　　　　　　　的参数 id 和 name 都设置在了 data 对象中。

　　获取照片列表数据的方法已经封装在 server/index.js 中，此处只需调用并处理返回数据即可。本案例已经与后台服务约定：返回"status==0"代表正常返回，部分代码如下：

```
01  getPic() {
02      SERVER.getPic(this.data.id).then(res => {
03          if (res.data.status == 0) {
04              const { count, data } = res.data.data;
05              let pics = count ?this.reSort(data):[];
06              this.setData({ pics, nums: count });
07          }
08      })
09  }
```

11.6.2　数据按日期分组

通过相册 ID 获取到指定相册的照片列表数据后，需要对返回的数据进行分组处理。由于返回的数据按日期倒序进行排序，所以在小程序中需要对日期做进一步处理：日期相同的照片展示为一组。"照片列表"页面展示效果如图 11.5 所示。

图 11.5　"照片列表"页面展示效果

分组展示的实现逻辑相对来说比较简单：定义一个日期标识变量，对返回的数组数据进行遍历，然后将元素的日期格式化后与标识变量进行对比。如果两者相同，则分配在同一个分组中，此时的分组为 result 的最后一个元素。如果两者不相同，则分配在新的分组中，新的分组是 result 中的新元素，同时需要把当前元素的日期赋值给标识变量。分组逻辑的部分实现代码如下：

```
01  reSort(d = []) {
02      let result = [];
03      let flag = null;
04      d.forEach(e => {
05          let eT = formatTime(new Date(e.created));
06          e.created = eT;
07          e.url = SERVER.HOST + '/' + e.url;
08          let _index = result.length;
09          if (eT !== flag) {
```

```
10              flag = eT;
11          }else{
12              _index -= 1;
13          }
14          result[_index] = result[_index] || [];
15          result[_index].push(e);
16      })
17      this.setData({
18          fm: result[0][0].url
19      })
20      return result
21  }
```

11.6.3　上传照片到当前相册

"照片列表"页面除展示照片外，还支持上传照片功能。实现此功能需要调用微信小程序的接口 **wx.chooseImage** 来选择要上传的照片，示例代码如下：

```
01  wx.chooseImage({
02      count: 1,                                    // 默认为 9
03      sizeType: ['original', 'compressed'],        // 指定是原图还是压缩图，默认二者都有
04      sourceType: ['album', 'camera'],             // 指定来源是相册还是相机，默认二者都有
05      success: function (res) {
06          var _paths = res.tempFilePaths           // 返回选定照片的本地文件路径列表
07      }
08  })
```

为了减小服务器压力，本示例中限制每次只能上传 1 张图片。当用户完成图片选择后，会直接调用后台服务接口进行上传。操作成功后通过 Dispatch 更新照片列表数据。部分代码如下：

```
01  wx.chooseImage({
02      count: 1,
03      sizeType: ['original', 'compressed'],  // 可以指定是原图还是压缩图，默认二者都有
04      sourceType: ['album', 'camera']
05  }).then(res => {
06      wx.showLoading({ title: '上传中...', mask: true });
07      SERVER.addPic({
08          filePath: res.tempFilePaths[0],
09          name: 'file',
10          formData: { id: this.data.id }
11      }).then(res => {
```

```
12            wx.hideLoading();
13            wx.showToast({ title: '照片上传成功,请到后台管理系统中审核。', icon: 'none', duration:
14   2000 });
15            this.getPic();
16        }).catch(e => {
17            wx.hideLoading();
18        })
19    })
```

11.6.4　单击图片显示高清大图

单击图片后展示高清大图，这个功能比较简单，直接调用微信小程序的接口 **wx.previewImage** 即可。首先在图片上绑定单击事件，然后在图片组件上赋值高清大图的访问地址。当触发回调函数后，直接把当前图片的地址传递给 wx.previewImage 就可以实现图片高清预览功能，详情见微信小程序官方 API 文档。弹出大图后，单击任意位置即可退出预览功能。部分代码如下：

```
01   let current = e.target.dataset.src;          // 获取图片地址
02   wx.previewImage({                            // 调用微信小程序预览图片接口
03       current: current,
04       urls: [current]
05   })
```

图片预览效果如图 11.6 所示。

图 11.6　图片预览效果

11.7 小程序审核发布

接下来要做的事情是把小程序提交到微信公众平台进行审核，审核成功后，就可以进行发布，并通过微信正常访问"iKcamp 简易相册"了。

在提交小程序到微信公众平台之前，开发者需要将后台服务接口的域名修改为正确的服务器地址。

修改 server/index.js 文件中的常量 HOST，示例代码如下：

```
const HOST = 'https://api.ikcamp.cn';
```

注意： 微信官方规定小程序允许请求的地址只能以 HTTPS 开头。

进入"微信开发者工具"顶部工具栏，如图 11.7 所示。

图 11.7 "微信开发者工具"顶部工具栏

单击工具栏中的"上传"按钮，将会弹出提示用户确认的对话框。确认操作无误后，单击"确定"按钮，将会弹出上传信息编辑框（如图 11.8 所示），用来填写上传的版本信息和项目备注。

图 11.8 上传信息编辑框

小程序的代码上传成功后，需要管理员或拥有权限的开发者登录微信公众平台，并进入"开发管理"界面，如图 11.9 所示。

图 11.9　"开发管理"界面

滑到界面最底端，将会看到刚才上传的小程序版本信息，如图 11.10 所示。

图 11.10　小程序版本信息

单击右侧的"提交审核"按钮，就会进入微信小程序的人工审核流程。这时只需等待人工审核的结果就行。审核结果出来后，绑定微信公众平台权限的微信账号将会收到通知信息。审核界面如图 11.11 所示。

图 11.11　审核界面

审核通过之后，即可发布上线。单击"提交发布"按钮即可，审核发布界面如图 11.12 所示。

图 11.12　审核发布界面

发布操作完成之后，即可通过微信扫码或小程序搜索等入口访问"iKcamp 简易相册"。要查看小程序线上示例，请扫码访问，"iKcamp 简易相册"二维码如图 11.13 所示。

图 11.13 "iKcamp 简易相册"二维码

11.8 本章小结

本章介绍了"iKcamp 简易相册"小程序的开发过程及发布流程，包括与 Redux 结合的小程序组件开发和相册关键环节的 4 个小程序页面制作。通过本章的学习，读者可以充分了解制作微信小程序简易版相册的各个环节，并掌握小程序发布上线的流程。

12

第 12 章
云相册后台管理系统

在前面的章节中，我们完成了相册小程序及后台数据库的创建，用户可以在小程序中进行登录、注册、上传照片、指定相册分类等，这些操作最终会对数据库进行 CRUD 操作。然而该体系作为一个项目来讲尚不完整，还缺少一个对相册和用户进行统一管理的界面，这就是本章将要介绍的后台管理系统。在该系统中，管理员使用小程序进行扫码登录，可以对所有照片进行查看和状态修改，经管理员审核通过的照片才能展示在小程序中。当然，管理员还可以查看用户资料、修改用户权限等。小程序相册、数据库及相册后台系统的关系示意图如图 12.1 所示。

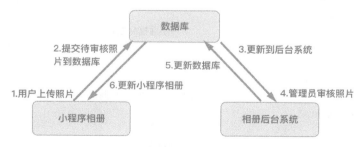

图 12.1　小程序相册、数据库及相册后台系统的关系示意图

在后台系统中，照片状态有未审核、已通过和未通过 3 种；用户权限分为管理员、普通用户及禁用用户；相册后台系统的登录和操作都需要拥有管理员权限。

本示例服务器端使用 Koa，客户端使用原生 JavaScript 编写。除此以外，客户端还引用了 Bootstrap 作为主要的 UI 库，并且加入少量 SVG（Scalable Vector Graphics，可缩放矢量图形）和 CSS 3 动画效果，这将在第 12.5 节中展开讲述。

12.1　整体架构

项目整体文件结构大致如下：

```
├─── controller/                         // controller 文件夹
│    ├─── login.js
│    ├─── photo.js
│    ├─── user.js
├─── model/                              // model 文件夹
│    ├─── home.js                        // 数据处理
├─── public/                            // 静态资源文件夹
│    ├─── assets/
│    │    ├─── img/                      // 图片文件夹
│    ├─── css                           // 样式文件夹
│    │    ├─── bootstrap.min.css
│    │    ├─── login.css
│    │    ├─── main.css
│    ├─── js                            // 前端 JavaScript 文件夹
├─── views/                            // 前端模板文件夹
│    ├─── common/                       // 公共模板文件夹
│    │    ├─── layout.html
│    │    ├─── header.html
│    │    ├─── footer.html
│    ├─── home/                         // 主界面模板文件夹
│    │    ├─── layout.html
│    │    ├─── photos.html
│    │    ├─── users.html
│    ├─── login/                        // 登录页模板文件夹
│    │    ├─── login.html
├─── index.js                          // 项目主文件
├─── router.js                         // 路由文件
├─── package.json
```

```
├── config.js                        // PM2 配置文件
├── .gitignore
```

在本小节中，将从文件结构、前端模板结构及路由设计 3 部分入手，分析各项功能并整理架构思路，最终会得到以上所示项目结构。

12.1.1　基本文件结构

首先，创建项目文件夹 koa-admin-web，并通过 NPM 安装必要模块：

```
$ mkdir koa-admin-web                 // 创建 web-admin-web 文件夹
$ cd koa-admin-web                     // 进入该文件夹根目录
$ touch index.js                       // 创建主文件
$ npm init                             // 初始化项目并生成 package.json 文件
$ npm install koa --save
$ npm install koa-router
$ npm install koa-bodyparser
$ npm install koa-nunjucks-2
$ npm install koa-static
$ npm install koa-view
```

此时项目结构如下：

```
├── index.js                          // 项目主文件
├── package-lock.json                 // 锁定版本的 package.json 文件，下文中略去
├── package.json
```

考虑到对 MVC 结构的应用，在 koa-admin-web 根目录下新建 3 个文件夹：

```
$ mkdir controller
$ mkdir views
$ mkdir model
```

其中，model 文件夹用于数据处理，controller 用于交互处理，views 存放页面模板。在 model 文件夹下新建 home.js，作为可能的数据源；在 controller 文件夹下新建 login.js、photo.js 及 user.js 3 个文件，用于登录页、照片列表页及用户列表页的操作处理。

由于本项目中大部分的数据操作交由后台数据库代为处理，因此，还需要使用封装好的第三方 HTTP 库作为通信工具。本例采用的是 aixos，将在下一节详细介绍它的安装和使用方法。

作为服务器端的 Node.js 会对前端所调用的各种接口进行封装和转发，并根据前端 URL

路径来渲染模板，因此必然会在各种路径和不同资源之间进行映射。换句话说，需要处理诸多路由。经过第 3 章的学习，显然路由部分应该独立为一个文件，于是在根目录下创建 **router.js** 放置可能的路由代码，命令如下：

```
$ touch router.js
```

前端的所有静态资源，例如图片、文字、CSS 和 JavaScript 文件等都需存放在静态文件夹 **public/** 下，此时项目结构如下：

```
├── controller/              // controller 文件夹
│   ├── login.js
│   ├── photo.js
│   ├── user.js
├── model/                   // model 文件夹
│   ├── home.js
├── public/                  // 静态资源文件夹
│   ├── assets/              // 存放图片和文字等
│   ├── css                  // 样式文件夹
│   ├── js                   // 前端 JavaScript 文件夹（略）
├── views/                   // 前端模板文件夹
├── index.js                 // 项目主文件
├── router.js                // 路由文件
├── package.json
```

打开 **index.js** 文件，引入所有安装好的中间件进行配置，并监听 3000 端口，代码如下：

```
01    const Koa = require('koa');
02    const app = new Koa();
03    const bodyParser = require('koa-bodyparser');
04    const nunjucks = require('koa-nunjucks-2');
05    const path = require('path');
06    const static = require('koa-static');
07    app.use(static(path.resolve(__dirname, "./public")))
08    app.use(nunjucks({
09        ext:'html',
10        path: path.join(__dirname,'views'),
11        nunjucksConfig: {
12            trimBlocks: true
13        }
14    }))
15    app.use(bodyParser());
16    app.listen(3000);
```

各模块具体功能和用法请参考第 2 章和第 5 章的内容。

12.1.2 前端模板结构

后台系统的页面结构如图 12.2 所示。

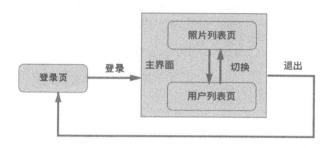

图 12.2 后台系统的页面结构

简而言之，本项目需要创建一个登录页和两个主界面，进入主界面后，在左侧菜单栏中进行两个列表页的切换。从主界面中退出后直接回到登录页。

创建 views/common/文件夹用以存放所有页面共同的布局模板 layout.html，公共的头部 header.html 及底部 footer.html。创建 views/home/文件夹，该文件夹存放主界面布局模板 layout.html，照片列表页模板 photos.html，以及用户列表页模板 users.html。创建 views/login/文件夹，存放同主界面不太一样的登录页模板 login.html。

此时模板文件夹 views/结构如下：

```
├── views/                        // 前端模板文件夹
│   ├── common/                   // 公共模板文件夹
│   │   ├── layout.html
│   │   ├── header.html
│   │   └── footer.html
│   ├── home/                     // 主界面模板文件夹
│   │   ├── layout.html
│   │   ├── photos.html
│   │   └── users.html
│   ├── login/                    // 登录页模板文件夹
│   │   └── login.html
```

打开刚刚创建的 common/layout.html，新增如下代码：

注意: 虽然这里引用了 jQuery, 但是本项目中的前端代码皆用原生 JavaScript 编写。

```
01  <!DOCTYPE html>
02  <html>
03  <head>
04      <meta charset="UTF-8">
05      <meta name="viewport" content="width=device-width, initial-scale=1.0">
06      <meta http-equiv="X-UA-Compatible" content="ie=edge">
07      <!-- 引入 boostrap 相关静态文件 -->
08      <link rel="stylesheet" href="../css/bootstrap.min.css">
09      {% block head %}
10      {% endblock %}
11  </head>
12  <body>
13      {% block header %}
14      {% endblock %}
15      {% block body %}
16      {% endblock %}
17      {% block footer %}
18      {% endblock %}
19      <!-- 引入 boostrap 相关静态文件 -->
20      <script src="../js/jquery-3.3.1.slim.min.js"></script>
21      <script src="../js/popper.min.js"></script>
22      <script src="../js/bootstrap.min.js"></script>
23      <!-- 引入图标库 -->
24      <script src="../js/feather.min.js"></script>
25      <!-- 替换模板中的 DOM 为对应 SVG 图标 -->
26      <script>
27          feather.replace();
28      </script>
29      {% block extra %}
30      <script src="../js/util.js"></script>
31      {% endblock %}
32  </body>
33  </html>
```

为了使所有页面都能够继承 common/layout.html, 该模板并不包含任何与视图有关的内容, 而是抽出了公共的部分, 例如文档类型声明、页面元信息等, 引入了前端框架 (Bootstrap) 和图表库 (feather-icon) 等, 并且为页面的视图内容留出了空间。所有静态文件 (*.css, *.js) 都存放于 public/文件夹下的相应文件夹中, util.js 是前端 JavaScript 的公共函数方法。其余内容请参见项目源代码, Nunjucks 语法参见第 5 章。

打开 header.html，编写主界面的公共头部，包含 Logo 信息（iKcamp）及退出控件，代码如下：

```
01  {% block header %}
02  <nav class="navbar navbar-dark sticky-top bg-dark flex-md-nowrap p-0">
03      <a class="navbar-brand col-sm-3 col-md-2 mr-0" href="#">iKCamp</a>
04      <ul class="navbar-nav px-3">
05          <li class="nav-item text-nowrap">
06              <a class="nav-link" id="j_logout" href="/logout">退出</a>
07          </li>
08      </ul>
09  </nav>
10  {% endblock %}
```

接下来编写主界面的布局模板 home/layout.html。在这个模板编写主界面共同使用但登录页并不关心的部分，例如左侧菜单栏和主界面所用到的静态文件 main.css/main.js。

列表页的菜单栏与主界面的内容一致，但索引不同，需要通过变量的方式传入索引值，又因为菜单是一个无序列表，也可以采用变量的方式传入列表项所包含的内容（url、图标、名称等），再使用"{% for %}"循环进行渲染。传入的菜单变量将在 model 中定义，由 controller 向模板注入，同时传入当前索引。这部分内容将在下一小节详细介绍。home/layout.html 中的代码如下：

注意：页面中引用的静态文件，如主体样式和前端脚本等请自行添加。如有疑问请参考项目源码。

```
01  {% extends '../common/layout.html' %}
02  {% block head %}
03  <!-- 视图页面主体样式文件 -->
04  <link rel="stylesheet" href='../css/main.css'>
05  {% endblock %}
06  {% block header %}
07  {% include '../common/header.html' %}
08  {% endblock %}
09
10  {% block body %}
11  <div class="container-fluid">
12      <div class="row">
13          <nav class="col-md-2 d-none d-md-block bg-light sidebar">
14              <div class="sidebar-sticky">
15                  <ul class="nav flex-column" id="sidebar_list">
```

```
16              {% for item in menu %}
17                  <li class="nav-item j-nav-item">
18          <a class="nav-link {{'active' if activeMenu === loop.index0 else ''}}"
19              href='{{item.url}}'>
20          <span data-feather={{item.icon}}></span>
21          {{item.title}}
22      </a>
23                  </li>
24              {% endfor %}
25          </ul>
26          </div>
27          </nav>
28      </div>
29  </div>
30  {% endblock %}
31
32  {% block footer %}
33  {% include '../common/footer.html' %}
34  {% endblock %}
35
36  {% block extra %}
37  {{ super() }}
38  <!-- 视图页前端脚本 -->
39  <script src="../js/main.js"></script>
40  {% endblock %}
```

从代码中可以看出，主界面使用 extend 继承了刚才编写的公共布局模板 common/layout.html，使用 include 方式引入了页面头部，补充了各个预留模块的内容，以变量的方式传入了菜单列表{{menu}}及当前活跃菜单的索引{{activeMenu}}，并进行了循环渲染。另外，extra 模块中的 super()语句使该模块继承了 common/layout.html 中的内容，于是该模块最终的页面输出如下：

```
<!-- 页面上extra 模块的最终输出 -->
<script src="../js/util.js"></script>
<script src="../js/main.js"></script>
```

接下来就可以在 photos.html、users.html 及 login.html 中编写具体的页面模板代码了。

12.1.3　路由设计

打开 router.js 文件，引入 koa-router，代码如下：

```
01   const router = require('koa-router')()        // 引入 koa-router
02   module.exports = (app) => {                    // export 路由模块
03       // 此处编写路由部分的代码
04       …
05       app.use(router.routes()).use(router.allowedMethods());
06   }
```

路由的设计需要遵循 RESTful 规范，即资源对应唯一的 URI，并且所有的操作都无状态。本项目中，对照片列表的操作是获取不同状态的照片列表及修改照片状态，于是可以如下所示来定义路由：

```
01   // 获取照片列表
02   router.get('/photos/:status',async(ctx, next) => {
03       …
04   });
05   // 操作照片
06   router.put('/photos/:id', async(ctx, next) => {
07       …
08   });
```

使用 get 方法获取照片数据，":status" 的值为 all、pending、accepted、rejected 其中之一，分别表示获取全部、未审核、已通过审核及未通过审核的照片。使用 put 方法修改照片状态，ID 为照片的唯一识别编号。批量修改照片时，在前端代码中轮询数组，拆分为单个照片进行状态修改。

同理，用户列表页的路由代码如下：

```
01   // 获取用户列表
02   router.get('/users/:status', async(ctx, next) => {
03       …
04   });
05   // 操作用户权限
06   router.put('/users/:id', async(ctx, next) => {
07       …
08   });
```

登录和退出的路由代码请参看项目源代码，在此不做赘述。

最后，回到 index.js，在其中新增代码如下：

```
const router = require('./router');
// 省略部分代码
```

```
…
router(app);
```

至此，后台管理系统大致的项目结构和各项配置就准备完毕了。在此过程中引入了各项 Koa 中间件，配置 public/文件夹为静态资源文件，views/文件夹为前端模板文件，加入了路由模块，并且监听 3000 端口。下面开始实现具体功能，以及编写页面代码。

12.2 相册列表及相关功能

后台管理系统的相册列表页需要实现的核心功能有展示照片、审核照片及分页。考虑到视觉和交互体验，拆分为以下需求：

- 分类展示照片（全部，未审核，已通过，未通过）。
- 审核照片（单张/批量）。
- HTTP 通信。
- 分页控件。

相册列表页最终视图如图 12.3 所示。

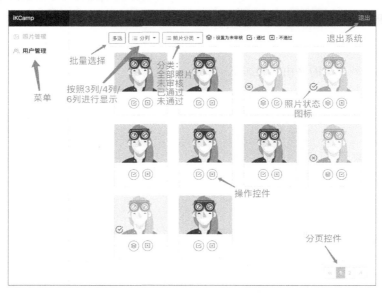

图 12.3　相册列表页最终视图

处于批量选择状态的相册列表页视图如图 12.4 所示。

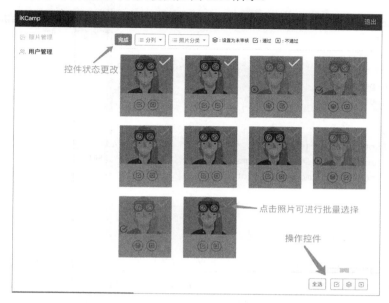

图 12.4　处于批量选择状态的相册列表页视图

12.2.1　分类展示照片

首先，编写页面路由。打开 router.js，新增如下代码：

```
01  const router = require('koa-router')();
02          // 新增：引入照片列表页的 controller
03  const photoController = require('./controller/photo');
04  module.exports = (app) => {
05          // 修改：映射/photos/:status 到 controller 中的相应方法
06      router.get('/photos/:status',photoController.getPhotos);
07      …   // 省略部分代码
08      app.use(router.routes()).use(router.allowedMethods());
09  }
```

其中，":status"的值为 all、pending、accepted、rejected 其中之一，分别代表全部、未审核、已通过审核及未通过审核的照片。该值可以在 getPhotos 方法中通过 ctx.params.status 获得。

然后，编写 controller 部分的代码。打开 controller 文件夹下的 photo.js，新增 getPhotos

方法，代码如下：

```
01    const model = require('../model/home.js');            // 引入 model 模块作为数据源
02    const status = {                                       // 模拟参数之间的 mapping 关系
03        "all": -1,
04        "pending": 0,
05        "accepted": 1,
06        "rejected": 2
07    }
08    module.exports = {
09        getPhotos: async(ctx, next) => {                    // 编写 getPhotos 方法，用以获取照片
10            let _status = ctx.params.status;               // 获取 URL 中的参数
11            ctx.body = model.getPhotos(status[_status]);   // 数据作为 ctx.body 返回给前端
12        },
13    }
```

接下来，编写 model 部分的代码。

上一节提到，菜单数据将在 model 中定义。除此以外，在等待后端数据库接口完成时，为了最大限度地模拟真实效果，还需要在 model/home.js 中模拟数据提供给视图页面使用，模拟的数据结构需要与数据库真实的数据结构一致，接口包含的字段详见本文件源码。数据定义完毕后，在 model/home.js 中新增如下代码：

```
01    module.exports = {
02        getMenu: function() {
03            return menuData;                               // menuData 定义的字段参见源码
04        }
05        getPhotos: function(status) {                      // 根据状态返回相应照片
06            if (status === -1) {
07                return photoData;                          // photoData 定义的字段参见源码
08            } else {
09                return photoData.filter(function (photo) {
10                    return photo.isApproved === status;
11                });
12            }
13        }
14    }
```

此时，尝试在 VSCode 调试面板中运行项目，图 12.5 所示为运行项目示意图。

图 12.5 运行项目示意图

在客户端访问 http://localhost:3000/photos/all，将会得到全部照片数据，浏览器输出界面如图 12.6 所示。

图 12.6 浏览器输出界面

尝试替换地址栏的 ":status" 为 pending、accepted 或 rejected，观察所得数据的差异。

使用 Koa 分类获取数据的功能到此已基本完成，接下来需要结合 Nunjucks 对页面进行渲染，优化展示效果。

提示： Nunjucks 是一个丰富而强大的 JavaScript 模板引擎，官网地址为 https://mozilla.github.io/nunjucks/。

打开 controller/photo.js 修改代码，从直接输出数据变为对模板进行渲染，代码如下：

```
01  getPhotos: async(ctx, next) => {               // getPhotos 方法，用以获取照片
02          let _status = ctx.params.status;       // 获取 URL 中的参数
03          await ctx.render('home/photos',{       // 输出变更为渲染前端模板
04              menu: model.getMenu(),
05              activeMenu: 0,
06              photos: model.getPhotos(status[_status]),
07              status: _status
08          })
09  },
```

ctx.render 方法的第 2 个参数是注入模板的变量集合，可以在模板中以"{{ foo }}"的方式进行引用，具体参见第 5 章的内容。

打开 views/home/photos.html 编写照片列表页的模板代码。其中，照片卡片的核心代码如下：

```
01  {% for item in photos %}
02      <div class="col-md-4 j-card">
03      <div class="card mb-4 box-shadow" data-id={{item._id}}>
04      <!-- 如果处于已通过/未通过状态，则新增 class 'trans'，使卡片呈半透明状 -->
05      <img class="card-img-top {{'trans' if item.isApproved !== 0 else ' '}}"
06      src="{{item.url}}" data-holder-rendered="true" />
07      <!-- 根据状态，添加√或×图标 -->
08      {% if item.isApproved === 1 %}
09      <span data-feather='check-circle' class='approve-mark'></span>
10      {% elif item.isApproved === 2 %}
11      <span data-feather='x-circle' class='approve-mark'></span>
12      {% endif %}
13      </div>
14  </div>
15  {% endfor %}
```

运行项目，访问 http://localhost:3000/photos/all，照片卡片示意图如图 12.7 所示。

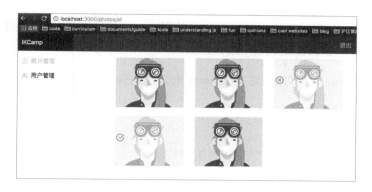

图 12.7　照片卡片示意图

　　左侧的菜单栏、头部的 Logo 和退出控件属于主界面公共模板，具体代码请参考上一节及 views/home/layout.html 中的内容。

　　尝试替换 URL 中的 ":status" 参数为 pending、accepted 或 rejected，观察所得数据的差异。至此，分类显示照片的功能就大致完成了。然而，手动改变 URL 获取分类数据的方式对用户非常不友好，可以尝试在页面中加入下拉框选项来改变照片分组。另外，还可以提供自定义分列下拉框，由用户根据自身使用习惯和设备来设定单行展示照片的数量，以此来提升不同屏幕分辨率下的用户体验。如有疑问，请参考项目源码。分列和分类组件的最终效果请参考图 12.8 所示的下拉列表框效果图。

图 12.8　下拉列表框效果图

12.2.2　审核照片

　　后台系统最主要的功能就是对照片进行审核，涉及照片的 3 种状态：未审核、已通过和未通过。在模拟的数据中，这 3 种状态由同一个字段 isApproved 的值来表示：0 为未审核，1 为已通过，2 为未通过。

　　修改照片状态需要使用 HTTP 中的 PUT 方法，传递的数据为照片 ID 和状态码。照片

ID 作为 URL 中的参数传递，在 Controller 中使用 ctx.params 取得；状态码作为 data 传递，在 Controller 中使用 ctx.request.body 取得。

打开 model/home.js，新增方法 editPhotos 来处理数据变更，代码如下：

```
01  editPhotos: function(data) {
02      photoData.forEach(function(item){
03          if(item._id === data.id){
04              item.isApproved = data.type;
05          }
06      })
07  }
```

打开 controller/photo.js，新增如下代码：

```
01  editPhotos: async(ctx, next) => {
02      let data = {
03          id: parseInt(ctx.params.id),
04          type: ctx.request.body.type
05      }
06      model.editPhotos(data);
07  }
```

再打开 router.js，修改代码：

```
01  const router = require('koa-router')();
02  const photoController = require('./controller/photo');
03  module.exports = (app) => {
04      router.get('/photos/:status',photoController.getPhotos);
05      // 修改：映射/photos/:id 到 controller 中的相应方法
06      router.put('/photos/:id',photoController.editPhotos)
07      app.use(router.routes()).use(router.allowedMethods());
08  }
```

Node.js 端的操作逻辑到了这一步就添加完毕了，接下来需要处理前端交互和展示的脚本。打开 views/home/photos.html，新增如下代码：

```
01  {% for item in photos %}
02  <div class="col-md-4 j-card">
03      <div class="card mb-4 box-shadow" data-id={{item._id}}>
04          <img class="card-img-top {{'trans' if item.isApproved !== 0 else ' '}}"
05              src="{{item.url}}" data-holder-rendered="true" />
06  <!-- 以下为新增操作控件 -->
07      <div class="card-body card-center">
```

```
08        <button type="button" class="btn btn-sm btn-outline-secondary btn-tiny
09         j-mani-btn">
10            {% if item.isApproved === 0 %}
11            <span data-feather='check-square' data-id='1'></span>
12            {% else %}
13            <span data-feather='layers' data-id='0'></span>
14            {% endif %}
15        </button>
16        <button type="button" class="btn btn-sm btn-outline-secondary btn-tiny
17         j-mani-btn">
18            {% if item.isApproved === 2 %}
19            <span data-feather='check-square' data-id='1'></span>
20            {% else %}
21            <span data-feather='x-square' data-id='2'></span>
22            {% endif %}
23        </button>
24    </div>
25    <!-- 以上为新增操作控件 -->
26    {% if item.isApproved === 1 %}
27    <span data-feather='check-circle' class='approve-mark'></span>
28    {% elif item.isApproved === 2 %}
29    <span data-feather='x-circle' class='approve-mark'></span>
30    {% endif %}
31    </div>
32 </div>
33 {% endfor %}
```

最后，附上前端脚本中该部分的代码：

```
01 let page = {
02     maniBtn: document.getElementsByClassName('j-mani-btn'),
03     … // 省略部分代码
04 }
05 [].forEach.call(page.maniBtn, function(item, index){
06     item.addEventListener('click', function(){
07         let _type = parseInt(this.children[0].dataset.id);
08         let _data = item.parentNode.parentNode.dataset.id;
09         send('PUT', {type: _type}, '/photos/' + _data, window.location.reload());
10     })
11 })
```

当然，也可以使用 document.querySelectorAll().forEach 或 jQuery 封装好的 delegate()方法来编写。本书主要内容为 Koa2，因此不做赘述。

脚本中的 send 方法为 util.js 中封装的公共函数，用来处理客户端的 XMLHttpRequests 请求。第 1 个参数为 Method；第 2 个参数为主体数据，若没有则为 null；第 3 个参数为接口地址；最后是回调函数。由于页面所有数据都由 Node.js 端给出，因此在修改照片状态后需要重新加载页面以更新数据。

现在，单击卡片下方的操作按钮，就可以对照片状态进行更改了，照片审核示意图如图 12.9 所示。

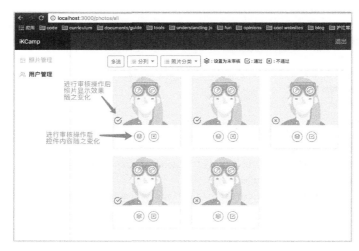

图 12.9　照片审核示意图

至此，图片列表页已初步完成。观察到除分列和分类下拉框以外，页面上还有一个"多选"按钮，接下来完善批量选择状态下的模板部分。打开 home/layout.html，新增如下代码：

```
01  <!-- 多选按钮 -->
02  <div class="btn-group mr-2">
03  <button class="btn btn-sm btn-outline-secondary multi-select"
04  id='j_multi_select'></button>
05  </div>
06  ...<!-- 省略若干代码 -->
07  <!-- 图片遮罩和图标选择 -->
08  <div class='cover cover-card j-cover'>
09      <span data-feather='check' class='manipulate-check'></span>
10      <span data-feather='check' class='manipulate-check j-check'></span>
11  </div>
12  ... <!-- 省略若干代码 -->
13  <!-- 页面底部操作控件 -->
```

```
14    <div class="col-md-9 ml-sm-auto col-lg-10 pt-3 px-4 approve-btn" id="j_approve_group">
15        <div class="btn-group mr-2">
16                <button class="btn btn-sm btn-outline-secondary select-all"
17                        id='j_select_all'></button>
18        </div>
19        <div class="btn-group mr-2">
20            <button class="btn btn-sm btn-outline-secondary j-mani-btn">
21                <span data-feather='check-square' data-id='1'></span>
22            </button>
23            <button class="btn btn-sm btn-outline-secondary j-mani-btn">
24                <span data-feather='layers' data-id='0'></span>
25            </button>
26            <button class="btn btn-sm btn-outline-secondary j-mani-btn">
27                <span data-feather='x-square' data-id='2'></span>
28            </button>
29        </div>
30    </div>
```

最后，还需要在前端脚本中对批量操作请求作轮询处理，在此不做赘述。Node.js 端代码维持不变。

12.2.3　HTTP 通信

到目前为止，模板加载的还是 Node.js 提供的假数据。接下来与数据库进行 HTTP 通信，调用真实的照片数据，这需要用到 Axios。

Axios 是基于 Promise 的 HTTP 通信工具，支持客户端的 XMLHttpRequests 请求及 Node.js 端的 HTTP 请求。更详细的介绍请访问 https://www.npmjs.com/package/axios。

安装 Axios 的命令如下：

```
$ npm install axios
```

打开 controller/photo.js，引入 Axios 并修改代码：

```
01    const model = require('../model/home.js');
02    // 引入 Axios
03    const axios = require('axios');
04    module.exports = {
05        getPhotos: async(ctx, next) => {
06            et status = ctx.params.status;
07            let column = ctx.request.querystring ? ctx.request.query.column : 3;
```

```
08              // 调用数据库接口，获得真实数据
09              let res = await axios.get('https://api.ikcamp.cn/admin/photo/${status}');
10              await ctx.render('home/photos',{
11                  menu:model.getMenu(),
12                  activeMenu: 0,
13                  photos: res.data.data.data || [],
14                  column: column,
15                  status: status
16              })
17          },
18      editPhotos: async(ctx, next) => {
19              let _status = ctx.request.body.type;
20              // 根据接口字段准备数据
21              let _isApproved = _status === 0 ? null : (_status === 1 ? true : false);
22              // 调用数据库接口，更改真实数据
23              let res = await axios.put(
24              'https://api.ikcamp.cn/admin/photo/${ctx.params.id}', {
25                  isApproved
26              });
27              ctx.body = res.data;
28          }
29  }
```

注意：调试时建议把返回的数据 console 出来，再对模板中的变量引用进行修改。因为对于合作开发，联调时得到的真实数据结构很可能与商定的不一致。

12.2.4　分页控件

在与数据库进行正式联调之前，Node.js 提供的数据数量较少、精度不高，但真实的数据量可能非常庞大，而且影像科技发展到现在，有时单张照片的大小已非常可观，一次性加载所有数据考验的不仅仅是浏览器性能和网络传输速度，更是用户的耐性和容忍度。于是本例考虑通过分页的方式来异步加载数据，当照片数量过多时单页展示 12 张照片，并在列表底部增加分页控件。

分页需要两个变量，总页数及当前页面索引。总页数由数据库提供的照片总数除以单页渲染照片数量得到，当前页面索引由数据库直接提供。

修改 controller/photo.js 中的 getPhotos 方法，代码如下：

```
01  getPhotos: async(ctx, next) => {
02      let status = ctx.params.status || 'all';
```

```
03        let column = ctx.request.querystring ? ctx.request.query.column : 3;
04        // 每页展示照片数量
05        let count = 12;
06        // 当前页面索引值由querystring取得，若无querystring，则默认为第1页
07        let index = ctx.request.querystring? ctx.request.query.index : 1;
08        // 调用数据库接口时带上页面索引值及单页照片数量
09        let res = await axios.get(
10      'https://api.ikcamp.cn/admin/photo/${status}?pageIndex=${index}&pageSize=${count}'
11        );
12        await ctx.render('home/photos',{
13            menu:model.getMenu(),
14            activeMenu: 0,
15            photos: res.data.data.data || [],
16            page: Math.ceil(res.data.data.count/count),       // 向上取整得到总页数
17            column: column,
18            index: index,
19            status: status
20        })
21    }
```

接下来，在页面模板中添加分页条控件。打开 views/home/photos.html，新增如下代码：

```
01  {% if page > 1 %}
02    <ul class="pagination pagination-sm justify-content-end">
03  <li class="page-item">
04      <a class="page-link" href="/photos/{{status}}?index={{index - 1 if index > 1 else
05      1}}&column={{column}}">
06      <span data-feather='chevrons-left'></span>
07    </a>
08    </li>
09        {% for i in range(1, page + 1) %}
10  <li class="page-item {{'active' if loop.index === index}}">
11      <a class="page-link" href="/photos/{{status}}?index={{i}}&column={{column}}">{{i}}
12    </a></li>
13        {% endfor %}
14  <li class="page-item">
15  <a class="page-link" href="/photos/{{status}}?index={{page if index === page else index
16  + 1}}&column={{column}}">
17  <span data-feather='chevrons-right'></span>
18  </a>
19  </li>
20  </ul>
21  {% endif %}
```

模板中加入是否分页的判断条件，若分页，则显示分页条。在分页条中通过 for 循环添加相应列表项。

代码中 Nunjucks 语句的使用方法和具体含义如下。

- range

range([start],stop,[step])是 Nunjucks 的内置全局函数之一，主要用来轮询某两个特定数字之间的所有数字（从 start 开始，到 stop 结束，不包括 stop，以 step 递增，默认递增值为 1）。使用方法请参考以下代码：

```
{% for i in range(0, 5) -%}
{{ i }},                                    // 输出 0, 1, 2, 3, 4
{%- endfor %}
```

- loop.index

Loop.index 是在 Nunjucks 模板中进行循环渲染时可以调用的几个特殊变量之一，含义为当前项的索引值，循环第 1 项为 1。另外，表示当前项索引值的变量还有 loop.index0，循环第 1 项为 0。除此以外，这样的特殊变量还有 loop.revindex、loop.revindex0、loop.first、loop.last 等，各项具体含义请参见 Nunjucks 官网。

- …if…else…

Nunjucks 中的 if 语句，与 if 标签不同，if 语句类似 JavaScript 中的三元运算符，通常用作"非此即彼"的运算，并且常常被当作行内表达式使用。与此同时，else 也不是必要的。

至此，照片列表页基本完成，已经实现的功能包括对照片进行分类、分列和分页展示，单张/批量操作照片，调取数据库接口获得数据等。下一节将介绍用户列表页相关功能的实现。

12.3 用户列表及相关功能

用户列表页需要实现的核心功能有展示用户信息、更改用户权限及分页，这与照片列表页所实现的功能在逻辑上大致相同，即完成对信息的展示与修改。因此本节将着重介绍差异部分，以及对可复用功能的抽象。

用户列表页亦可拆分为以下需求：

- 分类展示用户信息（全部，普通用户，管理员，禁用用户）。
- 修改用户权限（单人/批量）。
- HTTP 通信。
- 分页控件。

用户列表页最终视图如图 12.10 所示。

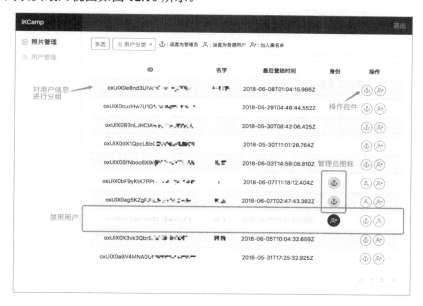

图 12.10 用户列表页最终视图

与照片列表类似，首先编写路由代码。打开 router.js，新增如下代码：

```
01  const router = require('koa-router')();
02  const photoController = require('./controller/photo');
03      // 新增：引入用户列表的 controller
04  const userController = require('./controller/user');
05  module.exports = (app) => {
06      router.get('/photos/:status',photoController.getPhotos);
07      router.put('/photos/:id',photoController.editPhotos);
08      // 新增：获取用户列表
09      router.get('/users/:status',userController.getUsers);
10      // 新增：操作用户权限
```

```
11          router.put('/users/:id',userController.editUsers);
12          app.use(router.routes()).use(router.allowedMethods());
13  }
```

打开 controller/user.js 文件，新增 getUsers 方法获取并渲染用户信息，新增 editUsers 方法修改用户权限，代码如下：

```
01              // 引用 model 文件
02  const model = require('../model/home.js');
03              // 引用 HTTP 通信框架 Axios
04  const axios = require('axios');
05  module.exports = {
06              // 获取用户信息
07      getUsers: async(ctx, next) => {
08              // 获取请求参数中的分组信息
09          let status = ctx.params.status || 'all';
10              // 每页展示用户数量
11          let count = 10;
12              // 若请求存在附带的 querystring，则获取当前页索引，否则为第 1 页
13          let index = ctx.request.querystring? ctx.request.query.index : 1;
14              // 调接口，传参，获取数据
15          let res = await axios.get(
16  'https://api.ikcamp.cn/admin/user/${status}?pageIndex=${index}&pageSize=${count}'
17  );
18              // 渲染用户列表页，向模板中注入参数
19          await ctx.render('home/users',{
20              menu:model.getMenu(),
21              activeMenu: 1,
22              users: res.data.data.data || [],
23              page: Math.ceil(res.data.data.count / count),
24              index: index,
25              status: status
26          })
27      },
28              // 修改用户权限
29      editUsers: async(ctx, next) => {
30          // 获取请求中的权限类型数据
31          let _type = ctx.request.body.type.toString();
32          // 使用 put 方法修改用户权限
33          let res = await axios.put('https://api.ikcamp.cn/admin/user/${ctx.params.id}',
34  {
35              userType: _type
36          });
```

```
37          ctx.body = res.data;
38      }
39  }
```

编写前端模板，核心代码如下：

```
01  {% for item in users %}
02  <tr data-id={{item._id}}>
03      <td class="change-status j-identity"><input type="checkbox" class="j-option"></td>
04      <td class="{{'opa' if item.userType === -1 else ''}}">{{item.openId}}</td>
05      <td class="{{'opa' if item.userType === -1 else ''}}">{{item.name}}</td>
06      <td class="{{'opa' if item.userType === -1 else ''}}">{{item.lastLogin}}</td>
07      <td>
08          {% if item.userType === 1 %}
09          <span class="badge badge-pill badge-warning">
10  <span data-feather='anchor'></span>
11  </span>
12          {% elif item.userType === -1 %}
13          <span class="badge badge-pill badge-dark">
14  <span data-feather='user-x'></span>
15  </span>
16          {% endif %}
17      </td>
18      <td class="manipulate-cell">
19      <button type="button" class="btn btn-sm btn-outline-secondary btn-tiny j-mani-btn">
20              {% if item.userType === 1 %}
21              <span data-feather='user' data-id='0'></span>
22              {% else %}
23              <span data-feather='anchor' data-id='1'></span>
24              {% endif %}
25          </button>
26      <button type="button" class="btn btn-sm btn-outline-secondary btn-tiny j-mani-btn">
27              {% if item.userType === -1 %}
28              <span data-feather='user' data-id='0'></span>
29              {% else %}
30              <span data-feather='user-x' data-id='-1'></span>
31              {% endif %}
32          </button>
33          <div class="cover cover-table j-cover"></div>
34      </td>
35  </tr>
36  {% endfor %}
```

其中，表格的第 1 栏为正常状态下的隐藏内容（checkbox），处于"多选"状态下的表格才会显示其中的内容。第 5 栏身份信息根据变量 user 的 userType 属性进行展示：1 为管理员，展示管理员图标；-1 为禁用用户，展示黑名单图标。其他内容请参考项目源码。

最后，我们发现两个列表页都使用了分页条控件，可以把它单独抽象为可复用组件，在模板中使用。

在 views/common/文件夹下新建 pagination.html，新增如下代码：

```
01  {% macro pagination(path, page, status, index, column) %}
02  <ul class="pagination pagination-sm justify-content-end">
03  <li class="page-item">
04  <a class="page-link" href="/{{path}}/{{status}}?index={{index - 1
05              if index > 1
06              else 1}}&column={{column}}">
07  <span data-feather='chevrons-left'></span>
08  </a>
09  </li>
10      {% for i in range(1, page + 1) %}
11  <li class="page-item {{'active' if loop.index1 === index}}">
12  <a class="page-link" href="/{{path}}/{{status}}?
13              index={{i}}&column={{column}}"> {{i}}
14  </a>
15  </li>
16      {% endfor %}
17  <li class="page-item">
18  <a class="page-link" href="/{{path}}/{{status}}?index={{page
19              if index === page
20              else index + 1}}&column={{column}}">
21  <span data-feather='chevrons-right'></span>
22  </a>
23  </li>
24  </ul>
25  {% endmacro %}
```

"{% macro %}"定义的是 Nunjucks 中的可复用模块，与编程语言中的函数类似，可以传入参数，执行方式也与普通函数类似，可以用 import 的方式引用定义在其他模板中的 macro 模块进行复用。

打开 home/photos.html，引入分页条组件并替换原来的分页条模块，代码如下：

```
01  // 引入分页条组件
02  {% import '../common/pagination.html' as pagination %}
03  // 省略部分代码
```

```
04    …
05    // 如果页数大于 1 则显示分页条
06    {% if page > 1 %}
07    {{ pagination.pagination('photos', page, status, index, column) }}
08    {% endif %}
```

同时变更传参，在 home/users.html 中增加类似内容。

到此为止，用户列表页基本完成，已实现的功能包括分类分页展示用户信息，以及进行单一用户权限更改/批量操作，分页条也已抽象为可复用组件。下一节将重点讲解登录与鉴权相关事宜。

12.4　登录与鉴权

管理员在相册管理系统登录页扫码登录后，便可以对照片列表页和用户列表页进行访问。这个过程其实涉及两个流程：登录与鉴权。扫码登录的流程通常如图 12.11 所示。

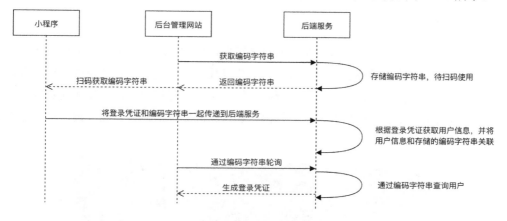

图 12.11　扫码登录的流程

其中，后端服务部分已经在本章第 12.2 节进行过详细的介绍，本节主要讲解后台管理系统登录页的逻辑思路。

虽然所有用户都能进行登录，但要真正访问相册管理系统中的内容还需进行鉴权。也就是说，仅仅获取登录凭证，用户仍然不能进入列表页查看内容。这时，网站后台会调用后端服务的相应接口，利用登录凭证获取该用户的身份信息，判断其是否为管理员。若是，则开放内容；否则给出提示，禁止访问。本项目的鉴权流程如图 12.12 所示。

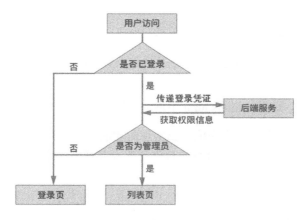

图 12.12　鉴权流程

　　原则上，用户访问管理系统中的任何页面都需要进行鉴权操作，若尚未登录或登录后判断为非管理员，则跳转至登录页。因此本节还会涉及鉴权中间件的编写。

12.4.1　登录

　　登录页需要调用后端服务接口获取编码字符串，生成相应的二维码展示在页面上，同时进行倒计时，并轮询后端服务接口尝试获取登录凭证。如当倒计时结束时依然没有获得凭证，则原二维码信息过期，提示用户刷新二维码重新进行权限验证；如成功获取登录凭证，则立即调用后端服务接口获取用户权限，通过权限验证后跳转到照片列表页。登录页最终视图如图 12.13 所示。

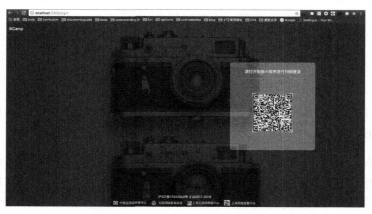

图 12.13　登录页最终视图

二维码过期后显示提示信息，如图 12.14 所示。

图 12.14　二维码过期后显示提示信息

首先，打开 router.js，新增登录页的 4 个路由，代码如下：

```
01      // 省略部分代码
02      …
03      // 新增：引入登录页的 controller
04  const loginController = require('./controller/login');
05  module.exports = (app) => {
06      // 新增：渲染登录页面
07      router.get('/login',loginController.index);
08      // 新增：获取编码字符串
09      router.get('/qrcode',loginController.getQrcode);
10      // 新增：获取登录凭证
11      router.get('/token',loginController.getToken);
12      // 新增：获取权限信息
13      router.get('/check',loginController.checkAuth);
14      // 省略部分代码
15      …
16  }
```

在 controller/login.js 中编写路由对应的方法。首先是 index，代码如下：

```
01  // 渲染登录页
02  index: async(ctx, next) => {
03      await ctx.render('login/login');
04  }
```

登录页完成渲染后，前端脚本会使用 XMLHttpRequests 请求调用/qrcode 接口获取编码字符串，这时会执行/qrcode 路由相对应的方法 getQrcode，代码如下：

```
01  // 获取编码字符串
02  getQrcode: async(ctx, next) => {
03      const res = await axios.get('https://api.ikcamp.cn/login/ercode');
04      ctx.response.body = res.data.data;
05  }
```

getQrcode 方法使用了 Axios 的 get 方法请求后端服务接口，后者返回的编码字符串存储在 res.data.data 中，因此把该字段内容作为 response.body 返回给前端脚本。

前端脚本获得编码字符串后转化为二维码展示在页面上，与此同时开始轮询 Token 接口，尝试根据编码字符串获取登录凭证。这时会执行 /token 路由相对应的方法 getToken。代码如下：

```
01  // 获取登录凭证
02  getToken: async(ctx, next) => {
03      const res = await
04      axios.get('https://api.ikcamp.cn/login/errcode/check/${ctx.query.code}');
05      ctx.response.body = res.data;
06      if(res.data.data){
07          ctx.cookies.set('token', res.data.data.sessionKey);
08      }
09  }
```

在获取登录凭证时，路由以 querytring 的方式附带编码字符串，并在 getToken 方法中以 ctx.query.code 的方式取得，然后调用后端服务接口，检查相应的编码字符串是否已有绑定的已登录用户。后端服务会将返回的登录凭证存储在 res.data.data 中，判断是否存在 res.data.data 字段，如果是，则说明存在相应的已登录用户。这时使用 set 方法把登录凭证写入 ctx.cookies 中进行保存，根据编码习惯，设置 key 为 token。

注意：为了在同一个会话中记住用户的登录状态，把登录凭证存入 Cookie 是网站常用的做法。

当用户已经登录，将会执行鉴权操作。前端脚本会在获得登录凭证后立即调用 check 接口询问权限信息。相对应的 checkAuth 方法代码如下：

```
01  // 获取用户权限
02  checkAuth: async(ctx, next) => {
```

```
03          let res = await axios.get('https://api.ikcamp.cn/my', {
04              headers: {
05                  'x-session': ctx.cookies.get('token')
06              }
07          });
08          ctx.response.body = res.data;
09      }
```

在向后端服务发送 GET 请求时，需要在 Header 头中附带登录凭证。因为之前把获得的登录凭证保存在了 Cookie 里，并设置了 key 为 token。此时只需使用 get 方法获取 Cookie 中的 Token，便可以附带上所需信息了。另外，携带该信息的 x-session 是与后端服务提前协商好的自定义字段。最后，把后端服务返回的数据作为 response.body 返回给前端脚本。

编写页面模板。打开 views/login/login.html，新增如下代码：

```
01  {% extends '../common/layout.html' %}
02  <!-- 登录页主样式文件 -->
03  {% block head %}
04  <link rel="stylesheet" href='../css/login.css'>
05  {% endblock %}
06  <!-- 登录页头部 -->
07  {% block header %}
08  <div class="logo">iKCamp</div>
09  {% endblock %}
10  <!-- 登录页主体内容 -->
11  {% block body %}
12  <main class="login-container">
13      <div class="code-container" id="j_container">
14          <div class="login-title">请打开相册小程序进行扫码登录</div>
15          <div id="j_qrcode" class="qrcode" data-id={{qrcode}}>
16              <!-- 二维码过期提示 -->
17              <div class="renew-code" id="j_renew">二维码已过期　点我更新</div>
18              <span class="border-deco deco-left deco-top"></span>
19              <span class="border-deco deco-right deco-top"></span>
20              <span class="border-deco deco-left deco-bottom"></span>
21              <span class="border-deco deco-right deco-bottom"></span>
22          </div>
23      </div>
24      <!-- 权限提示 -->
25      <div class="alert alert-warning" id="j_warning" role="alert">
26          抱歉，您没有登录权限。
27      </div>
```

```
28    </main>
29    {% endblock %}
30    <!-- 登录页前端脚本 -->
31    {% block extra %}
32    {{ super() }}
33    <script src="../js/qrcode.js"></script>
34    <script src="../js/login.js"></script>
35    {% endblock %}
```

模板中的二维码过期提示和权限提示为隐藏状态。当前二维码过期时，显示过期提示；鉴权流程不通过时，显示权限提示。

客户端使用 QRCode.js 生成二维码，因此 extra 模块中不仅引入了登录页主要的脚本文件 login.js，还引入了 qrcode.js。qrcode.js 是一个用来生成二维码的第三方工具，使用起来非常便捷。

qrcode.js 的基本使用方法如下：

```
<div id="qrcode"></div>
<script type="text/javascript">
new QRCode(document.getElementById("qrcode"), "data we want to turn into qrcode");
</script>
```

可以使用参数改变其样式，代码如下：

```
01    <div id="qrcode"></div>
02    <script type="text/javascript">
03    var qrcode = new QRCode(document.getElementById("qrcode"), {
04        text: "data we want to turn into qrcode",
05        width: 128,
06        height: 128,
07        colorDark : "#000000",
08        colorLight : "#ffffff"
09    });
10    </script>
```

还可以使用 clear() 方法清空一个二维码，或者使用 makeCode("some other data") 来生成一个新的二维码。详情请参考 https://github.com/davidshimjs/qrcodejs。

生成二维码及轮询接口获取登录凭证的脚本请在 login.js 中自行编写或参照源码完成，在此不做介绍。

12.4.2　鉴权中间件

因为管理系统的每个页面都需要鉴权，因此考虑编写 Koa 中间件来完成此功能。中间件的执行顺序和相关内容请参考第 2 章。

在中间件中需要进行如下几种状态判断：

- 请求地址是否属于白名单。如果是，则把执行权交给下游中间件，不需要鉴权，否则进行鉴权。

- ctx.cookies 中是否存储有登录凭证。若无，则跳转到登录页，否则继续判断。

- 使用上下文中存储的登录凭证获取权限信息，判断是否为管理员。如果是，则把执行权交给下游中间件，否则跳转到登录页。

在项目主文件 index.js 中新增如下代码：

```
01                    // 省略部分代码
02      …
03                    // 新增：引入 Axios
04      const axios = require('axios');
05                    // 省略部分代码
06      …
07                    // 新增：鉴权中间件
08      app.use(async (ctx, next) => {
09                    // 判断请求地址是否需要鉴权
10      let _match = ['/login', '/qrcode', '/token', '/check'].indexOf(ctx.request.path) >= 0;
11                    // 需要鉴权，进一步判断
12        if (!_match) {
13                    // 尝试获取登录凭证
14            let token = ctx.cookies.get('token');
15                    // 不存在登录凭证，跳转到登录页
16            if (!token) {
17                this.clearToken(ctx);
18                ctx.status = 302;
19                ctx.redirect('/login');
20            } else {
21                // 存在登录凭证，使用凭证获取权限信息
22                let res = await axios.get('https://api.ikcamp.cn/my', {
23                    headers: { 'x-session': token }
24                });
25                // 若是管理员，则将登录凭证保存在 ctx.state.token 中，执行权交给下游中间件
26                if (res.data.data && res.data.data.isAdmin) {
```

```
27                        ctx.state.token = token;
28                        await next();
29                  } else {
30                        // 若非管理员，跳转到登录页
31                        this.clearToken(ctx);
32                        ctx.status = 302;
33                        ctx.redirect('/login');
34                  }
35            }
36      } else {
37                  // 不需要鉴权，执行权交给下游中间件
38            await next();
39      }
40  });
41  router(app);
42  app.listen(3000);
```

把管理员的登录凭证保存在 ctx.state.token 中，是为了方便下游中间件取用。

由于许多文件中都存在对 Cookie 的操作，可以考虑把它抽象出来作为单独的模块。在根目录下新建 util/util.js，新增操作 Cookie 的相关方法，代码如下：

```
01  const token = 'token';
02  module.exports = {
03      // 获取 Token
04      getToken(ctx) {
05            return ctx.cookies.get(token)
06      },
07      // 设置 Token
08      setToken(ctx, value) {
09            ctx.cookies.set(token, value);
10      },
11      // 清除 Token
12      clearToken(ctx) {
13            ctx.cookies.set(token, '', {
14                  expires: new Date('2000-01-01')
15            });
16      },
17      // 清除 Token 并跳转到登录页
18      redirectToLogin(ctx) {
19            this.clearToken(ctx);
20            ctx.status = 302;
```

```
21              ctx.redirect('/login');
22          }
23      }
```

在项目中查找所有进行了 Cookie 操作的文件代码，引入 util.js 并对原代码进行替换。至此，登录与鉴权功能基本完成。退出功能请读者自行完成（需要编写相应的路由，清理 Cookie 并跳转到登录页）。

12.5　额外展开：SVG 动画效果及其他

本项目使用开源 SVG 图标库 Feather，其特点是简单、优雅、可读性高。首先，使用 NPM 安装 Feather，命令如下：

```
npm install feather-icons
```

然后，在前端模板中引入脚本并完成替换：

```
01  <!DOCTYPE html>
02  <html lang="en">
03      <title></title>
04      <!-- 引入脚本文件 -->
05      <script src="https://unpkg.com/feather-icons"></script>
06      <body>
07          <!-- 圆形图标 -->
08          <i data-feather="circle"></i>
09          <!-- 页面脚本 -->
10          <script>
11          feather.replace()
12          </script>
13      </body>
14  </html>
```

编写 Feather 图标时统一使用<i>标签，在 data-feather 属性中定义具体样式。请访问官网 https://feathericons.com/查找所需图标。

菜单中照片管理项的图标在模板中的代码如下：

```
<i data-feather="image"></i>
```

页面最终输出如下：

```
01  <svg xmlns="http://www.w3.org/2000/svg" width="24" height="24" viewBox="0 0 24 24"
```

```
02    fill="none" stroke="currentColor" stroke-width="2" stroke-linecap="round" stroke-
03    linejoin="round" class="feather feather-image">
04        <rect x="3" y="3" width="18" height="18" rx="2" ry="2"></rect>
05        <circle cx="8.5" cy="8.5" r="1.5"></circle>
06        <polyline points="21 15 16 10 5 21"></polyline>
07    </svg>
```

另附上批量选择照片时的动画效果的实现方案，main.css 中的核心代码如下：

```
01    .check-green {
02        stroke: #00EE76;
03        stroke-dasharray:25;
04        stroke-dashoffset:-25;
05        animation: path-stroke .4s ease-in-out forwards;
06        -webkit-animation: path-stroke .4s ease-in-out forwards;
07    }
08    @keyframes path-stroke {
09        100%{
10            stroke-dashoffset:0;
11        }
12    }
13    @-webkit-keyframes path-stroke {
14        100%{
15            stroke-dashoffset:0;
16        }
17    }
```

用户单击遮罩层时，若图标的样式类中不存在.check-green，则给图标新增.check-green
样式类，否则清除。

12.6　本章小结

本章介绍的相册后台管理系统，对相册和用户进行统一管理，方便小程序的运营人员
实时地对小程序的用户和上传的内容进行管理。本章完整地讲解了管理系统的整体架构及
具体的编写思路，包括核心的相册图片管理和用户管理功能，并提供了一套登录与鉴权的
技术方案。

13

第 13 章
云相册服务器部署

完成云相册的开发后。需要将云相册的 API 服务、后台管理部署到云服务器上。本章会介绍完整的部署流程。部署服务器的配置如下：

```
CPU: 2.40GHz Intel E5-Xeon Broadwell v4 1 内核
内存: 1GB
硬盘: 40GB 普通硬盘
系统: CentOS 7.2
```

这基本上是云服务器商提供的最低配置，推荐读者在应用上线的早期选择这样的配置，一是因为价格比较低廉，二是足够支持早期的业务。当应用的使用者越来越多的时候，服务器的性能和网络带宽等会成为瓶颈，这时建议选择更好的服务器。现在大多数云服务器商都支持一键迁移整个系统到另外一台服务器，或者免重装提升服务器配置，方便完成重新部署。

如果读者已经有了自己的服务器，也可以在自己的服务器上完成整个部署。建议操作系统选择 CentOS 7 以上的版本，一方面是因为 CentOS 比较稳定且绝大多数云服务器商都能提供，另一方面也与本书教程相匹配。

在进入本章的学习之前，读者可以通过 GitHub（https://github.com/ikcamp/koaminiprogram）

获取本示例的代码，如果想使用 GitHub 管理修改的代码，可以先 Fork 到自己的仓库中，Fork 代码的按钮如图 13.1 所示。

图 13.1　Fork 代码的按钮

登录服务器，使用"yum install git"命令安装 Git，最后用"git clone"命令获取代码到服务器上。项目目录结构如图 13.2 所示。

```
README.md  jsconfig.json  koa-admin-web  koa-index-web  koa-service  miniprogram
```

图 13.2　项目目录结构

安装部署中可能需要多次登录服务器，为了方便登录，可以给服务器添加密钥。首先，在本机使用"ssh-keygen –t rsa"命令生成公钥，生成公钥的方法如图 13.3 所示。

```
~ ssh-keygen -t rsa
Generating public/private rsa key pair.
Enter file in which to save the key (/Users/smithjohn/.ssh/id_rsa):
Enter passphrase (empty for no passphrase):
Enter same passphrase again:
Your identification has been saved in /Users/smithjohn/.ssh/id_rsa.
Your public key has been saved in /Users/smithjohn/.ssh/id_rsa.pub.
The key fingerprint is:
SHA256:d/b7Ino50GpxdbtMY5QSceqla5qtkUs5LEsf/kohLWc smithjohn@ANantes-651-1-50-60.w2-0.abo.wanadoo.fr
The key's randomart image is:
+---[RSA 2048]----+
|           ...   |
|           .o    |
|           ....  |
|       . ..+o.   |
|        So.Eo+o..|
|        .Oo*..=  |
|        o # += o |
|       . X # .+  |
|        o.@+=.o. |
+----[SHA256]-----+
```

图 13.3　生成公钥的方法

然后，登录腾讯云后台添加密钥，SSH 密钥管理界面如图 13.4 所示。

图 13.4　SSH 密钥管理界面

单击"创建密钥"按钮后查看本机~/.ssh 下的.pub 文件，复制内容到"输入公钥"文本框中，添加密钥界面如图 13.5 所示。

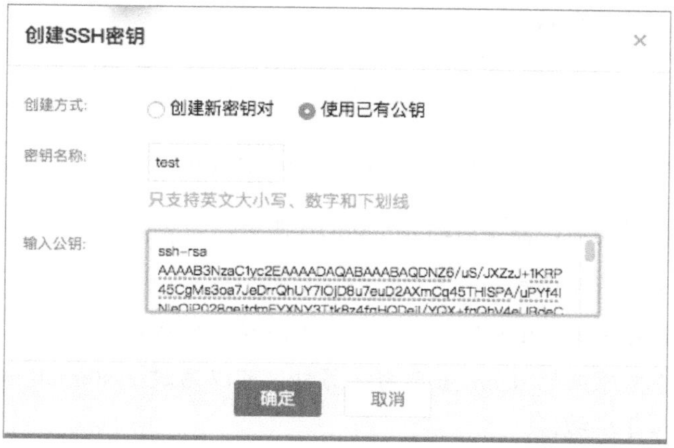

图 13.5　添加密钥界面

最后，绑定到相关云主机即可。这个过程会因为使用不同的云服务商而不太相同，如果有区别建议查看相关文档。

至此，服务的准备工作基本完毕，接下来的章节会讲解各种依赖的安装和服务的启动。

13.1　部署数据库

本次选择 CentOS 服务器，数据库的安装有源码安装和 yum 方式安装两种，这里将演示利用 yum 进行安装。对于初学者，这种方式在安装、卸载和更新方面更简单，所以推荐使用这种安装方式。

发行版的 CentOS 的 yum 源中默认不包含 MongoDB 的仓库，所以需要先配置 yum。通过"vi /etc/yum.repos.d/mongodb-org.repo"编辑一个新的 repo 文件，内容如下：

```
[mongodb-org-3.6]
name=MongoDB Repository
baseurl=https://repo.mongodb.org/yum/redhat/$releasever/mongodb-org/3.6/x86_64/
gpgcheck=1
enabled=1
gpgkey=https://www.mongodb.org/static/pgp/server-3.6.asc
```

按 Esc 键，然后输入 ":wq" 命令保存。配置完成后，就可以通过命令 "yum –y install mongodb-org "进行安装了。最后，执行 "yum repoilst" 命令可以查看是否安装成功，如图 13.6 所示为 MongoDB 安装成功。

```
extras/7/x86_64                           Qcloud centos extras - x86_64
mongodb-org-3.6/7                         MongoDB Repository
openresty/7/x86_64                        Official OpenResty Open Source Repository for CentOS
```

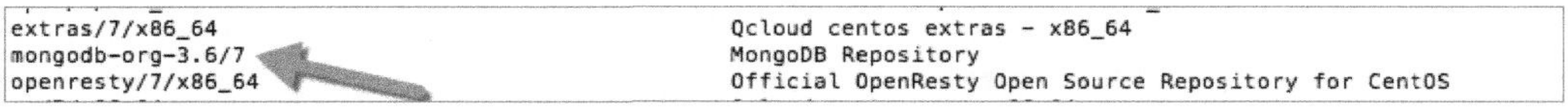

图 13.6　MongoDB 安装成功

MongoDB 安装成功后，需要启动 MongoDB 服务，命令如下：

```
systemctl start mongod.service
```

> **注意**：systemctl 是 CentOS 7.x 的管理系统启动和服务的命令，属于 systemd 服务，用来替换原来的 daemon 服务。另外，可以通过 systemctl 命令停止重启或设置开机自启动。

```
systemctl stop mongod.service            // 停止
systemctl restart mongod.service         // 重启
systemctl enable mongod.service          // 自启动
```

最后，在命令行工具中输入 "mongo"，如果出现 "连接到 mongodb://127.0.0.1:27017" 的信息，则表示服务启动成功。

13.1.1　存储设置

现在要对 MongoDB 的一些配置进行修改。MongoDB 的默认配置存储在 /etc/mongod.conf 中，打开该文件，可以看到 MongoDB 默认配置如图 13.7 所示。

数据存储的默认路径名称比较长，为了方便后续管理，建立一个/data/mongodata 目录，并修改 storage 下的 dbPath 这个目录。

```
# mongod.conf

# for documentation of all options, see:
#   http://docs.mongodb.org/manual/reference/configuration-options/

# where to write logging data.
systemLog:
  destination: file
  logAppend: true
  path: /var/log/mongodb/mongod.log

# Where and how to store data.
storage:
  dbPath: /var/lib/mongo
  journal:
    enabled: true
#  engine:
#  mmapv1:
#  wiredTiger:

# how the process runs
processManagement:
  fork: true  # fork and run in background
  pidFilePath: /var/run/mongodb/mongod.pid  # location of pidfile
  timeZoneInfo: /usr/share/zoneinfo

# network interfaces
net:
  port: 27017
  bindIp: 127.0.0.1  # Listen to local interface only, comment to listen on all interfaces.


#security:

#operationProfiling:

#replication:

#sharding:

## Enterprise-Only Options

#auditLog:

#snmp:
~
```

图 13.7　MongoDB 默认配置

13.1.2　安全策略

现在所有人都能在服务器上使用 MongoDB 了，而在实际开发中，数据库连接一般需要保证用户名和密码安全。首先，创建一个 MongoDB 管理员账户并启动 auth 认证，在不启动认证的情况下在 shell 中输入 mongo，创建一个超级用户 admin，命令如下：

```
01  use admin
02  db.createUser(
03  {
04      user: "admin",
05      pwd: "adminpwd",
06      roles: [{role: "userAdminAnyDatabase", db: "admin"}]
07  }
08  )
```

然后通过 db.system.users.find() 查看用户合集，admin 用户数据如图 13.8 所示。

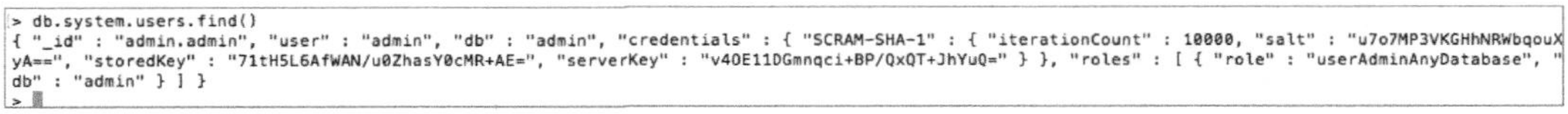

```
> db.system.users.find()
{ "_id" : "admin.admin", "user" : "admin", "db" : "admin", "credentials" : { "SCRAM-SHA-1" : { "iterationCount" : 10000, "salt" : "u7o7MP3VKGHhNRWbqouX
yA==", "storedKey" : "71tH5L6AfWAN/u0ZhasY0cMR+AE=", "serverKey" : "v4OE11DGmnqci+BP/QxQT+JhYuQ=" } }, "roles" : [ { "role" : "userAdminAnyDatabase",
"db" : "admin" } ] }
>
```

图 13.8　admin 用户数据

创建数据库管理员后，还是允许以非管理员身份访问数据库的，所以需要在配置中添加如下语句：

```
security:
    authorization: "enabled"
```

在非登录情况下使用命令 show dbs，发现被禁止，图 13.9 展示了非登录用户被禁止访问数据库。

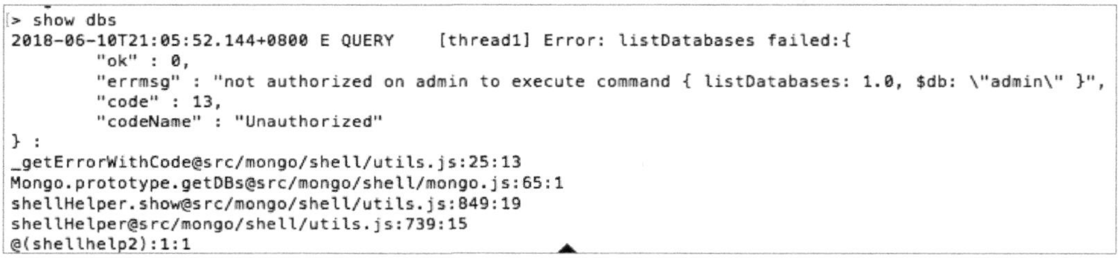

```
> show dbs
2018-06-10T21:05:52.144+0800 E QUERY    [thread1] Error: listDatabases failed:{
        "ok" : 0,
        "errmsg" : "not authorized on admin to execute command { listDatabases: 1.0, $db: \"admin\" }",
        "code" : 13,
        "codeName" : "Unauthorized"
} :
_getErrorWithCode@src/mongo/shell/utils.js:25:13
Mongo.prototype.getDBs@src/mongo/shell/mongo.js:65:1
shellHelper.show@src/mongo/shell/utils.js:849:19
shellHelper@src/mongo/shell/utils.js:739:15
@(shellhelp2):1:1
```

图 13.9　非登录用户被禁止访问数据库

现在执行命令 use admin，再执行命令 db.auth('admin', 'adminpwd')，之后执行命令"show dbs"，就可以看到数据了。

admin 虽然是超级管理员，但是对具体的数据库进行操作时，还是需要对应的用户。现在创建 xcx 数据库的用户，执行"use xcx"，然后用 createUser 创建用户，命令如下：

```
01    db.createUser(
02    {
03        user: "test",
04        pwd: "testpwd",
05        roles: [{role: "readWrite", db: "xcx"}]
06    }
07    )
```

创建完数据库用户后，开发者需要修改 koa-service 里的配置，确保 koa-service 能够连接到数据库。进入 koa-service 目录编辑 config.js 文件，修改图 13.10 指示处的用户名和密码。

```
const env = process.env
const appKey = env.APP_KET || 'default key'
const appSecret = env.APP_SECRET || 'default secret'
const nodeEnv = env.NODE_ENV
let db = {
  name: 'mongodb://127.0.0.1:27017/xcx',
  user: 'user',
  password: 'pass'
}

if (nodeEnv === 'production') {
  db = {
    name: 'mongodb://127.0.0.1:27017/xcx',
    user: 'user',
    password: 'pass'
  }
}

module.exports = {
  appKey,
  appSecret,
  db
}
```

图 13.10　修改图中指示处的用户名和密码

至此，数据库的配置基本完成，但是有时开发者会希望不登录服务器，而通过一些远程数据库管理软件操作 MongoDB。默认情况下 MongoDB 只允许本机登录，可以通过修改配置文件中的 bindIp 添加服务器 IP 地址或注释的方式来允许远程登录。

注意：允许 bindIp 不意味着一定能远程登录，还需要防火墙或安全策略"放行"。

如果是云服务器可以到后台配置，或者通过管理 firewalld 或 iptables 开启端口。另外，Mongo 默认的 27017 端口可能会被一些黑客扫描，如果有远程管理的需求，建议更改端口。

13.2　部署 Nginx

13.2.1　安装 OpenResty

首先需要在服务器上安装 Nginx。这次的部署没有直接使用 Nginx，而选择了 OpenResty。OpenResty 是一个基于 Nginx 和 Lua 的高性能 Web 平台，已经被很多公司选择使用，其最大的优势在于默认集成了 Lua 开发环境，并且打包了很多实用的 Lua 插件。

在 CentOS 上安装 OpenResty 也推荐使用 yum 安装。首先，添加仓库，命令如下：

```
yum install yum-utils
yum yum-config-manager -add-repo https://openresty.org/package/centos/openresty.repo
```

然后，安装 OpenResty 软件包，命令如下：

```
yum install openresty
```

最后，在 shell 中输入 openresty，就完成了 OpenResty 的启动，服务默认启动在 80 端口。访问当前服务器的 IP 地址，可以看到如图 13.11 所示的 OpenResty 欢迎视图。

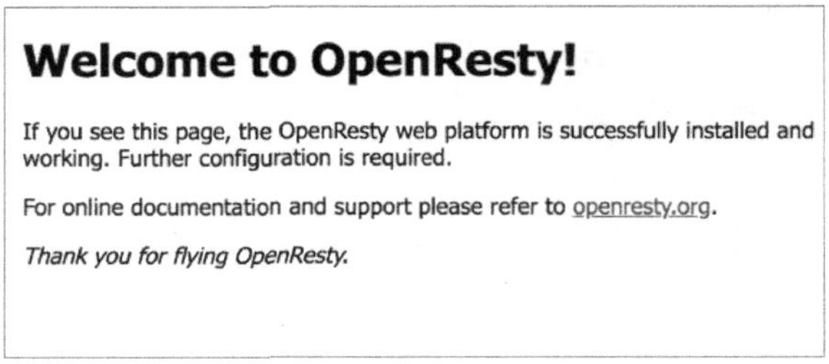

Welcome to OpenResty!

If you see this page, the OpenResty web platform is successfully installed and working. Further configuration is required.

For online documentation and support please refer to openresty.org.

Thank you for flying OpenResty.

图 13.11　OpenResty 欢迎视图

至此，已完成了 OpenResty 的安装。OpenResty 本质上是对 Nginx 的扩展，所以操作还是基于 Nginx 的。在 CentOS 系统中，OpenResty 会被默认安装在 **/usr/local/openresty/nginx/sbin/nginx** 下，为了方便后续操作，需建立软连接，命令如下：

```
ln -s /usr/local/openresty/sbin/nginx /usr/sbin/nginx
```

13.2.2　Nginx 配置

建立完软连接后，开发者就可以通过在 shell 里使用 nginx 命令进行很多操作了。首先要找到 Nginx 配置的存放地点，命令如下：

```
nginx -t
```

获得的结果信息如下：

```
nginx: the configuration file /usr/local/openresty/nginx/conf/nginx.conf syntax is ok
nginx: configuration file /usr/local/openresty/nginx/conf/nginx.conf test is successful
```

由此可知，OpenResty 安装的 Nginx 就在 **/usr/local/openresty/nginx/conf/nginx.conf** 下。进入 conf 目录，在正式修改配置前，创建一个 logs 目录用来存放错误日志，命令如下：

```
mkdir logs/
```

之后通过 vim nginx.conf 命令查看 Nginx 默认配置，如图 13.12 所示。

```
#user  nobody;
worker_processes  1;

#error_log  logs/error.log;
#error_log  logs/error.log  notice;
#error_log  logs/error.log  info;

#pid        logs/nginx.pid;


events {
    worker_connections  1024;
}


http {
    include       mime.types;
    default_type  application/octet-stream;

    #log_format  main  '$remote_addr - $remote_user [$time_local] "$request" '
    #                  '$status $body_bytes_sent "$http_referer" '
    #                  '"$http_user_agent" "$http_x_forwarded_for"';

    #access_log  logs/access.log  main;

    sendfile        on;
    #tcp_nopush     on;

    #keepalive_timeout  0;
    keepalive_timeout  65;

    #gzip  on;

    server {
        listen       80;
        server_name  localhost;

        #charset koi8-r;

        #access_log  logs/host.access.log  main;

        location / {
            root   html;
            index  index.html index.htm;
        }
```

图 13.12　Nginx 默认配置

首先，去掉为错误日志配置的注释，让 Nginx 可以记录发生的错误。具体删除注释的
项目如下：

```
error_log logs/error.log;
error_log logs/error.log notice;
error_log logs/error.log info;
pid logs/nginx.pid;
log_format main '$remote_addr - $remote_user [$time_local] "$request" '
        '$status $body_bytes_sent "$http_referer" '
        '"$http_user_agent" "$http_x_forwarded_for"';
```

```
access_log logs/access.log main;
```

可以看到默认配置只处理了 localhost 的 80 端口，而实际上这个服务器会同时处理 3 个不同的域名，这时就要用到 Nginx 的反向代理功能，将不同域名的访问交给同一服务器的不同端口。

因为本次 Nginx 配置涉及多个站点，为了方便管理，建议读者不要把所有的配置放到一个文件里，而是根据不同站点使用子文件的方式来管理。所以这里先注释掉 http 下的 server 配置，修改 server 下的 listen，命令如下：

```
listen   80 default_server;
listen   [::]:80 default_server;
```

在根层级写入 include /usr/local/openresty/nginx/conf/conf.d/*.conf，之后在 conf 目录下创建 conf.d 目录，在里面新增 4 个配置文件，分别是 admin_ikcamp_cn.conf、api_ikcamp_cn.conf、ikcamp_cn.conf 和 static.ikcamp.cn。其中，admin_ikcamp_cn.conf 的配置如下：

```
01  #admin_ikcamp_cn.conf
02  server {
03      listen 80;
04      server_name admin.ikcamp.cn;
05      access_log logs/admin_ikcamp_cn.access.log main;
06      location / {
07          proxy_pass http://127.0.0.1:3000/;
08      }
09  }
```

其他几个文件的配置类似，唯一区别的是：因为 ikcamp_cn 是一个静态服务，这个服务的 Web 服务器就是 OpenResty（Nginx），所以需要修改 location / 里的内容，如下所示：

```
root path/to/koa-miniprogram/koa-index-web/;
index index.html
```

修改完配置之后，使用 openresty –s reload 命令即可完成服务重启。

13.2.3 插件扩展

Nginx 本身支持通过 C 语言实现扩展，但是 C 语言对于大部分前端开发者来说并不容易上手。而通过 OpenRestry 提供的 lua-jit 可以用 lua 语言实现扩展，开发者可以通过查看 http://openresty.org/cn/components.html，选择插件或使用第三方插件来实现诸如限流等功能。

13.3 部署 HTTPS

上一节已经完成了 Nginx（OpenRestry）的相关部署，本节将根据第 8 章的介绍来完成 HTTPS 的部署。

在申请 HTTPS 证书之后，服务商会提供给开发者一个包含证书的压缩包，解压之后可以看到证书目录如图 13.13 所示。

图 13.13 证书目录

把 Nginx 目录下的 crt 和 key 文件复制并粘贴到服务器 Nginx 配置目录 conf.d 下。为了保证站点的安全，要进行强制 HTTPS 跳转的改造。

13.3.1 强制 HTTPS 跳转

下面以 admin_ikcamp_cn 的配置作为示例，进行强制 HTTPS 跳转。打开上一节完成的 admin_ikcamp_cn.conf 文件，增加一个 server 配置：

```
01  server {
02      listen    443 ssl http2;
03      server_name    admin.ikcamp.cn;
04      ssl_certificate    /usr/local/openresty/nginx/conf/conf.d/amdin_ikcamp_cn.crt;
05      ssl_certificate_key/usr/local/openresty/nginx/conf/conf.d/admin_ikcamp_cn.key;
06      access_log    logs/admin_ikcamp_cn.access.log main
07      location / {
08          proxy_pass    http://127.0.0.1:3000/
09      }
10  }
```

然后修改原来监听 80 的配置：

```
01  server {
02      listen    80;
03      server_name    admin.ikcamp.cn;
04      return 301    https://$server_name$request_uri;
05  }
```

修改完重启。这样操作之后，所有的 HTTP 请求都会跳转到对应的 HTTPS 请求上。其他几个项目进行类似配置，即可完成所有 HTTPS 的强制跳转。

13.3.2 添加 WWW 跳转

项目中有一个域名——ikcamp.cn，在配置强制 HTTPS 跳转前，需要添加 www 的跳转，即将 ikcamp.cn 的访问跳转到 www.ikcamp.cn 上。这是由于加 www 和不加 www 需要使用不同的证书，这样显然不方便管理，并且可能会增加成本，所以要进行处理。

在 ikcamp_cn.conf 的配置中，修改原来的 ikcamp.cn 访问配置，如下所示：

```
01    server {
02        listen    80;
03        server_name    ikcamp.cn;
04        return 301    https://www.$server_name$request_uri;
05    }
06    server {
07        listen    443 ssl http2;
08        server_name    ikcamp.cn;
09        ssl_certificate    /usr/local/openresty/nginx/conf/conf.d/ikcamp_cn.crt;
10        ssl_certificate_key/usr/local/openresty/nginx/conf/conf.d/ikcamp_cn.key;
11        return 301    https://www.$server_name$request_uri;
12    }
```

然后添加 www.ikcamp.cn 的配置，如下所示：

```
01    server {
02        listen 80;
03        server_name    www.ikcamp.cn;
04        return 301 https://$server_name$request_uri;
05    }
06    server {
07        listen    443 ssl http2;
08        server_name www.ikcamp.cn;
09        ssl_certificate /usr/local/openresty/nginx/conf/conf.d/ikcamp_cn.crt;
10        ssl_certificate_key /usr/local/openresty/nginx/conf/conf.d/ikcamp_cn.key;
11        access_log logs/localhost.access.log main;
12        location / {
13            root /home/ikcamp/ikcamp-www/;
14            index index.html;
15        }
16    }
```

至此，所有对 ikcamp.cn 的访问都会跳转到 www.ikcamp.cn 上了。

13.4　配置 Koa 服务

本项目部署 Koa 服务包括两部分，一部分是 API 服务（koa-service）部署，另一部分是管理后台（koa-admin-web）部署。首先，需要完成部署前的准备：

- 安装 Node 或 NVM 服务（参考本书 1.2.4 节）。
- 安装 PM2（参考本书 8.2.1 节）。

因为 koa-admin-web 依赖于 koa-service 服务，所以需要先启动 koa-service 服务，这里不选择进入某个目录启动的方式，而是编写一个启动 shell 脚本来进行管理。在项目的根目录创建一个 boot.sh 文件，内容如下：

```
cd koa-service
npm install -registry=https://registry.npm.taobao.org
pm2 start production.json
cd ../koa-admin-web
npm install -registry=https://registry.npm.taobao.org
pm2 start production.json
```

在项目根目录执行命令 sh boot.sh，会分别安装和启动各个服务，然后执行命令 pm2 list，可以看到服务的状况。如果服务的 status 是 online，则说明服务已经正常启动，PM2 状态如图 13.14 所示。

App name	id	mode	pid	status	restart	uptime	cpu	mem	user	watching
node-admin-web	1	fork	822	online	0	10s	0%	29.2 MB	root	enabled
node-xcx-service	0	fork	750	online	0	28s	0%	46.6 MB	root	enabled

Use `pm2 show <id|name>` to get more details about an app

图 13.14　PM2 状态

最后，在浏览器中访问 https://admin.ikcamp.cn，确认结果。admin 站点启动图如图 13.15 所示。

注意：如果数据库连接失败，网站依旧可以正常启动，但是服务会处于不可用状态。

这时可以通过命令 "pm2 logs" 查看 PM2 日志，确认是否存在该问题。

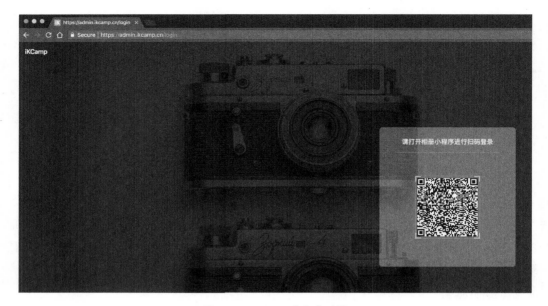

图 13.15　admin 站点启动图

　　至此，整个云相册已经完成了上线部署，读者可以根据自己的需求修改代码，因为已经启动了 PM2 的 watch 功能，所以除修改配置以外的代码，服务都会自动完成 reload，具体请参考 PM2 相关章节。

13.5　本章小结

　　本章介绍了云相册相关服务的线上部署过程，分为数据库、Nginx 配置、HTTPS 配置和 Koa 服务的部署。线上部署是产品上线的重要环节，学习这一环节对读者全面了解一款线上应用颇有帮助。